高等学校专业教材

食品与生物试验
设计与数据分析

（第二版）

章银良　主编

U0242063

中国轻工业出版社

图书在版编目（CIP）数据

食品与生物试验设计与数据分析/章银良主编 . —2 版 . —北京：中国轻工业出版社，2025.1

普通高等教育"十三五"规划教材

ISBN 978 - 7 - 5184 - 1769 - 8

Ⅰ . ①食…　Ⅱ . ①章…　Ⅲ . ①食品工业—试验设计—高等学校—教材 ②生物统计—试验设计—高等学校—教材　Ⅳ . ①TS2 - 33 ②Q - 332

中国版本图书馆 CIP 数据核字（2018）第 032261 号

责任编辑：马　妍　　责任终审：劳国强　　整体设计：锋尚设计
策划编辑：马　妍　　责任校对：吴大鹏　　责任监印：张　可

出版发行：中国轻工业出版社（北京鲁谷东街 5 号，邮编：100040）

印　　刷：三河市国英印务有限公司

经　　销：各地新华书店

版　　次：2025 年 1 月第 2 版第 6 次印刷

开　　本：787×1092　1/16　印张：18.75

字　　数：430 千字

书　　号：ISBN 978 - 7 - 5184 - 1769 - 8　　定价：48.00 元

邮购电话：010 - 85119873

发行电话：010 - 85119832　010 - 85119912

网　　址：http://www.chlip.com.cn

Email：club@ chlip.com.cn

第二版前言 | Preface

　　《食品与生物试验设计与数据分析》（第二版）是根据作者多年的《实验方法学》和《试验设计与数据处理》课程教学以及在分析研究生实际使用过程中出现问题和新的需求的基础上而编写完成的。同时在原教材绪论、试验设计基础、方差分析、协方差分析、回归分析、正交试验设计、均匀试验设计、回归正交设计、回归旋转设计、拉丁方设计和希腊拉丁方设计、抽样调查及数据处理软件应用实例共 12 章基础上，增加了典型相关分析和模糊综合评价 2 章，以适应广泛的数据处理需求。

　　本教材的编写，力求做到内容的科学性与实用性、先进性与针对性相统一；做到循序渐进，由浅入深，深入浅出，简明易懂；着重于基本概念、基本方法的介绍，特别注意学生处理数据能力的培养；每一种设计或分析方法都安排有步骤完整、过程详细的实例予以说明；各章都有明确的教学目标且配备有习题供读者练习。

　　本教材在保持本学科的系统性和科学性的前提下，紧密联系食品科学生产与科研实际，结合统计分析与计算机科学，采用软件分析手段提高数据处理能力，深入揭示研究中的内在规律，解决研究中出现的困难与问题。

　　本教材除可作为轻工、商学、水产、粮食、农业、师范等院校的食品科学与工程、食品质量与安全、发酵（生物）工程、生物技术等专业开设"试验方法学"课程的教学用书，更可作为研究生的示范教材。此外，对食品科技工作者也有重要参考价值。

　　限于编者水平，书中错误和缺点在所难免，敬请专家和广大读者批评指正，以便修订改正。

编者

2018 年 1 月

第一版前言 | Preface

　　《食品与生物试验设计与数据分析》教材是根据作者多年的"实验方法学"和"试验设计与数据处理"课程教学实践以及研究生在实际使用过程中出现的问题和新的需求情况而进行编写的。本教材包括绪论，试验设计基础，方差分析，协方差分析，回归分析，正交试验设计，均匀试验设计，回归正交设计，回归旋转设计，拉丁方设计和希腊拉丁方设计，抽样调查与数据处理——软件应用实例共 12 章及附录（常用统计数学用表和试验设计用表）。全书由郑州轻工业学院章银良教授编著。

　　本教材的编写，力求做到科学性与实用性、先进性与针对性相统一；做到循序渐进，由浅入深，深入浅出，简明易懂；着重于基本概念、基本方法的介绍，特别注意学生处理数据能力的培养；每一种设计或分析方法都安排有步骤完整、过程详细的实例予以说明；各章都有明确的教学目标且配备有习题供读者练习。

　　本教材在保持学科系统性和科学性的前提下，紧密联系食品科学生产与生物技术应用的科研实际，结合统计分析与计算机科学，采用软件分析手段提高数据处理能力，深入揭示内在规律，解决研究中出现的困难与问题。本教材除可作为轻工、商学、水产、粮食、农业、师范等院校的食品科学与工程、食品质量与安全、发酵（生物）工程、生物技术等专业开设《试验方法学》课程的教学用书，更可作为研究生的示范教材。此外，对食品科技工作者也有重要参考价值。

　　限于编者水平，书中错误、缺点在所难免，敬请专家和广大读者批评指正，以便修订时改正。

章银良　于郑州

目录 | Contents

绪　论

教学目的与要求

1. 了解科学研究的基本过程和方法；
2. 了解试验设计的性质与类型；
3. 了解试验设计的发展历史；
4. 熟悉试验设计的意义和应用。

第一节　科学研究的基本过程和方法

一、　科学研究的基本过程

科学研究的目的在于探求新的知识、理论、方法、技术和产品。基础性或应用基础性研究在于揭示新的知识、理论和方法；应用性研究则在于获得某种新的技术或产品。在食品工业生产和科学研究中，通常的研究目的是为了改革生产工艺，开发新产品，寻求优质、高产、低消耗的方法等，因此属于应用基础性的研究，是以探索食品科学规律，解决理论与实践问题为目的，运用一定的科学方法，遵循一定的科学研究程序，有目的、有计划地认识活动。无论是以发现或发展一定的原理、原则、方法或理论为目的的探索性研究，还是以寻求解决现实问题答案为目的的对策性研究，都需要做出理论说明和逻辑论证，而不是简单的资料收集或观点的罗列。

二、　科学研究的基本方法

（1）选题　科学研究的基本要求是探新、创新。研究课题的选择决定了该项研究创新的潜在可能性。优秀的科学研究人员主要表现在选题时的明智，而不仅仅在于解决问题的能力。最有效的研究是去开拓前人还未涉及过的领域。不论理论性研究还是应用性研究，选题时必须明确其意义或重要性，理论性研究着重看所选课题在未来学科发展上的重要性，而应用性研究则着重看其未来生产发展的作用和潜力。

科学研究不同于常规工作，它需要进行独创性的思维。因此要求所选的课题使研究者具有强烈的兴趣，促使研究者保持十分敏感的心理状态。反之，若所选的课题并不能激发研究者的兴趣，那么这项研究是难以获得新颖的见解和成果的。有些课题是资助者设定的，这时研究者必须认真体会它的真实意义并激发出对该项研究的热情和信心。

（2）文献　科学的发展是累积性的，每一项研究都是在前人建筑的大厦顶层上添砖加瓦，这就首先要登上顶层，然后才能增建新的层次，文献便是把研究工作者推到顶层，掌握大厦总体结构的通道。选题要有文献的依据，设计研究内容和方法更需文献的启示。查阅文献可以少走弯路，所花费的时间将远远能为因避免重复、避免弯路所节省的时间所补偿，绝对不要吝啬查阅文献的时间和功夫。

科学文献随着时代的发展越来越丰富。百科全书是最普通的资料来源，它对于进入一个新领域的最初了解是极为有用的。文献索引是帮助科学研究人员进入某一特定领域做广泛了解的重要工具。专业书籍可为所进入的领域提供一个基础性的了解。评论性杂志可使科学研究人员了解有关领域里已取得的主要成绩。文摘可帮助研究人员查找特定领域研究的结论性内容，使之跟上现代科学前进的步伐。科学期刊和杂志登载最新研究的论文，它介绍一项研究的目的、材料、方法以及由试验资料推论到结果的全过程，优秀的科学论文，可以给人们研究思路和方法上的启迪。

（3）假说　在提出一项课题时，对所研究的对象总有一些初步的了解，有些来自以往观察的累积，有些来自文献的分析。因而围绕研究对象和预期结果之间的关系，研究者常已有某种见解或想法，即已构成了某种假说，而须通过进一步的研究来证实或修改已有的假说。一项研究的目的和预期结果总是和假说相关联的，没有形成假说的研究，常常是含糊的、目的性不甚明确的。简单的假说只是某些现象的概括；复杂的假说则要进一步假定各现象之间的联系，这种联系可能是平行的，也可能是因果的，复杂的假说中甚至还可能包含类推关系。假说只是一种尝试性的设想，即对于所研究对象的试探性概括，在它没有被证实之前，绝不能与真理、定律混为一谈。

科学的基本方法之一是归纳，从大量现象中归纳出真谛；演绎是科学的另一基本方法，当构思出一个符合客观事实的假说时，可据此推演出更广泛的结论。这中间形式逻辑是必要的演绎工具。自然科学研究人员应自觉地训练并用好归纳、演绎以及形式逻辑的方法。

（4）假说的检验　假说有时也表示为假设。在许多研究中假设是简单的，它们的推论也很明确。对假说进行检验，可以重新对研究对象进行观察，更多的情况是进行实验或试验，这是直接的检验。有时也可对假说的推理安排试验进行验证，这是一种间接的检验，验证了所有可能的推理的正确性，也就验证了所做的假说本身，当然这种间接的检验要十分小心，防止漏洞。

（5）试验的规划与设计　围绕检验假说而开展的试验，需要全面、仔细的规划与设计。试验所涉及的范围要覆盖假说涉及的各个方面，以便对待检验的假说可以做出无遗漏的判断。

第二节 试验设计概述

一、 试验设计的性质

为了推动食品科学（包括其他学科）的发展，常常要进行科学研究。进行科学研究离不开调查或试验，进行调查或试验必须解决两个问题：

（1）如何合理地进行调查或试验设计。

（2）如何科学地整理、分析所收集的具有变异性的数据资料，揭示出隐藏在其内部的规律性。

通过科学地安排试验，可以通过较少的试验次数和较短的试验周期以及较低的成本而获得正确的试验结果和可靠的结论，反之则增加试验次数，延长试验周期，浪费大量人力、物力、财力和时间，也难以达到预期的目的，甚至导致试验的失败，因此试验设计显得相当重要。

试验设计与数据处理就是专门研究合理地制订试验方案和科学地分析试验结果的方法的一门应用技术学科。是以概率论和数理统计为理论基础，结合专业知识和实践经验，经济、科学、合理地安排试验，有效地控制试验干扰，充分地利用和科学地分析所获得的试验信息，从而达到尽快获得最优方案的目的。

试验设计解决的问题：

① 通过试验设计可以分清试验因素对指标影响的大小顺序，找出主要因素。

② 通过试验设计可以了解试验因素与指标之间的规律性，即每个因素改变时的指标变化。

③ 通过试验设计可以了解试验因素之间的相互影响情况，即因素之间的交互作用情况。

④ 通过试验设计可迅速地找出最优生产工艺条件，确定最佳方案，并且能够预估最优条件下的试验指标值及波动范围。

⑤ 通过试验设计的方差分析、回归分析，可以了解试验误差大小，从而提高试验的精度。

二、 食品科学试验的特点与要求

（1）原料广泛性 可以作为食品加工的原料来源广泛，可以分为植物性原料、动物性原料和微生物性原料等。而植物性原料又可分为粮食、果品、蔬菜、野生植物；动物性原料又可以分为畜禽、水产、野生动物、特种水产养殖等。不同的原料对食品加工提出了不同的要求，因而给不同产品的加工和保鲜带来困难。

（2）加工工艺的多样性 由于作为食品加工的原料可以分为几十类、上千个品种，因而体现了食品加工工艺的多样性。如有的产品加工要求保持原料原有的色泽和风味，而有的产品又要求掩盖原来的色泽和风味；有些初级产品加工只需要简单的烘干或晒干，而有的产品加工则需要均质、发酵、超滤乃至纳米技术、转基因等。充分体现了食品加工工艺的多样性。

（3）加工质量控制的重要性 食品加工的质量控制体现在以下几个方面：① 对加工过程中各个工序的控制，以保证加工过程的安全和产品加工质量的稳定。② 对各种在市场流通的产品的质量监督和检验，以保证各种产品的质量稳定和防止假冒伪劣产品，维护消费者的合法权益。③ 对食品的安全进行监督保证，以防止食品在加工过程中化学物质超标或不合理使用，或者某些对人体健康有害的物质超过规定的标准。

鉴于以上食品加工中的特点，我们在进行食品科学试验和生产实践中，就应该特别注重对试验的合理设计和科学安排，注意试验过程的正确运转，保证试验结果的可靠性和准确性，并进行科学正确的统计分析，以便于正确揭示事物的本质，得出科学的结论。

三、 试验设计的类型

（一） 分类 I

实验的目的和方式千差万别，根据不同的实验目的，试验设计可以划分为以下五种类型。

1. 演示实验

演示实验的实验目的是演示一种科学现象，只要按照正确的实验条件和实验程序操作，实验的结果就必然是事先预定的结果。对演示实验的设计主要是专业设计，其目的是为了使实验的操作更简便易行，实验的结果更直观清晰。

2. 验证实验

验证实验的实验目的是验证一种科学推断的正确性，可以作为其他实验方法的补充实验。本书中讲述的很多实验设计方法都是对实验数据作统计分析，通过统计方法推断出最优实验条件，然后对这些推断出来的最优实验条件做补充的验证实验给予验证。

验证实验也可以是对已提出的科学现象的重复验证，检验已有实验结果的正确性。例如，1996 年 7 月 5 日，由英国罗斯林研究所的伊恩·威尔穆特教授等人通过体细胞克隆法培育的第一只克隆羊"多利"问世之后，世界各地的生物学家纷纷做验证实验。最初有许多验证实验是失败的，不少人对其正确性产生怀疑，但是随着时间的推移，越来越多的验证实验宣告成功，并且实验出克隆牛、克隆猪等一系列克隆产品。这种验证实验着重于实验条件，而不是统计技术。

3. 比较实验

比较实验的实验目的是检验一种或几种处理的效果，例如对生产工艺改进效果的检验，对一种新药物疗效的检验，其实验的设计需要结合专业设计和统计设计两方面的知识，对实验结果的数据分析用于统计学中的假设检验问题。

4. 优化实验

优化实验的实验目的是高效率地找出实验问题的最优实验条件，这种优化实验是一项尝试性的工作，有可能获得成功，也有可能不成功，所以常把优化实验称为试验（test），以优化为目的的实验设计则称为试验设计。例如目前流行的正交设计和均匀设计的全称分别是正交试验设计和均匀试验设计。不过在英文中实验设计和试验设计是同一个名称"design of experiments"，都简称为 DOE。

优化实验是一个十分广阔的领域，几乎无所不在。在科研、开发和生产中，可以达到提高质量、增加产量、降低成本以及保护环境的目的。随着科学技术的迅猛发展，市场竞争的日益激烈，优化实验将会越发显示出其巨大的威力。

5. 探索实验

探索实验是指对未知事物的探索性科学研究实验，具体来说包括探索研究对象的未知性质，了解它具有怎样的组成，有哪些属性和特征以及与其他对象或现象的联系等的实验。

（二） 分类 Ⅱ

试验设计有广义与狭义之分。

广义的试验设计是指试验研究的课题设计，也就是指整个试验计划的拟定，主要包含课题名称、试验目的、研究依据、研究内容以及预期达到的效果，试验方案，经济效益或社会效益的估计，已具备的研究条件，参加研究人员的分工，试验时间、地点、进度安排和经费预算，成果鉴定，学术论文撰写等内容。

狭义的试验设计主要是指试验单位（试验单元）的选取、重复数目的确定、试验单位的分组和试验处理的安排。通常讲的试验设计主要指狭义的试验设计。合理的试验设计能控制和降低试验误差，提高试验的精确性，为统计分析获得试验处理效应和试验误差的无偏估计提供必要的数据。食品试验研究中常用的试验设计方法有完全随机设计、随机区组设计、正交设计、均匀设计、回归正交设计和回归旋转设计等。

调查设计也有广义与狭义之分。

广义的调查设计是指整个调查计划的制订，包括调查研究的目的、对象与范围，调查项目及调查表，抽样方法的选取，抽样单位、抽样数量的确定，数据处理方法，调查组织工作，调查报告撰写与要求，经费预算等内容。

狭义的调查设计主要包含抽样方法的选取，抽样单位、抽样数目的确定等。通常讲的调查设计主要是指狭义的调查设计。合理的调查设计能控制与降低抽样误差，提高调查的精确性，为获得总体参数的可靠估计提供必要的数据。

试验或调查设计主要解决合理地收集必要而有代表性资料的问题。

四、 试验设计的发展历史

近代试验设计可以追溯到伟大的统计学家 R. A. Fisher 20 世纪 30 年代在英国 Rothamsted 农业试验站的开创性的工作。R. A. Fisher 的杰出工作以及 F. Yates 和 D. J. Finney 的卓越贡献都是受到农业和生物中的问题的激励。由于农业试验规模较大、花费时间长，而且必须妥善处理田间的差异，这些考虑便导致了分区组、随机化、重复试验、正交性以及方差分析和部分因析设计等技术的发展，这时组合设计理论（R. C. Bose 为此做了基础性的工作）也随着处理区组设计和部分因析设计中问题的刺激而发展起来。这个时期的工作在社会科学研究以及在纺织和羊毛等工业中得到了应用。

第二次世界大战后，试验设计得到了迅速的发展。尝试用以前的技术解决化学工业中的问题时，G. E. P. Box 和他在皇家化学工业的合作者发现原来的分析技术已经不能满足新的形势要求，必须发展新的技术和方法来处理流程工业中的特殊问题。新的技术着重于流程的建模和优化，而不是限于处理比较，处理比较曾是农业试验中最初等的目的。出于试验的费用问题，流程工业的试验趋于考虑更省时间和更经济地设计试验次数。这种对时间和费用因素的考虑使得序贯试验成为自然而然的选择，同样这些考虑导致了试验设计的一些新技术的发展，如著名的中心复合设计和最优设计等，它们的分析更多地依赖回归建模和图表分析。基于拟合模型的过程优化也受到重视，因为设计的选择常常与特殊的模型相联系（如二阶中心复合设计对应一个二阶回归模型），且试验的区域可能是不规则的，所以在寻找与一个特殊模型和（或者）试验区域相适应的设计时需要有灵活的策略。随着快速计算方法的发展，最优设计（J. Kiefer 为此做了开拓性的工作）已经成为这种策略的一个重要组成部分。

20 世纪 40 年代，在第二次世界大战期间，美国军方大量应用试验设计方法。

20 世纪 50 年代，日本统计学家田口玄一将试验设计中应用最广的正交设计表格化，在方法解说方面深入浅出，为试验设计的更广泛使用作出了有目共睹的贡献。

日本田口玄一博士继 1957 年提出了信噪比（Signal to Noise Ratio，SNR）设计法后，70 年代又提出了设计技术的三次设计法（又称为田口稳健设计），为产品开发设计、研究中的技术与经济的结合、质量与成本的协调提供新的应用方法。这种方法的基本点是，对影响特性值即考核指标的各种参数之间的搭配，根据专业技术与实践经验，在合适的正交表上进行方案设计，对各参数水平组合即条件，主要不是去做试验测定数据，而是通过与该产品有关的一组数学公式来计算，用计算结果来代替试验数据，并通过编制程序，运用计算机反复迭代运算，计算出产品的性能指标，从而确定最佳的生产条件或参数水平组合。

田口稳健设计将工程技术与统计原理相结合，形成了独具特色的实验设计与数据分析方法，主要有以下六个特点：

（1）将设计过程分为以下系统设计、参数设计以及容差设计三个阶段

① 系统设计：以专业技术为中心的系统结构与功能设计，其任务是把产品规划所确定的目标具体化，设计出满足用户需求的产品。

② 参数设计：以聚焦顾客关注的质量特性稳定性为目标，同时兼顾考虑质量成本，确定实现质量特性要求的最佳参数组合。

③ 容差设计：确定对质量特性值影响大的因素，是否需用质量波动小的零部件来代替质量波动大的零部件，从而使系统的质量特性波动引起的社会总损失最小，从而达到产品全寿命周期成本最优。

（2）在进行参数设计以及容差设计时，采用了内外表法，充分考虑了可控因素与不可控噪声因素的共同影响，在内表中安排可控因素，而将噪声因素安排在外表中。田口博士认为在输出质量特性与参数因子水平特性之间是非线性关系，综合考虑噪声因素的影响可以考虑用质量波动大的零部件参与实验，用调整参数不同水平值间的最佳组合达到相对最优输出特性，然后用容差设计细调参数因子精度，从而得到相对稳定的输出特性。

（3）在实验选点上采用了正交设计表，使实验设计更加易用，实验选点也更加规范，同时使较高因素与水平值的实验次数大幅度降低。

（4）采用了切比雪夫（P. L. Chebyshev）正交多项式回归，用以建立参数因子与输出质量特性之间的回归方程，并对综合考虑误差因素后是否存在曲率做出判定，综合考虑参数因子 1 次项与 2 次项的作用，便于精确地计算质量损失，对参数因子精度进行容差调整。对于输出质量特性 y 的影响可以分段用多项式逼近，其求解复杂，且因为回归系数之间具有相关性，不能直接用回归系数比较各参数因子对质量特性的影响。在参数设计阶段完全可以将各参数因子等水平取值，这样可使正规方程组的系数除对角线以外全部变成了零，也就是使系数矩阵变为对角矩阵，从而简化了计算及消去回归系数间的相关性，此时 y 可以用切比雪夫正交函数的正交多项式表示。

（5）引入质量损失的概念，提出质量损失函数，为详细设计中综合考虑质量与成本的均衡进行参数选择提供了很好的数学评价方法。产品质量特性的波动是客观存在的，有波动就会造成损失，称为质量波动损失，它不仅包括异常波动损失，而且还包括正常波动损失。

（6）提出用信噪比（SNR）作为衡量参数因子重要性的标准。SNR 的评价原理来自数理

统计中的变异系数 C_V，C_V 的大小由标准差与均值的比值决定。产品特性值越分散，则 C_V 值也越大，说明产品质量较差；反之，C_V 值越小，说明产品质量越好。因此，变异系数 C_V 是衡量产品质量优劣程度的一个重要指标。

田口博士提出的 SNR 分析方法构思非常独特，但其从统计意义上是有局限性的，对于望小问题，如果把 SNR 作为响应变量来用就会将位置效应和分散效应相混淆。Schmidt 和 Boudot 进行过相关模拟实验，表明对于望大特性和望小特性分析时，尽管 SNR 可以用来识别位置效应，但在识别分散效应方面是无效的。

五、 我国试验设计的技术研究与应用现状

我国对试验设计技术的研究与推广应用起步较晚，新中国成立后才逐步开展这方面的工作。

20 世纪 60 年代末期，华罗庚教授在我国倡导与普及"优选法"，如黄金分割法、分数法和斐波那契数列法等。数理统计学者在工业部门中普及"正交设计"法。70 年代中期，优选法在全国各行各业取得明显成效。

1978 年，七机部由于导弹设计的要求，提出了一个五因素的试验，希望每个因素的水平数要多于 10，而试验总数又不超过 50，显然优选法和正交设计法都不能用，随后，方开泰教授（中国科学院应用数学研究所）和王元院士提出"均匀设计"法，这一方法在导弹设计中取得了成效。至于对 SNR 设计、产品的三次设计和调优运算试验设计的研究和推广应用，在我国直到 20 世纪 80 年代初才开始起步，目前应用还不广泛。

总之，在试验设计的研究与应用上，我国与发达国家还有一定的差距。

六、 试验设计在科学研究中的地位与意义

试验设计方法是一项通用技术，是当代科技和工程技术人员必须掌握的技术方法。运用这种方法，可以科学地安排实验，以最少的人力和物力消费，在最短的时间内取得更多、更好的生产和科研成果，简称为：多、快、好、省。

试验设计在工业生产和工程设计中发挥了重要的作用，主要有：

（1）提高产量。

（2）减少质量的波动，提高产品质量水准。

（3）大大缩短新产品试验周期。

（4）降低成本。

（5）延长产品寿命。

试验设计的应用领域包括食品、生物技术、化工、医药、电子、材料、建工、建材、石油、冶金、机械、交通、电力等，其作用是提高试验效率、优化产品设计、改进工艺技术、强化质量管理。

食品科学是涵盖了农副产品贮藏加工、生物科学、农业工程和轻工业等学科的综合性、交叉型学科。随着 20 世纪 80 年代以来世界食品工业的飞速发展，食品科学研究朝着自动化生产、计算机应用、系统工程、生物酶技术、基因工程等高新技术方面发展，逐步脱离了传统的加工方法，体现了科学化、集约化生产的特色，也对食品科学研究的试验设计和统计方法提出了更高的要求。食品的试验研究已经由简单的假设测验、方差分析发展到多元分析、优化设计

等高级试验设计分析方法，更加显出了试验设计和统计分析在食品科学研究中的重要性。可以预言，随着生物科学、计算机和高级试验统计在食品工业中的广泛而深入的应用，食品科学将进入一个更快更新的发展阶段。

思考与习题

1. 什么是试验设计？试验设计解决哪些问题？
2. 食品试验设计的特点是什么？
3. 食品试验研究中常用的试验设计方法有哪些？

第二章

CHAPTER
2

试验设计基础

教学目的与要求

1. 了解试验设计的基本术语；
2. 掌握试验设计的基本原则；
3. 熟悉试验的误差及来源；
4. 了解试验数据的特征数；
5. 熟悉统计假设检验；
6. 掌握试验设计的基本程序。

第一节　试验设计的基本术语

1. 试验因子（试验因素）

影响科学试验结果的因子往往很多，但进行试验时，仅能挑选少数几个因子进行试验，因此试验中安排的因子称为试验因子（experimental factor）或试验因素，而未在此次试验中安排的因子则统称为非试验因子。在安排试验中，每个因子的某种具体措施则称为该因子的某种水平（level）。例如酱油的质量受原料、曲种、发酵温度、发酵时间、制曲方式、发酵工艺等多方面的影响，这些就是影响酱油质量的因素；又如生产某种功能性饮料，其影响因子有原料质量、萃取工艺、辅助添加剂等。它们有的是连续变化的定量因子，有的是离散状态的定性因子。

2. 试验水平

试验中试验因素所处的各种状态或取值称为因素水平，简称为水平。若一个因素取 m 个水平，则该因素为 m 水平的因素。如某试验中，温度 A 选定了 50、60、70℃ 三种状态，就称 A 因素为 3 水平因素；B 因素选定了 20%、30%、40%、50% 四种浓度，就称 B 因素为 4 水平因素。因素水平可以是定量的，也可以是定性的，如原料品种、食品添加剂、色谱柱不同类别等。

3. 试验指标

在试验设计中把判断试验结果好坏所采用的标准称为试验指标，简称为指标。它类似于数学中的因变量或目标函数。例如，在考察加热时间和加热温度对果胶酶活性的影响时，果胶酶活性就是试验指标；在考察微生物发酵过程中碳源、氮源等对海藻糖产量的影响时，其海藻糖含量就是考察的试验指标。

试验指标可以分为定性指标和定量指标两类，能够用数量表示的指标是定量指标，如食品的酸度、蛋白质、脂肪、碳水化合物、水分含量等；不能用数量表示的指标为定性指标，如色泽、风味和质地等。在试验设计中，为了便于分析试验结果，常把定性指标进行量化，转化为定量指标。

一个试验中可以选用单指标，也可以选用多指标，这由专业知识对试验的要求确定。例如，农作物品种比较试验中，衡量品种的优劣、适用或不适用，围绕育种目标需要考察生育期（早熟性）、丰产性、抗病性、抗虫性、耐逆性等多种指标。当然一般田间试验中最主要的常常是产量这个指标。各种专业领域的研究对象不同，试验指标各异。例如研究杀虫剂的作用时，试验指标不仅要看防治后植物受害程度的反应，还要看昆虫群体及其生育对杀虫剂的反应。在设计试验时要合理地选用试验指标，它决定了观测记载的工作量。过简则难以全面准确地评价试验结果，功亏一篑；过繁琐又增加许多不必要的浪费。试验指标较多时还要分清主次，以便抓住主要方面。

4. 试验处理

试验处理是指各试验因素的不同水平之间的联合搭配，因此，试验处理也称因素的水平组合或组合处理。在单因素试验中，水平与处理是一致的，一个水平就是一个处理。在多因素试验中，由于因素和水平较多，可以组成若干个水平组合。例如，研究三个不同温度（A_1，A_2，A_3）和两种不同的制曲方式（B_1，B_2）对酱油质量的影响，则形成 A_1B_1，A_2B_1，A_3B_1，A_1B_2，A_2B_2，A_3B_2 六种水平组合。该试验就有 6 个处理，处理的多少等于参加试验各因素水平的乘积，如三因素各三水平就有 $3 \times 3 \times 3 = 27$ 个处理。

5. 重复

"重复"为同一试验处理所设置的试验单元数。当一个试验的每个处理只设置一个试验单元时，称为无重复试验；当一个试验中部分处理设置两个或两个以上试验单元时，称为部分处理没重复的试验；当一个试验的每个处理都设置两个试验单元时称为试验有两次重复，余类推。

6. 全面试验

对全部组合处理都进行试验，称为全面试验。由于全部组合处理等于各试验因素水平数的乘积，所以全面试验的试验次数也就等于各试验因素水平数的乘积。

全面试验的优点是能够掌握每个因素及其每个水平对试验结果的影响，无一遗漏，但是，当试验的因素和水平较多时，试验处理的数目会急剧增加，全面试验的次数也就急剧增加，当试验还要重复时，试验规模就非常的庞大了，以致在实际中难以实施，如三因素试验，每个因素取 3 水平时，需做 27 次试验；若是四因素试验，每个因素取 4 个水平，则需做 $4^4 = 256$ 次试验，这在实际中是做不到的，因此全面试验是有局限性的，只适合因素和水平不太多的试验。

7. 部分实施

在全面试验中，由于试验因素和水平数的增多会使处理数目急剧增加，有时难以实施。另外，当试验因素和水平数较多时，全面试验即使能够实施，也不能算作一个经济有效的方法。

为此，在实际试验研究中，都采用部分实施的方法。所谓部分实施就是从全面组合处理中，选取有代表性的处理进行实施。正交试验设计与均匀试验设计都是部分实施。部分实施可以使试验规模大为缩小。例如，三因素三水平共有 27 个处理，全面试验需要进行 27 次，而采用 $L_9(3^4)$ 正交表安排正交试验，只需要 9 次，仅为全面试验的 1/3，再如一个 4 因素 5 水平的试验，全面试验需要 $5^4 = 625$ 次试验，而采用 $U_5(5^4)$ 均匀试验表安排试验，仅需 5 次试验，所以在试验因素和水平较多时，常采用部分实施方法。

第二节　试验设计的基本原则

试验设计作为数理统计的一个重要分支，又是一门广泛适用的应用科学。它既要求实验数据必须服从一定的统计规律，以便对数据进行有效分析；同时也更希望尽可能减少客观存在的实验误差的干扰，以最终得到比较精确可靠的结论。为兼顾这两方面的要求，试验设计普遍应遵循以下三个原则。

1. 重复原则

重复主要是指在相同的实验条件下，通常应重复实验两次以上。由于在实验过程中，虽然对确定的实验条件要进行严格控制，但仍可能会由于偶然性原因造成偶然误差（random error），另外，受确定的实验条件以外的一些因素的影响，也可能会造成实验误差，而通过重复实验，则可以在进行方差分析时定量地将误差成分的影响计算出来。所以，遵循重复原则，主要是为了对实验结果进行分析时能定量地评价误差的大小。除此之外，"重复"还有下面所述意义。例如，A、B 因子各有两个水平，A_1B_1（A_1B_2，…）固然需要重复实验两次以上，而 A_1 水平与 B 因子的两个水平各组合一次，即 A_1 水平重复了两次，同样 A_2、B_1、B_2 水平也各重复了两次。因为进行实验的目的是为了找出各因子的最佳水平，而这样的重复正好使一个因子的某个水平与其他因子的各水平都组合到，从而更能真实地反映该因子的水平效果，为选优提供可靠的依据。所谓重复原则就是指上述两种意义上的重复。

2. 随机化原则

随机化是指实验条件在各项实验中的配置或各个实验的顺序，不以人的主观意志为转移，按某种有利的方式确定，而是完全以随机的方式进行安排。随机化一般包括两个方面，一是因素水平的随机化，在选取因素时，应使因素的某个水平或指定因素的某个水平组合，都具有均等的机会或概率被配置到任何一个实验中去；二是实验次序的随机化，即实验时不要按规定（规则）或数列的自然顺序来决定实验的实施顺序，而应使实验顺序自然化。

随机化的目的就是在实验研究中要避免因主观见解而产生的偏差，消除系统性误差对实验结果的影响。

随机化原则是对实验数据进行统计分析的基础，只有随机化后的实验数据才服从一定的统计分布规律，而统计分析正是建立在一定的统计分布的理论之上。实施实验随机化的方法，通常可采用抽签、抓阄、掷子和查随机数表等。

3. 局部控制原则

在一项实验中，除进行考察的因素之外，对实验结果产生影响以及对实验产生干扰的还有其他因素，在必要时，可按某些标准将实验对象和实验环境等实验条件，如日期、地区、生产装置和原材料等分成若干部分或区、组进行实验，以实现局部控制。

实施局部控制的目的在于使各部分内或各区、组内的实验环境比较一致或相对稳定，使其差异尽量表现或局限在各部分之间或各区、组之间，而不致影响对考察因素的比较和分析。局部控制原则通常又称作区、组构成原理。例如，一个农业研究所研究 5 种不同的氮肥对作物种植的影响，并将不施氮肥作为第 6 种配方考虑。因为希望实验的结果能应用于不同的土壤条件。故选用 4 种不同类型的土壤进行实验，对每种土壤各选 6 块，然后对配方随机进行分配。实验结果如表 2 - 1 所示。

表 2 - 1 不同土壤的施肥实验

配方	土壤类型			
	I	II	III	IV
1	32.1	35.6	41.9	35.4
2	30.1	31.5	37.1	30.8
3	25.4	27.4	33.8	31.1
4	24.1	33.0	35.6	31.4
5	26.1	31.0	33.8	31.9
6	23.2	24.8	26.7	27.6

这样安排实验，无论四种土壤存在多大差异，在每种土壤中进行的 6 个实验，其实验环境基本一致，因此不同区、组存在的系统差异，不可能对 6 种实验条件的比较构成影响，在分析时可以将其排除。这样也就实现了对实验环境的局部控制。

通过比较 5 种氮肥和不施氮肥在每种土壤的实验结果，可以分别得到它们各自在不同土壤中对植物的影响效应，然后再比较 4 种土壤的实验数据和结论，就可以进一步找出它们对植物共性的影响效应。

下面通过一个浅显的例子来加深对三原则的理解。

为了评价 2,6 - 二氯靛酚滴定法（A）、2,4 - 二硝基苯肼比色法（B）和荧光法（C）三种测定维生素 C 的方法的优劣，由甲、乙、丙三人进行试验，为了减少随机误差，遵循重复原则，每个方法（处理）重复 3 次，共 9 次试验，每个人做 3 次试验，下面给出了三种试验设计法。

方案（a）规则设计法

试验人员	甲	乙	丙
处理	AAA	BBB	CCC

方案（b）完全随机化设计法

试验人员	甲	乙	丙
处理	BCA	CBB	ACA

方案（c）随机化局部控制设计法

试验人员	甲	乙	丙
处理	BCA	CAB	ACB

　　方案（a）好像是不懂试验设计的人设计的方案，当试验人员之间存在技术或习惯上的差异时，就会引入系统误差，造成人员与方法之间的混杂。比如试验结果表明 A 处理最好，弄不清楚是方法 A 好呢还是试验人员甲的技术好，因此这种试验设计方法所得到的结论是不可靠的，为了消除试验人员引入的系统误差，可以遵循随机化原则，使得每个试验人员做哪个处理完全随机化，见方案（b）。采用方案（b）时，试验人员引入的系统误差变为随机误差，当增加重复次数时，各处理的误差相互抵消，平均值的比较可以更加公平了。如果采用局部控制原则，见方案（c），在此设计中，每个试验人员对 A、B、C 三种方法各操作一次，每个试验人员的试验顺序随机化安排，这样就消除了由于试验人员的差异带入试验中的系统误差。

　　重复、随机化和局部控制三原则的作用和相互关系如图 2 - 1 所示。

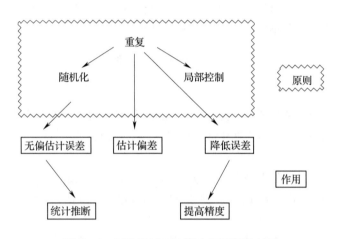

图 2 - 1　试验设计三个基本原则间的关系

　　由图 2 - 1 可知，随机化的作用主要在于使实验数据服从一定的统计规律，以便对实验结果进行误差估计和统计推断。局部控制的作用则在于尽量减少和排除系统差异对实验结果的影响及干扰，以利于提高实验精度。而重复则兼具两者的作用。所谓实验设计，就是根据实验目的、考察指标和所选定的因素水平，按照重复、随机化和局部控制的原则指定出一个实验方案，按此方案进行实验，并对实验数据进行统计分析和推断，从而得到比较精确、可靠和优化的实验结果的一种科学方法。

第三节　试验的误差及来源

一、误差的来源

　　在科学试验中，由于受到许多非处理因子的干扰和影响，所观察到的每个处理的测量结果与该处理的真值会产生一定的偏差，这个差值就是试验误差。

　　试验误差的来源一般有以下几个方面。

1. 试验单元间的固有差异

在试验中，试验单元间往往存在一些固有的差异。在大豆品系比较试验中某处理在田间 3 个重复小区中均种植相同品种，但小区间土壤肥力差异，该品种纯度、种子籽粒大小等材料的差异等，都可能引起试验误差。在猪饲料试验中，各试验猪个体之间的差异（如体重等）会引起试验单元之间的差异。

2. 试验单元上操作方法间的差异

如采用不同设计方法，可有不同试验误差，而对于同一设计方法，由于试验进程中实施处理的操作方法引起的差异也可导致试验误差的产生，如每小区处理要求人工撒施肥料，在小区间人工操作的差异可引起试验误差。

3. 试验单元间环境的差异

各试验单元在环境上的差异可引起试验误差。在小区试验中，各小区由于品种地理位置、土壤、水分等差异而引起各小区的田间小气候上的差异。

二、　误差的分类

1. 随机误差

在相同试验条件下，某处理进行多次重复试验的结果之间的误差以不可预知的随机方式变化，此类试验误差由各种随机因素而引起，所以称为试验的随机误差。

2. 系统误差

在相同试验条件下，某处理进行多次重复试验结果之间的误差按一定规律变化则称为系统误差（systematic error）。产生系统误差的原因是在试验中存在某些恒定的干扰因子。

3. 粗大误差

在一定条件下，测量结果明显偏离真值时所对应的误差称为粗大误差，粗大误差也称过失误差，它是由于不应有的原因造成的。例如，人在读数、记数、写数上的疏忽错误，外界条件的突然变化以及使用有缺陷的操作仪器等，含有粗大误差的试验结果称为异常值，必须审查后加以剔除。

第四节　试验数据的特征数

一、　总体与样本

个体（individual）是研究对象中可以单独观测和研究的一个物体或一定量的材料，它是组成总体的基本单元。具有共同性质的全部个体就组成了总体（population），总体又称为群体。总体可分为有限总体和无限总体。个体有限的总体称为有限总体，如某田块的玉米植株群体，某大学的男青年群体。个体无限的总体称为无限总体，如长江流域推广种植的某小麦品种植株群体，某省农田中某类昆虫群体。而群体中某株小麦或某个青年就是该群体的一个个体。

要研究总体的性质，由于总体的个体数目过大或者试验中测定项目的费用成本高等原因，一般情况下无法将总体中的全部个体一一取出进行调查或研究，当按一定程序从总体中抽取一组个体时，称此组个体为该总体的一个样本（sample）。当按随机程序抽取所获得的样本称为随机样本（random sample）。在本书中，除特别说明外，一般提及的样本均指随机样本。从总体中抽取样本称为抽样（sampling）。样本中所包含的个体（或抽样单元）的数目则称为样本容量（sample size）。一般研究中，样本容量在 30 个以下为小样本，30 个以上为大样本。对群体所考察的定性或定量指标称为特性或性状。例如，男青年的身高、小麦品种群体的株高。个体观察结果的性状值称为观测值。

二、 统 计 量

当我们得到了总体 ξ 的一个样本时，为了推得总体的一些性质，往往需要对所取得样本做一些运算，即构成样本的某种函数，这种函数称为统计量，因为样本是随机变量，所以作为样本的函数的统计量也是一个随机变量。

在数理统计中，常用的统计量是：样本均值（描述数据的平均状态或集中位置）、样本方差（描述数据的波动情况或离散程度）、极差（表示数据离散程度的最简单方法），它们都是样本的数据特性。

三、 表征数据资料集中趋势的统计特征数——平均数

平均数用于描述数据资料的集中性趋势，反映资料的一般水平及中心位置，并可作为资料的代表与其他资料比较。常用的平均数类型有：

（1）算术平均数 一组数据的总和除以该组数据的个数所得的商，称为这组数据的算术平均数。总体平均数以 μ 表示。实际中 μ 往往是未知的，需要通过试验取得样本，由样本平均数 $\bar{X}$ 来估计。

（2）中数 一组数据由大到小排列，位于中间位置的数据称为中数，或当样本容量为偶数时，居中的两个数据的平均值为中数。

四、 表征数据资料变异程度的统计特征变异数

1. 极差 R

极差即一组数据的最大值与最小值之差，反映数据资料的最大变异幅度，也称变幅。极差是表示数据离散度最简单的特性值。

$$R = Y_{\max} - Y_{\min}$$

例：有两队身高：

甲队 1.60，1.62，1.59，1.60，1.59（m）； $\mu_{甲} = 1.60\mathrm{m}$；$R_{甲} = 0.03\mathrm{m}$

乙队 1.80，1.50，1.50，1.50，1.60（m）； $\mu_{乙} = 1.60\mathrm{m}$；$R_{乙} = 0.30\mathrm{m}$

均值、中位数均不能反映两队的数据特征，极差可看出两队身高差异。

缺点：极差表示特征时利用信息太少（2 个）。

2. 偏差与偏差和

偏差（离差）是每个数与均值之差。

偏差和是一组数（n 个）的均值与每个数据的偏差之和。

$$\sum_{i=1}^{n} (y_i - \bar{y}) = \sum_{i=1}^{n} y_i - n\bar{y} = 0$$

3. 偏差平方和 S_i

$$S_i = \sum_{i=1}^{n} (y_i - \bar{y})^2$$

上例：$S_甲 = 0.006m^2$；$S_乙 = 0.11m^2$

$S_i > 0$，n 越大，则 S_i 越大，表示数据离散程度大小，即波动程度。

4. 方差 S^2

方差 S^2 是实际性与期望值之差平方的平均值。

$$S^2 = \frac{S_i}{n-1} = \frac{1}{n-1} \sum_{i=1}^{n} (y_i - \bar{y})^2$$

5. 标准差 S

标准差又称为标准离差。

$$S = \sqrt{\frac{S_i}{n-1}} = \sqrt{S^2}$$

6. 变异系数

变异系数是样本标准差占样本平均数的百分比，记作 $C_V = S/\bar{X}$。

变异系数表示相对变异程度，当两个样本数据的单位不同，或两个样本的平均数相差悬殊时，可用变异系数来比较两者的变异程度大小。

第五节 统计假设检验

一、预备知识

在上节曾经谈到，无论是无限总体，还是有限总体，从客观可能性与经济上考虑，在绝大多数情况下，都是采取抽样检验，通过样本测定值了解样本分布，并由此去推断总体。要使这种统计推断的结论正确可靠，应满足三个基本条件：

（1）保证所抽样本对总体有充分的代表性。

（2）采用科学的抽样方法进行抽样。

（3）在所获得样本资料的基础上，运用正确的方法进行统计推断。

保证所抽样本有充分的代表性，是对抽样的基本要求。所谓代表性，从统计的角度看，就是要求样本与总体具有同质性，从数学的观点看，就是要求样本与总体具有相同的分布。对任何一个样本，都可以得到一组测定值与一个相应的样本分布函数或经验分布函数，虽然不同的样本得到的样本分布函数不同，但它们都是总体分布函数的缩影。当测定次数增多时，样本分布函数近似等于总体分布函数，这是进行统计推断的理论基础。

样本值是一个随机变量，测定值随机波动、参差不齐，寓于其中的统计规律性常常并不是显露其表，只有正确地应用数理统计方法，对数据进行科学的加工与统计分析，去伪存真，才能对总体做出科学的推断与正确的结论。

1. 二项式分布

试验或调查中最常见的一类随机变数是整个总体的各组或单位可以根据某种性状的出现与否而分为两组。例如：小麦种子发芽和不发芽，大豆子叶色为黄色和青色，调查棉田盲蝽象危害分为受害株和不受害株等。这类变数均属间断性随机变数，其总体中包含两项，即：非此即彼的两项，它们构成的总体称为二项总体（binary population）。

如果从二项总体抽取 n 个个体，可能得到 y 个个体属于"此"，而属于"彼"的个体为 $n-y$。由于是随机独立地从总体中抽取个体，每一次抽取的个体均有可能属于"此"，也可能属于"彼"，那么得到的 y 个"此"个体的数目可能为 0、1、2、…、n 个。此处将 y 作为间断性资料的变量，y 共有 $n+1$ 种取值，这 $n+1$ 种取值各有其概率，因而由变量及其概率就构成了一个分布，这个分布称为二项式概率分布，简称二项式分布或二项分布（binomial distribution）。

2. 正态分布

正态分布（normal distribution）是连续性变数的理论分布。在理论和实践问题上都具有非常重要的意义。首先，客观世界确有许多现象的数据是服从正态分布的，因此，它可以用来配合这些现象的样本分布从而发现这些现象的理论分布。例如我们在日常生活中发现许多数量指标总是在正常范围内有差异，偏离正常，表现过高或过低的情况总是比较少，而且越不正常的可能性越少，这就是所谓的常态或称为"正态"，可以用正态分布的理论及由正态分布衍生出来的方法来研究。一般作物产量和许多经济性状的数据均表现为正态分布。其次，在适当条件下，它可用来做二项分布及其他间断性或连续性变数分布的渐近分布，这样就能用正态分布代替其他分布以计算概率和进行统计推论。第三，虽然有些总体并不做正态分布，但从总体中抽出的样本平均数及其他一些统计数的分布，在样本容量适当大时仍然趋近正态分布，因此可用它来研究这些统计数的抽样分布。

分布曲线中间高两头低，以平均数为中心左右对称，这种随机变量的分布称为正态分布（见图 2-2、图 2-3），其概率密度函数为：

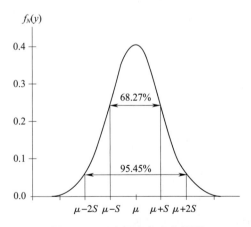

图 2-2　正态概率密度曲线图

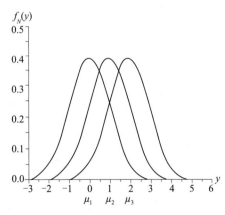

图 2-3　标准差相同（$S=1$）而平均数不同的三个正态曲线
$\mu_1=0$、$\mu_2=1$、$\mu_3=2$

$$f(x) = \frac{1}{\sqrt{2\pi}S}e^{-\frac{1}{2}\left(\frac{x-\mu}{S}\right)^2}$$

式中　μ——正态总体平均数；

　　　S^2——正态总体方差；

　　　e——自然对数的底数；

　　　π——圆周率。

3. t 分布

根据概率理论的中心极限定理，若一个随机变量是由大量的相互独立的随机因素综合影响所形成的，而且其中每一个因素在总的影响中所起作用都是微小的，那么不管这些相互独立的随机变量原来具有怎样的分布，而它们的和总是近似地遵从正态分布。例如，化学分析中的实验误差，是由许多因素引起的微小误差加和而成，它近似地遵从正态分布。中心极限定理是大样本统计推断的理论基础。

t 分布是 1908 年英国统计学家 W. S. Gosset 发现的。它是由正态分布派生出来的一个分布，又称学生氏分布（students t distribution）。它是一组对称密度函数曲线，具有一个单独参数 ν 以确定某一特定分布。ν 是自由度。在理论上，当 ν 增大时，t 分布趋向于正态分布。

t 分布的密度函数为：

$$f_\nu(t) = \frac{[(\nu-1)/2]!}{\sqrt{\pi\nu}[(\nu-2)/2]!}\left(1+\frac{t^2}{\nu}\right)^{-\frac{\nu+1}{2}} \qquad (-\infty < t < +\infty)$$

t 分布的平均数和标准差为：

$$\left.\begin{array}{l} \mu_t = 0(假定\ \nu > 1) \\ S_t = \sqrt{\dfrac{\nu}{\nu-2}}(假定\ \nu > 2) \end{array}\right\}$$

t 分布曲线是对称的，围绕其平均数 $\mu_t = 0$ 向两侧递降。自由度较小的 t 分布比自由度较大的 t 分布具有较大的变异度。和正态曲线比较，t 分布曲线稍为扁平，峰顶略低，尾部稍高（见图 2-4）。t 分布是一组随自由度 ν 而改变的曲线，但当 $\nu > 30$ 时接近正态曲线，当 $\nu = \infty$ 时和正态曲线合一。由于 t 分布受自由度制约，所以 t 值与其相应的概率也随自由度而不同。

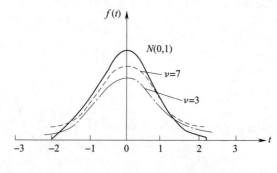

图 2-4　t 分布曲线

4. F 分布

在一个平均数为 μ、方差为 S^2 的正态总体中，随机抽取容量为 n_1 和 n_2 的两个独立样本，则这两个样本的方差 S_1^2 与 S_2^2 之比值定义为 F 值，即：

$$F = S_1^2/S_2^2$$

此 F 值具有 S_1^2 的自由度 ν_1 和 S_2^2 的自由度 ν_2。如果在给定的 ν_1 和 ν_2 下按上述方法从正态总体中进行一系列抽样，就可得到一系列的 F 值而做成一个 F 分布。统计理论的研究证明，F 分布是具有平均数 $\mu_F = 1$ 和取值区间为 $[0，\infty]$ 的一组曲线；而某一特定曲线的形状则仅决定于参数 ν_1 和 ν_2。在 $\nu_1 = 1$ 或 $\nu_1 = 2$ 时，F 分布曲线严重倾斜成反向 J 形；当 $\nu_1 \geq 3$ 时，曲线转为偏态（图 2 – 5）。

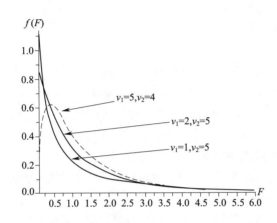

图 2 – 5　F 分布曲线　（随 ν_1 和 ν_2 的不同而不同）

二、 统计检验的原理和基本思想

用于样本观测值推论母体的参数特征属于统计推断的范畴，它包括两方面的内容：① 参数的估计；② 统计检验。由于试验研究工作的需要，往往先要对母体的某一统计特征进行假定，之后利用反复观测的子样数据，根据概率统计原理，用参数估计的方法进行计算，以判断假设是否成立，这就是统计检验或假设检验。生产和试验中，反复观测同一个物理量时会发现，量值总是存在着差异和波动，而其性质不外乎两种：① 随机（偶然）误差引起的差异和波动；② 生产或试验条件发生变化而引起的差异——条件误差。这两种误差常常交叉、混杂在一起，一般用直观的方法很难分辨出来，而统计检验正是科学地处理和分辨这两种不同性质差异的方法。

（一）t 检验法

t 检验法用以比较一个平均值与标准值之间或两个平均值之间是否存在显著性差异。

进行 t 检验的程序如下。

1. 选定所用的检验统计量

当检验样本均值 $\overline{X}$ 与总体均值 μ 是否有显著性差异时，使用统计量

$$t = \frac{\overline{X} - \mu}{S/\sqrt{n}} \tag{2 – 1}$$

式中　S——标准差。

当检验两个均值之间是否有显著性差异时，使用统计量

$$t = \frac{\overline{X}_1 - \overline{X}_2}{S} \times \sqrt{\frac{n_1 \times n_2}{n_1 + n_2}} \tag{2 – 2}$$

式中 $\bar{S}$——合并标准差。

按下式计算：

$$\bar{S} = \sqrt{\frac{(n_1 - 1)S_1^2 + (n_2 - 1)S_2^2}{n_1 + n_2 - 2}} \qquad (2-3)$$

式中 S_1^2——第一个样本的方差；

$\quad\quad S_2^2$——第二个样本的方差；

$\quad\quad n_1$——第一个样本的测定次数；

$\quad\quad n_2$——第二个样本的测定次数。

2. 计算统计量

如果由样本值计算的统计量值大于 t 分布表中相应显著性水平 α 和相应自由度 ν 下的临界值 $t_{\alpha,\nu}$，则表明被检验的均值有显著性差异，反之，差异不显著。

应用 t 检验时，要求被检验的两组数据具有相同或相近的方差（标准差）。因此在 t 检验之前必须进行 F 检验，只有在两方差一致性前提下才能进行 t 检验。

3. 假设检验的一尾测验与两尾测验

在进行测验结果分析确定检验水平时，还应根据其处理的性质和试验结果的准确性，考虑显著性测验用一尾测验还是用两尾测验。

在提出一个统计假设时，必有一个相对应的备择假设。备择假设为否定无效假设时必然要接受的假设。例如，单个平均数测验，若 $H_0: \mu = \mu_0$，则备择假设为 $H_A: \mu \neq \mu_0$。后者即指该新品种的总体平均产量不是300kg，而是大于300kg或小于300kg两种可能性。因而在假设测验时所考虑的概率为正态曲线左边一尾概率（小于300kg）和右边一尾概率（大于300kg）的总和。这类测验称为两尾测验（two-tailed test），它具有两个否定区域。

如果统计假设为 $H_0: \mu \leq \mu_0$，则其对应的备择假设必为 $H_A: \mu > \mu_0$。例如某种农药规定杀虫效果达90%方合标准，则其统计假设为 $H_0: \mu \leq 90\%$。倘若否定 H_0，则必然接受 $H_A: \mu > 90\%$。因而，这个对应的备择假设仅有一种可能性，而统计假设仅有一个否定区域，即正态曲线的右边一尾。这类测验称一尾测验（one-tailed test）。一尾测验还有另一种情况，即 $H_0: \mu \geq \mu_0$，$H_A: \mu < \mu_0$，这时否定区域在左边一尾，例如，施用某种杀菌剂后发病率为10%，不施用时常年平均为50%，要测验使用杀菌剂后是否减低了发病率，则使用后一种无效假设及其对应的备择假设。做一尾测验时，需将附表1列出的两尾概率乘以1/2，再查出其 t 值。例如做一尾测验当 $\alpha = 0.05$ 时，查附表1的 $P = 0.10$ 一栏，$t = 1.71$，其否定区域或者为 $\bar{y} \geq \mu + 1.64^{S_{\bar{y}}}$（当 $H_0: \mu \leq \mu_0$ 时），或者是 $\bar{y} \leq \mu - 1.64^{S_{\bar{y}}}$（当 $H_0: \mu \geq \mu_0$ 时）。

这里顺便说一句，如果 $\bar{y} \leq \mu_0$，那么就没有必要做无效假设及其测验了，相反 $\bar{y} \geq \mu_0$，但二者的差距并不大，我们仍应该进行假设测验。两尾测验也是这个道理，如果 $\bar{y} = \mu_0$，也没有必要做假设测验。

两尾测验的临界正态离差 $|t_\alpha|$ 大于一尾测验的 $|t_\alpha|$。例如，$\alpha = 0.05$ 时，两尾测验的 $|t_\alpha| = 1.96$，而一尾测验 $t_\alpha = +1.64$ 或 -1.64。所以一尾测验容易否定假设。在试验之前便应慎重考虑采用一尾测验还是两尾测验。

4. 假设测验的两类错误

假设测验依据"小概率事件实际不可能发生原理"。使用估计值对总体进行推断，也可能会犯错误，这种错误包括两类，一类是无效假设是正确的情况，但由于假设测验结果否定了无效假设；另一类是无效假设是错误的，备择假设本来是正确的可是测验结果却接受了无效假设。前者是说不同总体的参数间本来没有差异，但测验结果认为有差异，这种错误称为第一类错误；后者是说参数间本来有差异，但测验结果却认为参数间无差异，这种错误称为第二类错误。假设测验的错误可总结为表 2 - 2。

表 2 - 2　　　　　　　　　　　　　　假设测验的两类错误

测验结果	如果 H_0 是正确的	如果 H_0 是错误的
H_0 被否定	第一类错误	没有错误
H_0 被接受	没有错误	第二类错误

下面将 t 检验法在食品分析中的主要应用介绍如下：

① 用已知组成的标样评价分析方法：为了鉴定一个分析方法的可靠性，可用一已知量的基准物或已知含量的标准试样进行对照试验，通过若干次测定，取得其平均值，然后将这个平均值与已知值（真值）进行比较，从而判断这个分析方法是否存在系统误差。因为这时将平均值与真值进行比较，所以可以按 t 检验法来判别。逻辑推理是先假设平均值与真值之间不存在真正的差异，如果所算出的 t 值大于通常规定的置信水平的 t 值，那么，应该拒绝所提的假设，就是说，这样的差异不能认为是偶然的误差，而是被检验的方法存在系统误差，反之，则应接受该假设，判断该方法不存在系统误差。

[例 2.1]　为了鉴定一个分析方法的准确度，取质量为 100mg 的基准物进行 10 次测定，所得数据为 100.3，99.2，99.4，100.0，99.7，99.9，99.4，100.1，99.4，99.6mg，试对这组数据进行评价。

解：计算平均值和标准偏差。

$$\overline{X} = 99.7, \ S = 0.38$$

按式（2 - 1），计算统计量

$$t = \frac{\overline{X} - \mu}{S/\sqrt{n}} = \frac{99.7 - 100}{0.38/\sqrt{10}} = -2.50$$

查 t 表得 $t_{0.05,10} = 2.23$，$|t| > t_{0.05,10}$

表明 10 次测定的平均值与标准值有显著性差异，可认为该方法存在系统误差。

② 两个平均值的比较：在进行分析方法研究的时候，往往要在两种分析方法之间、两个不同实验室之间或两个不同操作者之间进行比较试验。这时对同一试样各测定若干次，得到两组测定数据的平均值，以比较两个平均值来判断它们之间是否存在真正的差异。如果两组测定数据的精密度高，两个平均值相差又比较大，这种情况自然容易判断。有时，两组数据本身不很精密，而两个平均值相差又不太大，这时利用统计分析法才能进行正确判断。

两组测定的平均值都不是真值，在进行检验时，将两组数据看作同属一个总体来处理，按式（2 - 2）、式（2 - 3）计算统计量 t，与查表所得的 t 值（$\nu = n_1 + n_2 - 2$）进行比较，便能作出判断。

[例 2.2]　采用两种不同方法测定乳粉中脂肪含量，测定数据见表 2 - 3，试比较两种方法的精密度有无显著差异。

表2-3　　　　　　　　　　　　　乳粉脂肪测定数据　　　　　　　　单位:%

方法1			方法2		
脂肪含量	$\lvert X_{1i} - \bar{X}_1 \rvert$	$\lvert X_{1i} - \bar{X}_1 \rvert^2$	脂肪含量	$\lvert X_{2i} - \bar{X}_2 \rvert$	$\lvert X_{2i} - \bar{X}_2 \rvert^2$
2.01	0.04	0.0016	1.88	0.04	0.0016
2.10	0.13	0.0169	1.92	0.00	0.0000
1.86	0.11	0.0121	1.90	0.02	0.0004
1.92	0.05	0.0025	1.97	0.05	0.0025
1.94	0.03	0.0009	1.94	0.02	0.0004
1.99	0.02	0.0004			
$\sum$11.82		0.0344	9.61		0.0048

解：根据两组数据，分别计算两种方法的平均值 $\bar{X}$ 及标准差 S。

$$\bar{X}_1 = \frac{\sum X_{1i}}{n} = 1.97 \qquad S_1 = \sqrt{\frac{\sum (X_{1i} - \bar{X}_1)^2}{n - 1}} = 0.083$$

$$\bar{X}_2 = \frac{\sum X_{2i}}{n} = 1.92 \qquad S_2 = \sqrt{\frac{\sum (X_{2i} - \bar{X}_2)^2}{n - 1}} = 0.035$$

计算合并标准差

$$\bar{S} = \sqrt{\frac{(n_1 - 1)S_1^2 + (n_2 - 1)S_2^2}{n_1 + n_2 - 2}} = \sqrt{\frac{5 \times 0.083^2 + 4 \times 0.035^2}{6 + 5 - 2}} = 0.066$$

计算统计量

$$t = \frac{\bar{X}_1 - \bar{X}_2}{\bar{S}} \sqrt{\frac{n_1 n_2}{n_1 + n_2}} = \frac{1.97 - 1.92}{0.066} \sqrt{\frac{5 \times 6}{5 + 6}} = 1.383$$

查 t 表得 $t_{0.05,9} = 2.262$，$t < t_{0.05,9}$，表明两种方法差别不显著，即两种测定结果是一致的。

[例2.3]　用原子吸收分光光度法测定铜时，研究了乙炔流量与空气对测定的影响，发现乙炔流量与空气流量比为 0.5/6 和 1.5/1.0 的效果较好，8 次测定吸光度的平均值分别为 31.98 和 30.34，相应的标准差分别为 0.67 和 0.49，试从现有测试数据确定最佳的乙炔和空气流量比。

解：因为两组测定条件的吸光度值差别并不是很大，1 组测定条件（乙炔与空气流量比 0.5/6）的吸光度值高于 2 组测定条件，但精密度又不如 2 组测定条件好，因此，从直观上难以判断哪一组好，利用统计检验可以帮助判断。

先进行方差检验

$$F = \frac{S_1^2}{S_2^2} = \frac{0.67^2}{0.49^2} = 1.87$$

查 F 分布表：$F_{0.05}(7, 7) = 3.79$，$F < F_{0.05}(7, 7)$，说明两方差之间没有显著性差异。从测定精密度的角度来看，两组测定条件中任选一组都是可以的。

现在计算合并标准差：

$$\bar{S} = \sqrt{\frac{(n_1 - 1)S_1^2 + (n_2 - 1)S_2^2}{n_1 + n_2 - 2}} = \sqrt{\frac{7 \times 0.67^2 + 7 \times 0.49^2}{8 + 8 - 2}} = 0.59$$

按式（2-2）计算统计量

$$t = \frac{\bar{X}_1 - \bar{X}_2}{\bar{S}} \sqrt{\frac{n_1 n_2}{n_1 + n_2}} = \frac{31.98 - 30.34}{0.59} \sqrt{\frac{8 \times 8}{8 + 8}} = 5.56$$

查 t 分布表，在显著性水平 $\alpha = 0.05$ 和自由度 $\nu = 14$ 时，$t_{0.05,14} = 2.15$，当 $t > t_{0.05,14} = 2.15$，说明有显著差异，即乙炔流量与空气流量比对吸光度的影响是显著的。

从测定灵敏度的角度看，1 组的测定条件确比 2 组测定条件效果更好。

③ 配对比较试验数据：在分析方法试验中，为了判断某一个因素的结果是否有显著影响，往往取若干批的试样，将其他因素固定下来，对某一因素进行配对的比较试验。这样的试验可以消除其他因素的影响而把被检验的因素突出出来，以便从随机误差的覆盖下找出被检验的因素是否存在真正的差异。例如，为了比较两个实验室的分析结果，取若干批试样交由两个实验室进行比较测定；为了比较两种分析方法的差异性，可以用两种不同方法对同一试样进行测定比较，也可以把一个试样交给几个人进行方法的比较试验等。

配对比较试验数据的判断，不是根据两组数据的平均值来作比较，而是根据各组配对数据之差 D 来进行显著性的检验。

首先计算配对数据之差 D 的平均值 $\bar{D}$ 和标准差 S_D：

$$\bar{D} = \frac{\sum D_i}{n} \qquad (2-4)$$

$$S_D = \sqrt{\frac{\sum (D_i - \bar{D})^2}{n - 1}} = \sqrt{\frac{\sum D_i^2 - [(\sum D_i)^2/n]}{n - 1}} \qquad (2-5)$$

然后计算统计量 t

$$t_D = \frac{\bar{D} \times \sqrt{n}}{S_D} \qquad (2-6)$$

如果计算的统计量值小于 t 分布表中相应显著性水平 α 和相应自由度 ν 的临界值 $t_{\alpha,\nu}$，则表明被检验的两种方法测定结果是一致的。

[例 2.4] 某实验室使用直接离子计测定饮料中的氟含量。为了检验新方法的可靠性，用新法和老法（氟试剂比色法）同时对 10 份不同饮料进行了对比性测定，结果见表 2-4，两法的测定结果是否一致？

表 2-4 两种方法测定氟含量数据

饮料样品	氟含量/（mg/L）		相差值 D_i	D_i^2
	氟试剂比色法	直接离子计法		
1	4.18	4.42	-0.24	0.0576
2	4.04	4.17	-0.13	0.0169
3	4.36	3.14	1.22	1.4884
4	3.01	2.94	0.07	0.0049
5	1.66	1.20	0.46	0.2116

续表

饮料样品	氟含量／（mg/L）		相差值 D_i	D_i^2
	氟试剂比色法	直接离子计法		
6	10.31	7.96	2.35	5.5225
7	5.92	9.80	−3.88	15.0544
8	2.5	1.43	1.07	1.1449
9	5.98	3.97	2.01	4.0401
10	6.56	4.83	1.73	2.9929
Σ			4.66	30.5342

解：按式（2-4）、式（2-5）计算差数的平均值 $\overline{D}$ 与标准差 S_D：

$$\overline{D} = \frac{\sum D_i}{n} = 4.66/10 = 0.466(\text{mg/L})$$

$$S_D = \sqrt{\frac{\sum (D_i - \overline{D})^2}{n-1}} = \sqrt{\frac{\sum D_i^2 - \left[(\sum D_i)^2/n\right]}{n-1}} = 1.78(\text{mg/L})$$

按式（2-6）计算 t 值

$$t_D = \frac{\overline{D} \times \sqrt{n}}{S_D} = \frac{0.466 \times \sqrt{10}}{1.78} = 0.83$$

查 t 分布表，当 $\nu = 9$ 时，$t_{0.05,9} = 2.26$，$t < t_{0.05,9} = 2.26$

说明测定结果的差别无显著性，即两种方法的测定结果是一致的。

（二） F 检验法

F 检验法是通过计算两组数据的方差之比来检验两组数据是否存在显著性差异。比如使用不同的分析对同一试样进行测定得到的标准差不同，或几个实验室用同一种分析方法测定同一试样，得到的标准差不同，这时就有必要研究产生这种差异的原因，通过这种 F 检验法，可以得到满意的解决。

F 检验法其步骤如下：

（1）计算统计量方差比

$$F = \frac{S_1^2}{S_2^2} \tag{2-7}$$

式中　S_1^2，S_2^2——分别代表两组测定值的方差。

（2）查 F 分布表。

（3）判断　当计算所得 F 值大于 F 分布表中相应显著性水平 α 和自由度 ν_1，ν_2 下的临界值 $\nu_{\alpha(\nu_1,\nu_2)}$，即 $F > \nu_{\alpha(\nu_1,\nu_2)}$ 时，则两组方差之间有显著性差异；反之，则两组方差无显著性差异。

在编制 F 分布表时，是将大方差作分子，小方差作分母，所以，在由样本值计算统计量 F 值时，也要将样本方差 S_1^2、S_2^2 中数值较大的一个作分子，较小的一个作分母。

　［例2.5］　仍以［例2.2］中实验数据为例，通过 F 检验法比较两种方法的精密度有无显著差异。

　解：分别计算两种方法的方差

$$S_1^2 = 0.083^2 = 0.0069$$

$$S_2^2 = 0.035^2 = 0.0012$$

按式（2－7）计算统计量方差比 F：

$$F = \frac{S_1^2}{S_2^2} = 0.0069/0.0012 = 5.75$$

查 F 分布表，$F_{0.05}$（5，4）＝6.26，$F < F_{0.05}$（5，4）＝6.26

说明差别不明显，即两种测定方法精密度是一致的。

[**例 2.6**]　用原子吸收法与比色法同时测定某试样中的铜，各进行了 10 次测定，原子吸收法测定方差为 6.5×10^{-4}，比色法测定的方差为 8.0×10^{-4}，试由测定精密度考虑，以选取哪一测定方法合适。

解：（1）给定显著性水平 $\alpha = 0.10$，根据本例题意，只要检验两个方差是否有显著性差异，不管两个方差中哪一个比另一个大得多或小得多，都认为是有显著性差异，因此是双侧检验。F 分布表中给出的是单侧检验 F 临界值，对于双尾检验，在给定显著性水平 α 时，要在 F 分布表中查 $F_{\alpha/2}$ 值，针对本例情况，查 F 分布表，$F_{0.05}$（9，9）＝3.18。

（2）计算统计量得：

$$F = \frac{S_1^2}{S_2^2} = 8.0 \times 10^{-4}/6.5 \times 10^{-4} = 1.23$$

$F < F_{0.05}$（9，9）＝3.18，说明不能认为两种方法方差有显著性差异，即选用原子吸收或比色法都是可以的。

第六节　试验设计的基本程序

1. 实验目的

实验目的是试验设计首先要考虑的问题，对其应当深入了解，认真分析，提出实验目的及预期效果，避免盲目性。

2. 因素和水平的确定

试验设计之前必须了解哪些因素可能对试验结果产生影响，并根据实验要求选出适当因素加以研究。

3. 指标的确定

在选择试验指标时，必须考虑指标对所研究问题能提供什么信息，以及如何测定该指标。

4. 实验计划的确定

实验计划的确定在整个试验设计中是至关重要的。首先需确定希望分辨出不同试验处理间的最小差异程度和允许冒多大的风险，以便决定重复数，还要考虑以怎样的方式收集数据以及怎样做随机排列。努力做到统计分析方法正确，而试验经费又比较节省。

5. 试验设计的实施

试验设计的实施过程也是收集数据的过程，设计者应亲临现场，认真监督试验计划的执行。

6. 数据分析

实验所得数据应做统计分析。如比较两个处理平均数的差异，简单地比较两个平均数是不够的，要考虑统计显著性，数据分析中应注意使用电子计算机，以减轻工作量，对可疑数据的处理要切实查找理论根据，或在统计上提出根据。

7. 结论与应用

对数据分析的结果应从中归纳出有关结论，给予必要的解释，评价这些结论的实际意义，假若一次试验不能得到明确的结论则应进一步安排试验，继续探讨。

思考与习题

1. 什么是统计假设检验？其基本步骤是什么？做假设检验时应注意哪些问题？

2. 什么是一尾检验和两尾检验？各在什么情况下应用？它们的无效假设及备择假设是怎样设定的？

3. 统计假设检验的第一类错误和第二类错误各指什么？犯这两类错误的概率各为多大？应该怎样控制犯这两类错误？

4. 从胡萝卜中提取 β–胡萝卜素的传统工艺提取率为 91%。现有一新的提取工艺，用新工艺重复 8 次提取试验，得平均提取率 $=95\%$，标准差 $S=7\%$。试检验新工艺与传统工艺在提取率上有无显著性差异（$t=1.616$）。

5. 国际规定花生仁中黄曲霉毒素 B_1 含量不得超过 $20\mu g/kg$。现从一批花生仁中随机抽取 30 个样本来检测其黄曲霉毒素 B_1 含量，得平均数 $=25\mu g/kg$，标准差 $S=1.2\mu g/kg$。问这批花生仁的黄曲霉毒素 B_1 是否超标？

第三章

方差分析

教学目的与要求

 1. 了解方差分析的概念和作用；

 2. 掌握方差分析的基本原理和步骤；

 3. 掌握单向分组资料的方差分析；

 4. 掌握两向分组和系统分组资料的方差分析。

  方差分析（analysis of variance，ANOVA）是 R. A. Fisher 发明的，用于两个及两个以上样本均数差别的显著性检验。因为对一个或两个样本进行平均数的假设测验，可以采用 t 测验等来测定它们之间的差异显著性。而当试验的样本数 $k \geqslant 3$ 时，上述方法已不宜应用。其原因是当 $k \geqslant 3$ 时，就要进行 k（$k-1$）/2 次测验比较，不仅工作量大，而且精确度降低。因此，对多个样本平均数的假设测验，需要采用一种更加适宜的统计方法，即方差分析法。方差分析法是科学研究工作的一个十分重要的工具。

  由于各种因素的影响，研究所得的数据呈现波动状，造成波动的原因可分成两类，一类是不可控的随机因素，另一类是研究中施加的对结果形成影响的可控因素。方差分析的基本思想是：通过分析研究中不同来源的变异对总变异的贡献大小，从而确定可控因素对研究结果影响力的大小。

  方差分析主要用于：① 均数差别的显著性检验；② 分离各有关因素并估计其对总变异的作用；③ 分析因素间的交互作用；④ 方差齐性检验。

  方差分析是建立在一些基本假定的基础上的，这些基本假定有：

  （1）可加性 处理效应与环境效应（误差）是可加的。这是由于我们据以进行方差分析的模型就是线性可加模型，所以可加性是方差分析的主要特性。

  有一种非可加性事例是效应表现为倍加性。如表 3-1 所示的假设数字，如不考虑误差，则在可加性模型中，不论处理 A 或 B，从组 1 到组 2 都是增加 10；同样，不论组 1 或组 2，从处理 A 到处理 B 都是增加 20。但在倍加性模型中就不是这样，如从组 1 到组 2，对于处理 A 是增加 10，对于处理 B 却是增加 30。但是，将倍加性数据转换为对数尺度，则又表现为可加性模型。因此，对于非可加性资料，一般需做对数转换或其他转换，使其效应变为可加性，才能符合方差分析的线性可加模型。

表 3 – 1   可加性模型与非可加性模型的比较

模型	可加性		倍加性		对倍加性取对数（lg10）	
	1 组	2 组	1 组	2 组	1 组	2 组
处理 A	10	20	10	20	1.00	1.30
处理 B	30	40	30	60	1.48	1.78

（2）正态性 试验误差是独立的随机变量，并遵从正态分布。这是因为 F 测验只有在这一假定的基础上才能正确地进行。

（3）同质性 所有试验处理的误差方差都是同质的。亦即 $S_1^2 = S_2^2 = \cdots S_k^2 = S_e^2$。这是由于方差分析是以各个处理的合并均方值作为测验处理间显著性共用的误差均方（这一假定能否得到满足，可由 Bartlett 测验得知）。

多数试验资料都可以或基本上可以满足三个基本假定，因而方差分析能作出有效的推断。但是也有些资料不能满足这三个假定，其中最常见的一种情况是处理平均数和均方有着一定的关系（例如，处理均方随着处理平均数的增大而增大等）。这种资料不能直接进行方差分析，所以必须对试验资料做适当的数据转换后，才能进行方差分析。

为了使所获得的试验资料满足方差分析的三个基本假定，在进行方差分析之前，可采取以下措施：

① 剔除某些表现"特殊"的观察值、处理或重复。

② 将总的试验误差的方差分裂为几个较为同质的试验误差的方差。

③ 采用几个观察值的平均数做方差分析，因为平均数比单个观察值更易做成正态分布，所以如抽取小样本求得其平均数，再以这些平均数做方差分析，可以减小各种不符合基本假定的因素的影响。

④ 采用适当的数据转换，然后用转换后的数据做方差分析。

第一节 方差分析基本原理

方差分析就是将试验数据的总变异分解为来源于不同因素的相应变异，并做出数量估计，从而发现各个因素在总变异中所占的重要程度。即将试验的总变异方差分解成各变因方差，并以其中误差方差作为和其他变因方差比较的标准，以推断其他变因所引起变异量是否真实的一种统计分析方法。

一、 自由度与平方和分解

方差是平方和除以自由度的商。要将一个试验资料的总变异分解为各个变异来源的相应变异，首先将总平方和与总自由度分解为各个变异来源的相应部分。因此，平方和与自由度的分解是方差分析的第一步骤。下面以单因素完全随机试验设计的资料为例说起。

假设有 k 个处理，每个处理有 n 个观察值，则该试验资料共有 nk 个观察值，其观察值的组成如表 3-2 所示。表 3-2 中，i 代表资料中任一样本，j 代表样本中任一观测值，x_{ij} 代表任一样本的任一观测值，T_t 代表处理总和，$\bar{x}_t$ 代表处理平均数，T 代表全部观测值总和，$\bar{x}$ 代表总平均数。

表 3-2 每处理具 n 个观测值的 k 组数据的符号表

处理	观察值						处理总和 T_t	处理平均数 $\bar{x}_t$
	1	2	...	j	...	n		
1	x_{11}	x_{i2}	...	x_{1j}	...	x_{1n}	T_{t1}	$\bar{x}_{t1}$
2	x_{21}	x_{i2}	...	x_{2j}	...	x_{2n}	T_{t2}	$\bar{x}_{t2}$
⋮	⋮	⋮	...	⋮	...	⋮	⋮	⋮
i	x_{i1}	x_{i2}	...	x_{ij}	...	x_{in}	T_{ti}	$\bar{x}_{ti}$
⋮	⋮	⋮	...	⋮	...	⋮	⋮	⋮
k	x_{k1}	x_{k2}	...	x_{kj}	...	x_{kn}	T_{tk}	$\bar{x}_{tk}$
							$T = \sum x$	$\bar{x}$

在表 3-2 中，总变异是 nk 个观测值的变异，故其自由度 $\nu = nk - 1$，而其平方和 SS_T 则为：

$$SS_T = \sum_1^{nk} (x_{ij} - \bar{x})^2 = \sum x^2 - C \tag{3-1}$$

式 (3-1) 中的 C 称为矫正数：

$$C = \frac{\left(\sum x \right)^2}{nk} = \frac{T^2}{nk} \tag{3-2}$$

产生总变异的原因可从两方面来分析：一是同一处理不同重复观测值的差异是由偶然因素影响造成的，即试验误差，又称组内变异；二是不同处理之间平均数的差异主要是由处理的不同效应所造成，称处理间变异，又称组间变异。因此，总变异可分解为组间变异和组内变异两部分。

组间的差异即 k 个 $\bar{x}$ 的变异，故自由度 $\nu = k - 1$，而其平方和 SS_t 为：

$$SS_t = n \sum_1^k (\bar{x}_{ij} - \bar{x})^2 = \frac{\sum T_t^2}{n} - C \tag{3-3}$$

组内的变异为各组内观测值与组平均数的变异，故每组具有自由度 $\nu = n - 1$ 和平方和 $\sum_1^n (x_{ij} - \bar{x})^2$，而资料共有 k 组，故组内自由度 $\nu = k(n-1)$，而组内平方和 SS_e 为：

$$SS_e = \sum_1^k \sum_1^n (x_{ij} - \bar{x}_t)^2 = SS_T - SS_t \tag{3-4}$$

因此，得到表 3-2 类型资料平方和与自由度的分解式为：

总平方和 = 组间（处理间）平方和 + 组内（误差）平方和

$$\sum_1^k \sum_1^n (x_{ij} - \bar{x})^2 = n \sum_{i=1}^k (\bar{x}_t - \bar{x})^2 + \sum_1^k \sum_1^n (x_{ij} - \bar{x}_t)^2 \tag{3-5}$$

记作：

$$SS_T = SS_t + SS_e$$

$$\text{总自由度} = \text{组间（处理间）自由度} + \text{组内（误差）自由度}$$

即：
$$nk - 1 = (k - 1) + k(n - 1) \tag{3-6}$$

记作：
$$\nu_T = \nu_t + \nu_e$$

将以上公式归纳如下：

总平方和 $\quad SS_T = \sum x^2 - C \quad\quad$ 总自由度 $\quad \nu_T = kn - 1$

处理平方和 $\quad SS_t = \dfrac{\sum T_t^2}{n} - C \quad$ 处理自由度 $\quad \nu_t = k - 1 \qquad (3-7)$

误差平方和 $\quad SS_e = SS_T - SS_t \quad$ 误差自由度 $\quad \nu_e = k(n - 1)$

求得各变异来源的平方和与自由度后，进而求得：

总的方差 $\qquad\qquad S_T^2 = \dfrac{SS_T^2}{\nu_T}$

处理间方差 $\qquad\quad S_t^2 = \dfrac{SS_t^2}{\nu_t} \qquad\qquad\qquad (3-8)$

误差方差 $\qquad\qquad S_e^2 = \dfrac{SS_e^2}{\nu_e}$

[例 3.1] 设有 A、B、C、D、E 5 个大豆品种（$k = 5$），其中 E 为对照，进行大区比较试验，成熟后分别在 5 块地测产量，每块地随机抽取 4 个样点（$n = 4$），每点产量（kg）如表 3-3 所示，试做方差分析。

表 3-3 　　　　　　　　　大豆品比试验结果　　　　　　　　单位：kg/小区

品种	取样点				T_t	$\bar{x}_t$
	1	2	3	4		
A	23	21	24	21	89	22.25
B	21	19	18	18	76	19.00
C	22	23	22	20	87	21.75
D	19	20	19	18	76	19.00
E	15	16	16	17	64	16.00
					392	$\bar{x} = 19.6$

1. 平方和的分解

已知 $n = 4$，$k = 5$，根据式（3-2）和式（3-7）可得

$$C = \frac{T^2}{kn} = \frac{392^2}{20} = 7683.2$$

$$SS_T = \sum x^2 - C = 23^2 + 21^2 + \cdots + 20^2 - 7683.2 = 122.8$$

$$SS_t = \frac{\sum T_t^2}{n} - C = \frac{89^2 + 76^2 + 64^2 + 76^2 + 87^2}{4} - 7683.2 = 101.3$$

$$SS_e = SS_T - SS_t = 122.8 - 103.1 = 19.7$$

2. 自由度的分解

根据式（3-6）可得：

总变异自由度 $\qquad\qquad \nu_T = (4 \times 5) - 1 = 19$

品种间自由度 $\qquad\qquad\qquad\nu_t = 5 - 1 = 4$

误差自由度 $\qquad\qquad\qquad\nu_e = 5 \times (4 - 1) = 15$

3. 计算各部分方差

根据式（3 - 7）可得：

$$S_t^2 = \frac{101.3}{5} = 25.32$$

$$S_e^2 = \frac{19.7}{15} = 1.31$$

总方差可以不计算。

二、 F 分布与 F 测验

1. F 分布

设想在一正态总体 $N(\mu, \sigma^2)$ 中随机抽取样本容量为 n 的样本 k 个，将各样本观测值整理成表 3 - 2 的形式。此时的各处理没有真实差异，各处理只是随机分的组。因此，由式（3 - 8）算出的 S_t^2 和 S_e^2 都是误差方差 σ^2 的估计量。以 S_e^2 为分母、S_t^2 为分子，求其比值。统计学上把两个方差之比值称为 F 值。

即 $\qquad\qquad F = S_t^2 / S_e^2$

F 具有两个自由度：$\nu_1 = k - 1$，$\nu_2 = k(n - 1)$。

F 值所具有的概率分布称为 F 分布。F 分布密度曲线是随自由度 ν_1、ν_2 的变化而变化的一组偏态曲线，其形态随着 ν_1、ν_2 的增大逐渐趋于对称，如图 3 - 1 所示。

F 分布的取值范围是（0， $+\infty$），其平均值 $\mu_F = 1$。

用 $f(F)$ 表示 F 分布的概率密度函数，则其分布函数 $F(F_\alpha)$ 为：

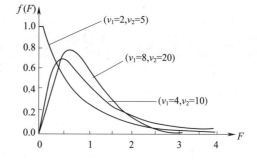

图 3 - 1 不同自由度下的 F 分布曲线

$$F(F_\alpha) = P(F < F_\alpha) = \int_0^{F_\alpha} f(F)\,\mathrm{d}F$$

因而 F 分布右尾从 F_α 到 $+\infty$ 的概率为：

$$P(F \geqslant F_\alpha) = 1 - F(F_\alpha) = \int_{F_\alpha}^{+\infty} f(F)\,\mathrm{d}F$$

如附表 2 所示，F 值表列出的是不同 ν_1 和 ν_2 下，$P(F \geqslant F_\alpha) = 0.05$ 和 $P(F \geqslant F_\alpha) = 0.01$ 时的 F 值，即右尾概率 $\alpha = 0.05$ 和 $\alpha = 0.01$ 时的临界 F 值，一般记作 $F_{0.05}$、$F_{0.01}$。如查 F 值表，当 $\nu_1 = 3$，$\nu_2 = 18$ 时，$F_{0.05} = 3.16$，$F_{0.01} = 5.09$，表示如以 $\nu_1 = \nu_t = 3$，$\nu_2 = \nu_e = 18$ 在同一正态总体中连续抽样，则所得 F 值大于 3.16 的仅为 5%，而大于 5.09 的仅为 1%。

2. F 测验

F 值表是专门为检验 S_t^2 代表的总体方差是否比 S_e^2 代表的总体方差大而设计的。若实际计算的 F 值大于 $F_{0.05}$，则 F 值在 $\alpha = 0.05$ 的水平上显著，我们以 95% 的可靠性（即冒 5% 的风险）推断 S_t^2 代表的总体方差大于 S_e^2 代表的总体方差。这种用 F 值出现概率的大小推断两个总体方差是否相等的方法称为 F 测验。

在方差分析中所进行的 F 测验目的在于推断处理间的差异是否存在，检验某项变异因素的效应方差是否为零。因此，在计算 F 值时总是以被测验因素的方差作分子，以误差方差作分母。应当注意，分母项的正确选择是由方差分析的模型和各项变异原因的期望均方决定的。

实际进行 F 测验时，是将由试验资料所算得的 F 值与根据 $\nu_2 = \nu_t$（大均方，即分子均方的自由度）、$\nu_2 = \nu_e$（小均方，即分母均方的自由度）查附表 F 值表所得的临界 F 值与 $F_{0.05}$、$F_{0.01}$ 相比较作出统计推断的。

若 $F < F_{0.05}$，即 $P > 0.05$，不能否定 H_0，统计学上把这一测验结果表述为：各处理间差异不显著，不标记符号；若 $F_{0.05} \leqslant F < F_{0.01}$，即 $0.01 < P \leqslant 0.05$，否定 H_0，接受 H_A，统计学上，把这一测验结果表述为：各处理间差异显著，在 F 值的右上方标记"*"；若 $F \geqslant F_{0.01}$，即 $P \leqslant 0.01$，否定 H_0，接受 H_A，统计学上，把这一测验结果表述为：各处理间差异极显著，在 F 值的右上方标记"**"。

对于［例 3.1］，因为 $F = S_t^2 / S_e^2 = 25.32 / 1.43 = 17.71$；根据 $\nu_1 = \nu_t = 4$，$\nu_2 = \nu_e = 15$ 查附表 F 值表，得 $F > F_{0.01} = 4.89$，$P < 0.01$，表明 5 个不同大豆品种对产量的影响达到极显著差异。

在方差分析中，通常将变异来源、平方和、自由度、均方和 F 值归纳成一张方差分析表，见表 3-4。

表 3-4 　　　　　　　　　　表 3-3 资料方差分析表

变异来源	SS	ν	S^2	F	$F_{0.05}$	$F_{0.01}$
品种间	101.3	4	25.32	17.71**	3.04	4.89
品种内	21.5	15	1.43			
总变异	122.8	19				

因为经 F 测验差异极显著，故在 F 值 17.71 右上方标记"**"。

在实际进行方差分析时，只须计算出各项平方和与自由度，各项均方的计算及 F 检验可在方差分析表上进行。

三、多 重 比 较

经 F 测验，差异达到显著或极显著，表明试验的总变异主要来源于处理间的变异，试验中各处理平均数间存在显著或极显著差异，但并不意味着每两个处理平均数间的差异都显著或极显著，也不能具体说明哪些处理平均数间有显著或极显著差异，哪些差异不显著。因而，有必要进行两两处理平均数间的比较，以具体判断两两处理平均数间的差异显著性。统计上把多个平均数两两间的相互比较称为多重比较（multiple comparison）。

多重比较的方法比较多，常用的有最小显著差数法（LSD 法）和最小显著极差法（LSR 法），最小显著权差法又分为新复极差法和复极差法。现分别介绍如下。

1. 最小显著差数法

最小显著差数法（least significant difference），又称 LSD 法。此方法是多重比较中最基本的方法。它是两个平均数相比较在多样本试验中的应用，所以 LSD 法实际上属于 t 测验性质的，而 t 测验只适用于测验两个相互独立的样本平均数的差异显著性。在多个平均数时，任何两个平均数比较会牵连到其他平均数，从而降低了显著水平，容易做出错误的判断。所以在应用 LSD 法进行多重比较时，必须在测验显著的前提下进行，并且各对被比较的两个样本平均数在试验前已经指定，因而它们是相互独立的。利用此法时，各试验处理一般是与指定的对照相比较。

LSD 法的步骤如下：

第一步　先计算样本平均数差数标准误差 $S_{\bar{x}_1 - \bar{x}_2}$

$$S_{\bar{x}_1 - \bar{x}_2} = \sqrt{\frac{2S_e^2}{n}} \tag{3-9}$$

第二步　计算出显著水平为 α 的最小显著差数 LSD_α。在 t 测验中已知

$$t = \frac{\bar{x}_1 - \bar{x}_2}{S_{\bar{x}_1 - \bar{x}_2}}$$

在误差自由度下，查显著水平为 α 时的临界 t 值，令上式 $t = t_\alpha$，移项可得

$$\bar{x}_1 - \bar{x}_2 = t_a \times S_{\bar{x}_1 - \bar{x}_2}$$

故 $\bar{x}_1 - \bar{x}_2$ 即等于在误差自由度下，显著水平为 α 时的最小显著差数，即 LSD。

$$LSD_a = t_a \times S_{\bar{x}_1 - \bar{x}_2} \tag{3-10}$$

当 $\alpha = 0.05$ 和 0.01 时，LSD 的计算公式分别是

$$LSD_{0.05} = t_{0.05} \times S_{\bar{x}_1 - \bar{x}_2} \tag{3-11}$$

$$LSD_{0.01} = t_{0.01} \times S_{\bar{x}_1 - \bar{x}_2} \tag{3-12}$$

任何两处理平均数的差数达到或超过 $LSD_{0.05}$ 时，差异显著；达到或超过 $LSD_{0.01}$ 时，差异达到极显著。

由 [例 3.1] 资料可得：

$$S_{\bar{x}_1 - \bar{x}_2} = \sqrt{2S_e^2/n} = \sqrt{2 \times 1.43/4} = 0.845(\text{kg})$$

当误差自由度 $\nu_e = 15$ 时，查 t 值表得：$t_{0.05} = 2.131$，$t_{0.01} = 2.921$

所以，显著水平为 0.05 与 0.01 的最小显著差数为

$$LSD_{0.05} = t_{0.05} \times S_{\bar{x}_1 - \bar{x}_2} = 2.131 \times 0.845 = 1.80(\text{kg})$$

$$LSD_{0.01} = t_{0.01} \times S_{\bar{x}_1 - \bar{x}_2} = 2.947 \times 0.845 = 2.49(\text{kg})$$

第三步　各处理平均数的比较

表 3-5 中的各个品种与对照的差数，分别与 $LSD_{0.05}$、$LSD_{0.01}$ 比较：小于 $LSD_{0.05}$ 者不显著，不标记符号；介于 $LSD_{0.05}$ 与 $LSD_{0.01}$ 之间者显著，在差数的右上方标记 "＊"；大于 $LSD_{0.01}$ 者极显著，在差数的右上方标记 "＊＊"。

表 3-5　　　　　　　　　　5 个大豆品种产量差异比较　（LSD 法）

品种	平均数 $\bar{x}_i$	与对照的差异
A	22.25	6.25＊＊
C	21.75	5.75＊＊
B	19.00	2.0＊
D	19.00	2.0＊
E（对照）	16.00	—

比较结果说明 B、D 品种与对照差异显著，其余两个品种与对照差异达到极显著水平。

2. 新复极差法（Duncan 氏新复极差法）

新复极差法是 D. B. Duncan（1955）基于不同秩次距 p 下的最小显著极差变幅比较大而提出的，又称最短显著极差法（shortest significant ranges，SSR），简称 SSR 法，目前在农业科学研究中普遍应用。此法的特点是将平均数按照大小进行排序，不同的平均数之间比较采用不同的显著标准。如表 3 – 5 中由上到下的 5 个平均数是按照从大到小的次序排列的，两个极端平均数之差（22. 25 – 16. 00）= 6. 25 是 5 个平均数的极差（全距），在这个极差中，又包括（22. 25 – 19. 00）、（21. 75 – 16. 00）、（22. 25 – 19. 00）、（21. 75 – 19. 00）、（19. 00 – 16. 00）、（22. 25 – 21. 75）、（21. 75 – 19. 00）、（19. 00 – 19. 00）、（19. 00 – 16. 00）9 个全距，包括 4、3、2 个平均数的全距，每个全距是否显著，可用全距相当于平均数标准误的倍数（SSR）来衡量。

$$\frac{R}{S_{\bar{x}}} = SSR_\alpha \qquad (3-13)$$

式中　R——全距；

　　　$S_{\bar{x}}$——样本平均数的标准误差。

$$S_{\bar{x}} = \sqrt{\frac{S_e^2}{n}}$$

本例题

$$S_{\bar{x}} = \sqrt{\frac{S_e^2}{n}} = \sqrt{\frac{1.43}{4}} = 0.60$$

如果 $\frac{R}{S_{\bar{x}}} \geqslant SSR_{0.05}$，说明差异显著；$\frac{R}{S_{\bar{x}}} \geqslant SSR_{0.01}$，说明差异极显著。将这两个不等式转换成以下公式：

$$\left.\begin{array}{l} R \geqslant SSR_{0.05} \times S_{\bar{x}} = LSR_{0.05} \quad 差异显著 \\ R \geqslant SSR_{0.01} \times S_{\bar{x}} = LSR_{0.01} \quad 差异极显著 \end{array}\right\} \qquad (3-14)$$

式中　SSR_α——在 α 水平上的最小显著极差。

SSR_α 数值的大小，一方面与误差方差的自由度有关，另一方面与测验极差所包括的平均数个数（k）有关。例如要测定表 3 – 5 中最大极差（22. 25 – 16. 00）= 6. 25 是否显著，在这个全距内，包括了 5 个平均数的全距。因此，应根据 $\nu_e = 15$，$k = 5$ 查 SSR 值表，得 $SSR_{0.05} = 3.31$，$SSR_{0.01} = 4.58$，将有关数值代入式（3 – 14）中得：

$$LSR_{0.05} = 3.31 \times 0.60 = 1.99$$
$$LSR_{0.01} = 4.58 \times 0.60 = 2.75$$

22. 25 – 16. 00 = 6. 25 > $LSR_{0.01}$，说明这个极差极显著。反之，则为不显著。

现将表 3 – 3 资料按照 SSR 法对平均数进行多重比较。

第一步　计算 $S_{\bar{x}}$，$S_{\bar{x}} = 0.60$

第二步　计算 LSR 值，因为

$$LSR_\alpha = SSR_\alpha \times S_{\bar{x}}$$

故根据误差自由度和显著水平 α 由附表 3 处在 k 下的 SSR 值，将有关数值代入式（3 – 14），得到表 3 – 6。

表 3-6 $LSR_{0.05}$ 和 $LSR_{0.01}$ 计算表 （$S_x = 0.60$, $v_e = 15$）

k	2	3	4	5
$SSR_{0.05}$	3.01	3.16	3.25	3.31
$LSR_{0.05}$	4.17	4.37	4.50	4.58
$SSR_{0.01}$	1.81	1.90	1.95	1.99
$LSR_{0.01}$	2.50	2.62	2.70	2.75

第三步　各处理平均数间的比较

将各处理平均数按大小顺序排列成表 3-7，根据各 LSR 值对各极差进行测验。

在表 3-7 中，采用的是标记字母法。若显著水平 $\alpha = 0.05$，差异显著性用小写英文字母表示，可先在最大的平均数上标上字母 a，并将该平均数与以下各个平均数相比，凡相差不显著的（$R < LSR_\alpha$）都标上字母 a，直至某一个与之相差显著的平均数则标以字母 b；再以该标有字母 b 的平均数为准，与上方各个平均数比，凡是不显著的一律标以 b；再以标有 b 的最大平均数为准，与以下各未标记的平均数比，凡是不显著的继续标以字母 b，直至某一个与之相差显著的平均数则标以字母 c；…；如此重复，直到最小的一个平均数有了标记字母为止。在各平均数之间，凡是标有相同字母的，差异不显著，凡是标有不同字母的表示差异显著。显著水平 $\alpha = 0.01$ 时，用大写英文字母表示，标记方法同上述。

表 3-7   表 3-3 资料的多重比较 （SSR 法）

品种	平均数	差异显著性	
		$\alpha = 0.05$	$\alpha = 0.01$
A	22.25	a	A
C	21.75	a	A
B	19.00	b	B
D	19.00	b	B
E （对照）	16.00	c	C

3. 复极差法 SNK——q 检验（q 法）

q 测验是 Student-Newman-Keul 基于极差的抽样分布理论提出来的，或称复极差测验，有时又称 SNK 测验或 NK 测验。

q 法是将一组 k 个平均数由大到小排列后，根据所比较的两个处理平均数的差数是几个平均数间的极差分别确定最小显著极差值 LSR_α 的。

q 测验是基于极差抽样分布原理，其各个比较都可保证同一个 α 显著水平。

q 测验尺度值构成为：

$$LSR_\alpha = q_{\alpha, v, p} S_E$$

$$S_E = \sqrt{MS_e / n}$$

式中　p——所有比较的平均数按大到小顺序排列所计算出的两极差范围内所包含的平均数个数（称为秩次距），$2 \leqslant p \leqslant k$；

S_E——平均数的标准误差，可见在每一显著水平下该法有 $k-1$ 个尺度值。

平均数比较时，尺度值随秩次距的不同而异。

[**例 3.2**] 试对表 3-8 资料的各平均数做 q 测验。

以 A、B、C、D 4 种药剂处理水稻种子，其中 A 为对照，每处理各得 4 个苗高观察值（cm），其结果如表 3-8 所示。

表 3-8   苗高观察值   单位：cm

药剂	苗高观察值	总和 T_i	平均值 y
A	18 21 20 13	72	18
B	20 24 26 22	92	23
C	10 15 17 14	56	14
D	28 27 29 32	116	29
		$T=336$	$=21$

解：由表 3-8 资料，查 q 值表，当 $\nu=12$ 时，$p=2$，3，4 的 q_α 值，并由公式计算出尺度值 LSR_α，结果见表 3-9。

表 3-9   表 3-8 资料 LSR_α 值的计算（q 测验）

p	$q_{0.05}$	$q_{0.01}$	$LSR_{0.05}$	$LSR_{0.01}$
2	3.08	4.32	4.40	6.18
3	3.77	5.04	5.39	7.21
4	4.20	5.50	6.01	7.87

由表 3-8 可知，$S_E = \sqrt{MS_e/n} = \sqrt{8.17/4} = 1.4292 \approx 1.43$

$\bar{y}_D = 29cm$，$\bar{y}_B = 23cm$，$\bar{y}_A = 18cm$，$\bar{y}_C = 14cm$

由此可得到

当 $p=2$ 时， $\bar{y}_D - \bar{y}_B = 6$（cm）   5% 水平上显著

                      $\bar{y}_B - \bar{y}_A = 5$（cm）   5% 水平上显著

                      $\bar{y}_A = \bar{y}_C = 4$（cm）   不显著

当 $p=3$ 时， $\bar{y}_D - \bar{y}_A = 11$（cm）   1% 水平上显著

                      $\bar{y}_B - \bar{y}_C = 9$（cm）   1% 水平上显著

当 $p=4$ 时， $\bar{y}_D - \bar{y}_C = 15$（cm）   1% 水平上显著

所以，只有 A、C 两者之间无显著性差异，而与 B、D 间都有显著性差异。

特别提醒

多重比较的方法有 *LSD* 法和 *LSR* 法。其中 *LSR* 法又分为两种，一种是 *SSR* 法，另一种是 q 测验法。三种方法的差别在于多个样本平均数进行比较时，采用的显著标准不同。q 测验标准最高，*SSR* 法次之，而 *LSD* 法最低。因此，对于试验结论事关重大或有严格要求的，宜用 q 测验，q 测验可以不经过 F 测验；一般试验可采用 *SSR* 测验。*LSD* 法仅适用于处理与指定对照相比较。

第二节 单向分组资料方差分析

一、组内观察值数目相等的单向分组资料方差分析

通常来说，在试验或调查设计时力求各处理的观察值数（即各样本含量 n）相等，以便于统计分析和提高精确度。方差分析所应用的公式归纳如表 3 – 10 所示。

表 3 – 10　组内观察值数目相等的单向分组资料的方差分析所用公式（n 相等时）

变因	SS	ν	S^2	F	标准误差
处理间	$SS_T = \sum x^2 - C$	$\nu_t = k - 1$	$S_t^2 = \dfrac{SS_t^2}{\nu_t}$	$F = S_t^2 / S_e^2$	$S_{\bar{x}_i - \bar{x}_j} = \sqrt{2S_e^2/n}$
误差	$SS_e = SS_T - SS_t$	$\nu_e = k(n - 1)$	$S_e^2 = \dfrac{SS_e^2}{\nu_e}$		$S_{\bar{x}} = \sqrt{\dfrac{S_e^2}{n}}$
总变异	$SS_T = \sum x^2 - C$	$\nu_T = kn - 1$		$LSD_\alpha = t_\alpha S_{\bar{x}_i - \bar{x}_j}$ $LSR_\alpha = SSR_\alpha \cdot S_{\bar{x}}$	

二、组内观察值数目不等的单向分组资料方差分析

有 k 个处理，每个处理的观察值的数目分别是 n_1、n_2、$\cdots$、n_k，这些为组内观察值数目不等资料。在进行方差分析时有关公式因 n_i 不同需做相应改变。

1. 在分解自由度与平方和时

$$\left.\begin{array}{l} \text{总变异自由度} \quad \nu_T = \sum n_i - 1 \\ \text{处理间自由度} \quad \nu_t = k - 1 \\ \text{误差自由度} \quad \nu_e = \sum n_i - k \end{array}\right\} \tag{3-15}$$

总变异平方和

$$\left.\begin{array}{l} SS_T = \sum_1^{n_i}(x - \bar{x})^2 = \sum x^2 - C \\[2mm] C = \dfrac{T^2}{\sum n_i} \\[2mm] \text{处理间平方和} \quad SS_t = \sum_1^k n_i(\bar{x}_i - \bar{x})^2 = \sum\left(\dfrac{T_i}{n_i}\right)^2 - C \\[2mm] \text{误差平方和} \quad SS_e = \sum_1^k \sum_1^{n_i}(x - \bar{x}_i)^2 = SS_T - SS_t \end{array}\right\} \tag{3-16}$$

2. 多重比较

由于各处理的重复次数不同，可先计算各 n_i 的平均数 n_0。

$$n_0 = \frac{\left(\sum n_i\right)^2 - \sum n_i^2}{\left(\sum n_i\right)(k - 1)} \tag{3-17}$$

然后有

$$S_{\bar{x}_1-\bar{x}_2} = \sqrt{\frac{2S_e^2}{n_0}} \qquad (3-18)$$

$$S_{\bar{x}} = \sqrt{\frac{S_e^2}{n_0}} \qquad (3-19)$$

[例 3.3] 以 A、B、C、D 4 种药剂处理水稻种子，得各处理苗高观察值（cm），各处理样点数不等，调查资料见表 3-11，试进行方差分析。

表 3-11   不同药剂处理的水稻苗高   单位：cm

药剂	样点							T_t	$\overline{x}_t$	n_i
	1	2	3	4	5	6	7			
A	19	20	22	23	21	18	17	140	20.00	7
B	21	23	24	25	26	27		146	24.33	6
C	15	16	17	18	19			85	17.00	5
D	23	24	25	24				96	24.00	4
								$T=467$	$\bar{x}=21.33$	$\sum n_i=22$

分析步骤：

1. 平方和与自由度的分解

$$C = \frac{T^2}{\sum n_i} = \frac{467^2}{22} = 9913.14$$

$$SS_T = \sum x^2 - C = 19^2 + 20^2 + \cdots + 24^2 - 9913.14 = 251.86$$

$$SS_t = \sum \left(\frac{T_i^2}{n_i}\right) - C = \left(\frac{140^2}{7} + \frac{146^2}{6} + \frac{85^2}{5} + \frac{96^2}{4}\right) - 9913.14 = 188.53$$

$$SS_e = 251.86 - 188.53 = 63.33$$

2. 列方差分析表进行 F 测验

方差分析表见表 3-12。

表 3-12   方差分析表 （对应表 3-11 资料）

变异来源	SS	ν	S^2	F	$F_{0.05}$	$F_{0.01}$
处理间	188.53	3	62.84	17.85**	3.16	5.09
误差	63.33	18	3.52			
总变异	251.86	21				

F 测验结果，$F > F_{0.01}$，说明不同药剂处理的水稻苗高有极显著差异，应进一步做多重比较。

3. 多重比较

$$n_0 = \frac{\left(\sum n_i\right)^2 - \sum n_i^2}{\left(\sum n_i\right)(k-1)} = \frac{22^2 - (7^2 + 6^2 + 5^2 + 4^2)}{22 \times (4-1)} = 5.42 \approx 5$$

$$S_{\bar{x}} = \sqrt{\frac{S_e^2}{n_0}} = \sqrt{\frac{3.52}{5}} = 0.839$$

当 $\nu_e = 18$，查附表得 $k = 2$、3、4 时的 SSR，将 SSR 值分别乘以 $S_{\bar{x}}$ 值，得 LSR 值见表 3-13。差异显著性测验的结果见表 3-14。

表 3-13   多重比较时的 LSR 的计算

k	2	3	4
$SSR_{0.05}$	2.97	3.12	3.21
$SSR_{0.01}$	4.07	4.27	4.38
$LSR_{0.05}$	2.49	2.62	2.69
$LSR_{0.01}$	3.41	3.58	3.67

表 3-14   不同药剂处理的水稻苗高差异显著性表 （SSR 法）

处理	苗高平均数/cm	差异显著性	
		$\alpha = 0.05$	$\alpha = 0.01$
B	24.33	a	A
D	24.00	a	A
A	20.00	b	BC
C	17.00	c	C

推断：处理 B、D 之间差异不显著，A、C 之间差异显著；B、D 与 A、C 之间差异达到极显著。即 B、D 处理的苗高最高，A、C 处理的最矮。

三、 系统分组资料方差分析

系统分组资料就是组内（处理内）又分为亚组的单向分组资料，简称系统分组资料。系统分组并不限于组内分亚组，在亚组内还可以分小组，小组内还可以分小亚组，如此循环分下去。这种试验的设计方法称为巢式设计。系统分组资料在农业试验上是比较常见的。如对多块土地取土样分析，每块地取若干样点，而每一样点又做了数次分析的资料；或在调查果树病害时，随机调查若干株，每株取不同部位若干枝条，每个枝条取若干叶片查其病斑数的资料；或在温室里做盆栽试验，每处理若干盆，每盆若干株的资料等，皆为系统分组资料。以下仅讨论二级分组且每组观察值数目相等的系统分组资料的方差分析。

设一系统资料共有 l 组，每个组内又分为 m 个亚组，每个亚组内有 n 个观察值，则该资料共有 lmn 个观察值，其资料类型如表 3-15 所示。

表 3-15   二级系统分组资料 lmn 个观察值的符号表

$$(i = 1, 2, \cdots l; \quad j = 1, 2, \cdots, m; \quad k = 1, 2, \cdots, n)$$

组别	1	2	⋯			i			⋯	l
亚组别	⋯	⋯	⋯	1	2	⋯j⋯	m		⋯	⋯

续表

组别	1	2	...			i		...	l	
观察值	...	...	...	x_{i11}	x_{i21}	x_{ij1}	x_{im1}			
				x_{i12}	x_{i22}	x_{ij2}	x_{im2}			
				$\vdots$	$\vdots$	$\vdots$	$\vdots$			
				x_{i1k}	x_{i2k}	x_{ijk}	x_{imk}	...	...	
				$\vdots$	$\vdots$	$\vdots$	$\vdots$			
				x_{i1n}	x_{i2n}	x_{ijn}	x_{imn}			
亚组总和 T_{ij}				T_{i1}	T_{i2}	T_{ij}	T_{im}			
组总和 T_i	T_1	T_2	...			T_i		...	T_l	$T = \sum x$
亚组均数 $\bar{x}_{ij}$				$\bar{x}_{i1}$	$\bar{x}_{i2}$	$\bar{x}_{ij}$	$\bar{x}_{im}$			
组均数 $\bar{x}_i$	$\bar{x}_1$	$\bar{x}_2$	...			$\bar{x}_i$		...	$\bar{x}_l$	$\bar{x} = T/lmn$

系统分组资料的变异来源分为组间（处理间）、组内亚组间和同一亚组内各重复观察值间（试验误差）三部分。其自由度与平方和的计算公式如下：

总变异

$$\left. \begin{array}{l} \nu_T = lmn - 1 \\ SS_T = \sum x^2 - C \\ C = \dfrac{T^2}{lmn} \end{array} \right\} \tag{3-20}$$

组间（处理间）变异

$$\left. \begin{array}{l} \nu_t = l - 1 \\ SS_t = \dfrac{\sum T_i^2}{mn} - C \end{array} \right\} \tag{3-21}$$

同一组内亚组间的变异

$$\left. \begin{array}{l} \nu_d = l(m - 1) \\ SS_d = \dfrac{\sum T_{ij}^2}{n} - \dfrac{\sum T_i^2}{mn} \end{array} \right\} \tag{3-22}$$

亚组内的变异

$$\left. \begin{array}{l} \nu_e = lm(n - 1) \\ SS_e = \sum x^2 - \dfrac{\sum T_{ij}^2}{n} \end{array} \right\} \tag{3-23}$$

因而可得方差分析表见表 3–16。

表 3–16　　　　　　　　　　　二级系统分组资料的方差分析表

变异来源	SS	ν	S^2	F
组间	$\sum T_i^2 / mn - C$	$l-1$	$SS_t/(l-1)$	S_t^2 / S_d^2
组内亚组间	$\sum T_{ij}^2 / n - \sum T_i^2 / mn$	$l(m-1)$	$SS_d/[l(m-1)]$	S_d^2 / S_e^2
亚组内	$\sum x^2 - \sum T_{ij}^2/n$	$lm(n-1)$	$SS_e/[lm(n-1)]$	
总变异	$\sum x - C$	$lmn-1$		

由表 3 - 16 可知，要测验各组（处理）间有无不同效应，测验假设 H_0：$S_t^2 = 0$

$$F = S_t^2 / S_d^2 \tag{3 - 24}$$

要测验各亚组间有无不同效应，测验假设 H_0：$S_d^2 = 0$

$$F = S_d^2 / S_e^2 \tag{3 - 25}$$

在进行组（处理）间平均数多重比较时平均数标准误为：

$$S_{\bar{x}} = \sqrt{S_d^2 / mn} \tag{3 - 26}$$

在进行组内亚组间平均数多重比较时平均数标准误为：

$$S_{\bar{x}} = \sqrt{S_e^2 / n} \tag{3 - 27}$$

[例 **3.4**] 在温室内以 4 种培养液（$l = 4$）培养某植物，每种培养液培养 3 盆（$m = 3$），每盆 4 株（$n = 4$），全试验共有 12 个花盆完全随机排列，其他管理条件相同，一个月后测定株高生长量（mm），得结果见表 3 - 17，试做方差分析。

表 3 -17　　　　　　　　　　4 种培养液下的株高增长量

培养液 (i)	盆号 (j)	生长量 (x_{ijk})				盆内总和 (T_{ij})	总和/培养液 (T_i)	平均/培养液 $(\bar{x}_i)$
	A_1	50	55	40	35	180		
A	A_2	35	35	30	40	140	495	41. 3
	A_3	45	40	40	50	175		
	B_1	50	45	50	45	190		
B	B_2	55	60	50	50	215	625	52. 1
	B_3	55	45	65	55	220		
	C_1	85	60	90	85	320		
C	C_2	65	70	80	65	280	880	73. 3
	C_3	70	70	70	70	280		
	D_1	60	55	35	70	220		
D	D_2	60	85	45	75	265	775	64. 6
	D_3	65	65	85	75	290		
总和							$T = 2775$	

1. 平方和与自由度的分解

$$C = \frac{T^2}{lmn} = \frac{2275^2}{4 \times 3 \times 4} = 160429.69$$

总变异平方和　　$SS_T = \sum x^2 - C = 50^2 + 55^2 + \cdots + 75^2 - 160429.69$

$$= 172025.00 - 160429.69 = 11595.31$$

培养液间平方和　$SS_t = \frac{\sum T_i^2}{mn} - C = \frac{495^2 + 625^2 + 880^2 + 775^2}{3 \times 4} - 160429.69$

$$= 167556.25 - 160429.69 = 7126.56$$

培养液内盆间平方和　　$SS_d = \frac{\sum T_{ij}^2}{n} - \frac{\sum T_i^2}{mn}$

$$= （180^2 + 140^2 + \cdots + 290^2 ）/4 + （495^2 + 625^2 + 880^2 + 775^2 ）/3/4$$
$$= 168818.75 - 167556.25 = 1262.5$$

盆内株间平方和
$$SS_e = \sum x^2 - \frac{\sum T_{ij}^2}{n}$$
$$= 172025.00 - 168818.75 = 3206.25$$

总变异自由度　　　　$\nu_T = lmn - 1 = （4 \times 3 \times 4）- 1 = 47$

培养液间自由度　　　　$\nu_t = l - 1 = 4 - 1 = 3$

培养液内盆间自由度　　$\nu_d = l（m - 1）= 4 \times （3 - 1）= 8$

盆内株间自由度　　　　$\nu_e = lm（n - 1）= 4 \times 3 \times （4 - 1）= 36$

培养液间方差　　　　$S_t^2 = \frac{SS_T}{\nu_t} = \frac{7126.55}{3} = 2375.52$

培养液内盆间方差　　$S_d^2 = \frac{SS_d}{\nu_d} = \frac{1262.50}{8} = 157.81$

盆内株间方差　　　　$S_e^2 = \frac{SS_e}{\nu_e} = \frac{3206.25}{36} = 89.06$

2. 列方差分析表进行 F 测验

表 3 - 17 资料的方差分析见表 3 - 18。

表 3 - 18　　　　　　　　　表 3 - 17 资料的方差分析表

变异来源	SS	ν	S^2	F	$F_{0.05}$	$F_{0.01}$
培养液间	7126.52	3	2375.52	15.05**	4.07	7.59
培养液内盆间	1262.50	8	157.81	1.77	2.22	3.04
盆内株间	3206.25	36	89.06			
总变异	11595.31	47				

对培养液内盆间做 F 测验，查 F 值表，当 $\nu_1 = 8$，$\nu_2 = 36$ 时，$F_{0.05} = 2.22$，$F_{0.01} = 3.04$，现实得 $F = 1.77 < F_{0.05}$，故盆间差异不显著。对培养液间变异做 F 测验，查 F 值表，当 $\nu_1 = 3$，$\nu_2 = 8$ 时，$F_{0.05} = 4.07$，$F_{0.01} = 7.59$，现实得 $F = 15.05 > F_{0.01}$，故否定 H_0，培养液间差异极显著。

3. 各培养液平均数间的比较

平均数标准误为：

$$S_{\bar{x}} = \sqrt{\frac{S_d^2}{mn}} = \sqrt{\frac{157.81}{3 \times 4}} = 3.63（mm）$$

按 $\nu = 8$ 查 SSR 值表得 $k = 2$、3、4 时的 SSR 值，并算得各 LSR 值见表 3 - 19。由 LSR 值对 4 种培养液植株生长量进行差异显著性测验的结果见表 3 - 20。

表 3 - 19　　　　　　　　4 种培养液的 LSR 值 （SSR 法）

k	2	3	4
$SSR_{0.05}$	3.26	3.39	3.74
$SSR_{0.01}$	4.74	5.00	5.14
$LSR_{0.05}$	11.83	12.31	12.60
$LSR_{0.01}$	17.21	18.15	18.66

表3-20   4种培养液植株生长量的差异显著性   单位：mm

培养液	平均生长量	差异显著性	
	$\bar{x}_t$	$\alpha = 0.05$	$\alpha = 0.01$
C	73.3	a	A
D	64.6	a	AB
B	52.1	b	BC
A	41.3	b	C

推断：4种培养液对生长量的效应，C与B、A差异极显著，D与A差异极显著，D与B差异显著，其他处理间差异均不显著。

第三节　两向分组资料方差分析

两向分组资料是指试验指标同时受两个因素的作用而得到的观测值。如选用几种温度和几种培养基培养某种真菌，研究其生长速度，其每一观测值都是某一温度和某一培养基组合同时作用的结果，故属两向分组资料，又称交叉分组。按完全随机设计的两因素试验数据，都是两向分组资料，其方差分析按各组合内有无重复观测值分为两种不同情况，本节将予以讨论。

一、 组合内无重复观测值的两向分组资料方差分析

设有 A 和 B 两个因素，A 因素有 a 个水平，B 因素有 b 个水平，每一处理组合仅有一个观测值，则全试验共有 ab 个观测值。其资料类型如表3-21所示。表中 T_A 和 $\bar{x}_A$ 分别表示各行（A 因素的各个水平）的总和及平均数；T_B 和 $\bar{x}_B$ 分别表示各列（B 因素的各个水平）的总和及平均数；T 和 $\bar{x}$ 表示全部数据的总和及平均数。

表3-21   两向分组资料每个处理的无重复观测值的数据符号

$$(i = 1, 2, \cdots, a; \quad j = 1, 2, \cdots, b)$$

A 因素	B 因素				T_A	$\bar{x}_A$
	B_1	B_2	$\cdots$	B_b		
A_1	x_{11}	x_{12}	$\cdots$	x_{1b}	T_{A1}	$\bar{x}_{A1}$
A_2	x_{21}	x_{22}	$\cdots$	x_{2b}	T_{A2}	$\bar{x}_{A2}$
$\vdots$	$\vdots$	$\vdots$		$\vdots$	$\vdots$	$\vdots$
A_a	x_{a1}	x_{a2}	$\cdots$	x_{ab}	T_{Aa}	$\bar{x}_{Aa}$
T_B	T_{B1}	T_{B2}	$\cdots$	T_{Bb}	T	
$\bar{x}_B$	$\bar{x}_{B1}$	$\bar{x}_{B2}$	$\cdots$	$\bar{x}_{Bb}$		$\bar{x}$

两向分组资料的总变异可分为 A 因素、B 因素和误差三部分。其计算公式见表3-22。

表 3 - 22   表 3 - 21 类型资料方差分析表

变异来源	SS	ν	S_2	F	$S_{\bar{x}}$
A 因素	$\sum T_a^2 / b - C$	$a - 1$	SS_A / ν_A	S_A^2 / S_e^2	$\sqrt{S_e^2 / b}$
B 因素	$\sum T_b^2 / a - C$	$b - 1$	SS_B / ν_B	S_B^2 / S_e^2	$\sqrt{S_e^2 / a}$
误差	$SS_T - SS_A - SS_B$	$(a-1)(b-1)$	SS_e / ν_e		
总变异	$\sum x^2 - C$	$ab - 1$			

表 3 - 22 中 F 测验假设为 $H_0: S_A^2 = 0$、$H_0: S_B^2 = 0$，试验资料如果 A、B 存在相互作用，则与误差混淆，因而无法分析相互作用，也不能取得合理的试验误差估计。只有 A、B 相互作用不存在时，才能正确估计误差。但在田间进行随机区组试验时，处理可看作 A 因素，区组可看作 B 因素，处理与区组的相互作用在理论上是不应存在的，可看作误差。故可按照表中的形式来整理试验数据。

［例 3.5］ 将 A_1、A_2、A_3、A_4 4 种生长素，并用 B_1、B_2、B_3 3 种时间浸渍菜用大豆品种种子，45d 后测得各处理平均单株干物重（g）见表 3 - 23。试做方差分析。

表 3 - 23   生长素处理大豆的试验结果

生长素（A）	浸渍时间（B）			T_A	$\bar{x}_A$
	B_1	B_2	B_3		
A_1	10	9	10	29	9.67
A_2	2	5	4	11	3.67
A_3	13	14	14	41	13.67
A_4	12	12	13	37	12.33
T_B	37	40	41	$T = 118$	
$\bar{x}_B$	9.3	10.0	10.3		$\bar{x} = 9.83$

1. 平方和与自由度的分解

根据表 3 - 23 将各项变异来源的平方和及自由度进行分解。

$$C = \frac{T^2}{ab} = \frac{118^2}{4 \times 3} = 1106.30$$

$$SS_T = \sum x^2 - C = 10^2 + 9^2 + \cdots + 13^2 - C = 1344 - 1106.3 = 183.7$$

$$SS_A = \frac{\sum T_A^2}{b} - C = \frac{29^2 + 11^2 + 41^2 + 37^2}{3} - C = 1337.3 - 1106.3 = 177.0$$

$$SS_B = \frac{\sum T_B^2}{a} - C = \frac{37^2 + 40^2 + 41^2}{4} - C = 1162.5 - 1106.3 = 2.2$$

$$SS_e = SS_T - SS_A - SS_B = 183.7 - 177.0 - 2.2 = 4.5$$

2. 列方差分析表进行 F 测验

以上结果见表 3 - 24，并将自由度直接填入该表。

表 3-24　　　　　　　　　　表 3-23 资料的方差分析表

变异来源	SS	ν	S^2	F	$F_{0.05}$	$F_{0.01}$
生长素间	177.0	3	59.0	78.67**	4.76	9.78
时间间	2.2	2	1.1	1.47	5.14	10.92
误差	4.5	6	0.75			
总变异	183.7	11				

对生长素间差异做 F 测验，查 F 值表，当 $\nu_1 = 3$，$\nu_2 = 6$ 时，$F_{0.01} = 9.78$，现实得 $F = 78.67 > F_{0.01}$，故否定 H_0，不同的生长素间差异极显著，需做多重比较。对浸渍时间间差异做 F 测验，查 F 值表，当 $\nu_1 = 2$，$\nu_2 = 6$ 时，$F_{0.05} = 5.11$，现实得 $F = 1.47 < F_{0.05}$，故接受 H_0，三种浸渍时间间差异不显著，不需做多重比较。

3. 生长素间比较

$$S_{\bar{x}} = \sqrt{\frac{S_e^2}{b}} = \sqrt{\frac{0.75}{3}} = 0.5(\mathrm{g})$$

当 $\nu = 6$ 时，查 SSR 值表得 $k = 2$、3、4 时的 SSR 值，并算得各 LSR 值见表 3-25，进而进行多重比较见表 3-26。

表 3-25　　　　　　　　　　　4 种生长素的 LSR 值

k	2	3	4
$SSR_{0.05}$	3.46	3.58	3.64
$SSR_{0.01}$	5.24	5.51	5.65
$LSR_{0.05}$	1.73	1.79	1.82
$LSR_{0.01}$	2.62	2.76	2.83

表 3-26　　　　　　　　　　4 种生长素处理的差异显著性

生长素	平均干物重/（g/株）	差异显著性	
		$\alpha = 0.05$	$\alpha = 0.01$
A_3	13.67	a	A
A_4	12.33	a	A
A_1	9.67	b	B
A_2	3.67	c	C

推断：4 种生长素对大豆单株平均干物重的效应，除 A_3 与 A_4 比较差异不显著外，其余处理间比较有极显著差异。

二、 组合内有重复观测值的两向分组资料方差分析

设试验有 A、B 两个因素，A 因素有 a 个水平，B 因素有 b 个水平，共有 ab 个处理组合，每一处理有 n 个观测值，于是资料共有 abn 个观测值。如果试验按完全随机设计，则其资料的类型如表 3-27 所示。

表 3 –27　　　　　　　　　两向分组资料每个处理有重复观测值的数据结构

A 因素	重复	B 因素				T_A	$\bar{x}_A$
		B_1	B_2	...	B_b		
A_1	1	x_{111}	x_{121}	...	x_{1b1}		
	2	x_{112}	x_{122}	...	x_{1b2}		
	⋮	⋮	⋮		⋮		
	n	x_{11n}	x_{12n}	...	x_{1bn}		
	T_t	T_{t11}	T_{t12}	...	T_{t1b}	T_{A1}	$\bar{x}_{A1}$
	$\bar{x}_t$	$\bar{x}_{t11}$	$\bar{x}_{t12}$	...	$\bar{x}_{t1b}$		
A_2	1	x_{211}	x_{221}	...	x_{2b1}		
	2	x_{212}	x_{222}	...	x_{2b2}		
	⋮	⋮	⋮		⋮		
	n	x_{21n}	x_{22n}	...	x_{2bn}		
	T_t	T_{t21}	T_{t22}	...	T_{t2b}	T_{A2}	$\bar{x}_{A2}$
	$\bar{x}_t$	$\bar{x}_{t21}$	$\bar{x}_{t22}$	...	$\bar{x}_{t2b}$		
⋮	⋮	⋮	⋮	...	⋮	⋮	⋮
A_a	1	x_{a11}	x_{a21}	...	x_{ab1}		
	2	x_{a12}	x_{a22}	...	x_{ab2}		
	⋮	⋮	⋮		⋮		
	n	x_{a1n}	x_{a2n}	...	x_{abn}		
	T_t	T_{ta1}	T_{ta2}	...	T_{tab}	T_{Aa}	$\bar{x}_{Aa}$
	$\bar{x}_t$	$\bar{x}_{ta1}$	$\bar{x}_{ta2}$	...	$\bar{x}_{tab}$		
	T_B	T_{B1}	T_{B2}	...	T_{Bb}	T	$\bar{x}$
	$\bar{x}_B$	$\bar{x}_{B1}$	$\bar{x}_{B2}$	...	$\bar{x}_{Bb}$		

表 3 –27 中符号的含义：T_A 为 A 因素总和。而 T_{A1}、T_{A2}、…、T_{Aa} 分别为 A 因素各个水平的总和。$\bar{x}_A$ 为 A 因素平均数。而 $\bar{x}_{A1}$、$\bar{x}_{A2}$、…、$\bar{x}_{Aa}$ 分别为 A 因素各个水平的平均数。T_B 为 B 因素各个水平的总和，$\bar{x}_B$ 为 B 因素平均数。而 $\bar{x}_{B1}$、$\bar{x}_{B2}$、…、$\bar{x}_{Bb}$ 分别为 B 因素各个水平的平均数。T_t 为处理组合总和，而 T_{t11}、T_{t12}、…为各个处理的总和。$\bar{x}_t$ 为处理组合平均数，而 $\bar{x}_{t11}$、$\bar{x}_{t12}$、…为各个处理的平均数。T 为试验资料总和，$\bar{x}$ 为试验资料平均数，x 为资料内任一观测值。

这类资料在方差分析时，总变异可分解为 A 因素、B 因素、AB 相互作用及误差四部分。其各变异来源的平方和与自由度公式见表 3 –28。

表 3 –28　　　　　　　　　表 3 –27 类型资料平方和与自由度的分解

变异来源	SS	ν	S^2	F	$S_{\bar{x}}$
处理组合	$\sum T_t^2/n - C$	$ab - 1$	S_t^2	S_T^2/S_e^2	
A 因素	$\sum T_A^2/bn - C$	$a - 1$	S_A^2	S_A^2/S_e^2	$\sqrt{S_e^2/bn}$

续表

变异来源	SS	v	S^2	F	$S_{\bar{x}}$
B 因素	$\sum T_B^2 / an - C$	$b - 1$	S_B^2	S_B^2 / S_e^2	$\sqrt{S_e^2 / an}$
A×B 相互作用	$SS_t - SS_A - SS_B$	$(a-1)(b-1)$	S_{AB}^2	S_{AB}^2 / S_e^2	$\sqrt{S_e^2 / n}$
试验误差	$SS_T - SS_t$	$ab(n-1)$	S_e^2		
总变异	$\sum x^2 - C$	$abn - 1$			

在上述测验中，相互作用的分析非常重要。通常首先由

$$F = S_{AB}^2 / S_e^2$$

测验相互作用的显著性。如果相互作用不显著，则必须进而对 A、B 效应的显著性作测验，这时可以 S_e^2 作为 F 测验的分母。如果相互作用是显著的，则不必再测验 A、B 效应的显著性，直接进入各处理组合的多重比较，但习惯上往往仍对各因素效应做测验。因为在相互作用显著时，因素平均效应的显著性在实际应用中的意义并不重要。

[例3.6] 施用 A_1、A_2、A_3 3 种肥料于 B_1、B_2、B_3 3 种土壤，以小麦为指示作物，每处理组合种 3 盆，得其产量结果（g）见表 3-29。试做方差分析。

1. 平方和与自由度的分解

表 3-29 中各项变异来源的自由度见表 3-30，以下计算各变异来源的平方和，求得

$$C = \frac{409.4^2}{3 \times 3 \times 3} = 6207.72$$

$$SS_T = 12.0^2 + 13.0^2 + \cdots + 17.5^2 - C = 219.28$$

$$SS_t = \frac{38.3^2 + 38.7^2 + \cdots + 51.7^2}{3} - C = 202.58$$

$$SS_A = \frac{118.2^2 + 122.0^2 + 169.2^2}{3 \times 3} - C = 179.45$$

$$SS_B = \frac{141.3^2 + 134.6^2 + 133.5^2}{3 \times 3} - C = 3.96$$

$$SS_{AB} = 202.58 - 179.45 - 3.96 = 19.17$$

$$SS_e = 219.28 - 202.58 = 16.70$$

以上结果如表 3-30 所示。

表 3-29　　　　　　　　　　3 种肥料施于 3 种土壤的小麦产量

$(a=3, \ b=3, \ n=3, \ abn=27)$　　　　　　　　　　单位：g

肥料种类（A）	盆号（n）	土壤种类（B）			T_A	$\bar{x}_A$
		B_1（油沙）	B_2（二合）	B_3（黏土）		
A_1	1	12.0	13.0	13.3	118.2	13.1
	2	14.2	13.7	14.0		
	3	12.1	12.0	13.9		
	T_t	38.3	38.7	41.2		

续表

肥料种类（A）	盆号（n）	土壤种类（B）			T_A	$\bar{x}_A$
		B_1（油沙）	B_2（二合）	B_3（黏土）		
A_2	1	12.8	14.2	12.0		
	2	13.8	13.6	14.6	122.0	13.6
	3	13.7	13.3	14.0		
	T_t	40.3	41.1	40.6		
A_3	1	21.4	19.6	17.6		
	2	21.2	18.8	16.6	169.2	18.8
	3	20.1	16.4	17.5		
	T_t	62.7	54.8	51.7		
	T_B	142.3	134.6	133.5	$T=409.4$	
	$\bar{x}_B$	15.7	15.0	14.8		

2. 列方差分析表进行 F 测验

表 3 – 30　　　　　　　　表 3 – 29 资料的方差分析

变异来源	SS	ν	S^2	F	$F_{0.05}$	$F_{0.01}$
处理组合间	202.58	8	25.33	27.30**	2.51	3.71
肥料间（A）	179.45	2	89.73	96.8**	3.55	6.01
土类间（B）	3.96	2	1.98	2.13	3.55	6.01
肥料×土类（A×B）	19.17	4	4.79	5.16**	2.93	4.58
试验误差	16.70	18	0.928			
总变异	219.28	26				

由表 3 – 30 可知，该试验肥类×土类的相互作用和肥类的效应间差异都是极显著的，均需做多重比较，而土类间差异不显著，故不需做多重比较。

3. 平均数的比较

（1）各处理组合平均数的比较　肥料×土类的相互作用显著，说明各处理组合的效应不是各单因素效应的简单相加，而是肥类效应随土类而不同（或反之），所以宜进一步比较各处理组合的平均数。在此用新复极差测验法，求得

$$S_{\bar{x}} = \sqrt{\frac{S_e^2}{b}} = \sqrt{\frac{0.928}{3}} = 0.554(\text{g})$$

由 $\nu=18$ 查 SSR 值表得 $k=2$、3、…、12 时的 SSR 值，并算得各 LSR 值列于表 3 – 31 中。

表 3 −31　　　　　　　　表 3 −29 资料各处理组合平均数的 LSR_α 值

k	2	3	4	5	6	7	8	9
$SSR_{0.05}$	2.97	3.12	3.21	3.27	3.32	3.35	3.37	3.39
$SSR_{0.01}$	4.07	4.27	4.38	4.46	4.53	4.59	4.64	4.69
$LSR_{0.05}$	1.65	1.73	1.78	1.81	1.84	1.86	1.87	1.88
$LSR_{0.01}$	2.25	2.37	2.43	2.47	2.51	2.54	2.57	2.59

将表 3 −29 的各个 T_t 值按 $\bar{x}_t = T_t / n$ 式计算各处理组合的平均数，列于表 3 −32 中进行比较。

表 3 −32　　　　　　表 3 −29 资料各处理组合平均数比较　（SSR 法）

处理组合	平均产量 $\bar{x}_t$	差异显著性	
		$\alpha = 0.05$	$\alpha = 0.01$
$A_3 B_1$	20.9	a	A
$A_3 B_2$	18.3	b	B
$A_3 B_3$	17.2	b	B
$A_1 B_3$	13.7	c	C
$A_2 B_2$	13.7	c	C
$A_2 B_3$	13.5	c	C
$A_2 B_1$	13.4	c	C
$A_1 B_2$	12.9	c	C
$A_1 B_1$	12.8	c	C

由表 3 −32 可见，$A_3 B_1$ 处理组合的产量极显著地高于其他处理组合；其次为 $A_3 B_2$ 和 $A_3 B_3$，它们之间并无显著差异，但极显著地高于除 $A_3 B_1$ 外的其他处理组合；其余处理组合间均无显著差异。

（2）各肥类平均数的比较

$$S_{\bar{x}} = \sqrt{\frac{0.928}{3 \times 3}} = 0.32(g)$$

据 $\nu = 18$ 查 SSR 值表得 $k = 2$、3 时的 SSR 值，并算得 LSR 值见表 3 −33。多重比较结果见表 3 −34。

表 3 −33　　　　　　　　表 3 −29 资料肥料类平均数的 LSR_α 值

k	2	3
$SSR_{0.05}$	2.97	3.12
$SSR_{0.01}$	4.07	4.27
$LSR_{0.05}$	0.95	1.00
$LSR_{0.01}$	1.30	1.37

表 3 –34　　　　　表 3 –29 资料各肥料类平均数的差异显著性（*SSR* 法）

肥料种类	平均数（$\overline{x}_A$）	差异显著性	
		$\alpha = 0.05$	$\alpha = 0.01$
A_3	18.8	a	A
A_2	13.6	b	B
A_1	13.1	b	B

由表 3 –34 可见，肥料 A_3 与 A_2、A_1 均有极显著的差异；但 A_2、A_1 无显著差异。

4. 结论

肥料 A_3 对小麦增产效果最好，土类间则无显著差异；但 A_3 肥料施于油砂土（A_3B_1 处理组合）要比施于其他土壤上有更突出的增产效果。

小结

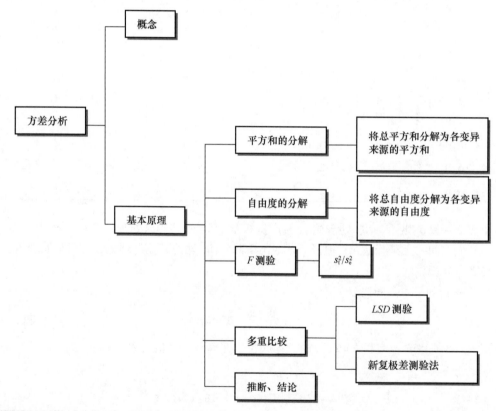

思考与习题

1. 方差分析的基本原理是什么？

2. 方差分析的基本步骤包括哪些？

3. 最小显著差数法与新复极差测验法的主要区别是什么？

4. 在多重比较中，标记字母法是怎样进行的？

5. 进行 5 个白菜品种的品比试验，完全随机排列，重复 4 次，得小区产量（kg/小区）于下表，试做方差分析。

品种	小区产量/kg			
A	37.1	39.0	37.2	38.3
B	41.0	39.1	40.1	43.2
C	33.1	35.2	36.2	37.3
D	30.2	28.1	28.3	31.0
E	30.5	33.2	34.1	32.3

6. 假设有某作物4个新品种进行完全随机的盆栽试验，调查其苗高（cm），结果如下表，试做方差分析。

品种	苗高观察值 x_i									T_i	$\bar{x}_i$	n_i
A	12	10	14	16	12	18	14	12	18			
B	8	10	12	14	12	16						
C	14	16	13	16	10	15	14					
D	16	18	20	16	14	16	18	18				

7. 从3块水稻田排出的水中取3个水样，每个水样分析含盐量2次，得结果如下表，试测验（1）同一稻田不同水样含盐量有无差别？（2）不同稻田的含盐量有无差别？

稻田	1			2			3		
水样	1	2	3	1	2	3	1	2	3
含盐量/	1.1	1.3	1.2	1.3	1.4	1.4	1.8	2.1	2.2
（mg/L）	1.2	1.1	1.0	1.4	1.5	1.2	2.0	2.0	1.9

8. 以稻草（A_1）、麦草（A_2）、花生秸（A_3）三种培养基，在28℃（B_1）、32℃（B_2）、36℃（B_3）三种温度下，培养草菇菌种，研究其菌丝生长速度。采用完全随机试验设计，每个处理组合培养3瓶，记录从接种到菌丝发满菌瓶的天数。试验结果如下表，试做方差分析。

培养基	瓶号 n	温度		
		B_1	B_2	B_3
A_1	1	5.1	4.1	5.6
	2	4.3	4.7	4.9
	3	4.6	4.2	5.3
A_2	1	6.4	5.3	6.1
	2	6.3	5.7	5.9
	3	5.9	5.5	6.3
A_3	1	6.5	7.5	7.9
	2	6.9	7.9	8.1
	3	7.1	7.3	7.5

第四章

协方差分析

教学目的与要求

1. 了解影响效应指标的因素不可控性；
2. 组间基线的不均衡性；
3. 能够对试验进行统计控制；
4. 能够对协方差组分进行估计。

第一节　协方差分析的意义

协方差分析（analysis of covariance）有两个意义，一是对试验进行统计控制，二是对协方差组分进行估计。现分述如下。

一、对试验进行统计控制

为了提高试验的精确性和准确性，对处理以外的一切条件都需要采取有效措施严加控制，使它们在各处理间尽量一致，这称作试验控制。但在有些情况下，即使做出很大努力也难以使试验控制达到预期目的。例如，研究几种配合饲料对猪的增重效果，希望试验仔猪的初始重相同，因为仔猪的初始重不同，将影响到猪的增重。经研究发现：增重与初始重之间存在线性回归关系。但是，在实际试验中很难满足试验仔猪初始重相同这一要求。这时可利用仔猪的初始重（记为 x）与其增重（记为 y）的回归关系，将仔猪增重都矫正为初始重相同时的增重，于是初始重不同对仔猪增重的影响就消除了。由于矫正后的增重是应用统计方法将初始重控制一致而得到的，故称统计控制。统计控制是试验控制的一种辅助手段。经过这种矫正，试验误差将减小，对试验处理效应估计更为准确。若 y 的变异主要由 x 的不同造成（处理没有显著效应），则各矫正后的 y' 间将没有显著差异（但原 y 间的差异可能是显著的）。若 y 的变异除掉 x 不同的影响外，尚存在不同处理的显著效应，则可期望各 y' 间将有显著差异（但原 y 间差异可能是不显著的）。此外，矫正后的 y' 和原 y 的大小次序也常不一致。所以，处理平均数的回归矫正和矫正平均数的显著性检验，能够提高试验的准确性和精确性，从而更真实地反映试验实际。这种将回归分析与方差分析结合在一起，对试验数据进行分析的方法，称为协方差分析。

二、 估计协方差组分

表示两个相关变量线性相关性质与程度的相关系数的计算公式：

$$r = \frac{\sum (x - \bar{x})(y - \bar{y})}{\sqrt{\sum (x - \bar{x})^2 \sum (y - \bar{y})^2}}$$

若将公式右端的分子分母同除以自由度 $(n-1)$，得

$$r = \frac{\sum (x - \bar{x})(y - \bar{y})/(n-1)}{\sqrt{\left[\dfrac{\sum (x - \bar{x})^2}{(n-1)}\right]\left[\dfrac{\sum (y - \bar{y})^2}{(n-1)}\right]}} \tag{4-1}$$

式中 $\dfrac{\sum (x - \bar{x})^2}{n-1}$ ——x 的均方 MS_x，它是 x 的方差 S_x^2 的无偏估计量；

$\dfrac{\sum (y - \bar{y})^2}{n-1}$ ——y 的均方 MS_y，它是 y 的方差 S_y^2 的无偏估计量；

$\dfrac{\sum (x - \bar{x})(y - \bar{y})}{n-1}$ ——x 与 y 的平均离均差的乘积和，简称均积，记为 MP_{xy}。

$$MP_{xy} = \frac{\sum (x - \bar{x})(y - \bar{y})}{n-1} = \frac{\sum xy - \dfrac{(\sum x)(\sum y)}{n}}{n-1} \tag{4-2}$$

与均积相应的总体参数称协方差，记为 $COV(x, y)$ 或 S_{xy}。统计学证明，均积 MP_{xy} 是总体协方差 $COV(x, y)$ 的无偏估计量，即 $EMP_{xy} = COV(x, y)$。

于是，样本相关系数 r 可用均方 MS_x、MS_y，均积 MP_{xy} 表示为：

$$r = \frac{MP_{xy}}{\sqrt{MS_x MS_y}} \tag{4-3}$$

相应的总体相关系数 ρ 可用 x 与 y 的总体标准差 S_x、S_y，总体协方差 $COV(x, y)$ 或 S_{xy} 表示如下：

$$\rho = \frac{COV(x, y)}{S_x S_y} = \frac{S_{xy}}{S_x S_y} \tag{4-4}$$

均积与均方具有相似的形式，也有相似的性质。在方差分析中，一个变量的总平方和与自由度可按变异来源进行剖分，从而求得相应的均方。统计学已证明：两个变量的总乘积和与自由度也可按变异来源进行剖分而获得相应的均积。这种把两个变量的总乘积和与自由度按变异来源进行剖分并获得相应均积的方法亦称为协方差分析。

在随机模型的方差分析中，根据均方 MS 和期望均方 EMS 的关系，可以得到不同变异来源的方差组分的估计值。同样，在随机模型的协方差分析中，根据均积 MP 和期望均积 EMP 的关系，可得到不同变异来源的协方差组分的估计值。有了这些估计值，就可进行相应的总体相关分析。这些分析在遗传、育种和生态、环保的研究上是很有用处的。

由于篇幅限制，本章只介绍对试验进行统计控制的协方差分析。

第二节　单因素试验资料的协方差分析

设有 k 个处理、n 次重复的双变量试验资料，每处理组内皆有 n 对观测值 x、y，则该资料为具 kn 对 x、y 观测值的单向分组资料，其数据一般模式如表 4 – 1 所示。

表 4 – 1 的 x 和 y 变量的自由度和平方和的剖分参见单因素试验资料的方差分析方法一节。其乘积和的剖分则为：

表 4 – 1　　　　　　　　　　kn 对观测值 x、　y 的单向分组资料的一般形式

处理	处理 1		处理 2		…	处理 i		…	处理 k	
观测指标	x	y	x	y	…	x	y	…	x	y
观测值 x_{ij}、y_{ij}（$i=1,2,\cdots,$ k；$j=1,2,\cdots,n$）	x_{11}	y_{11}	x_{21}	y_{21}	…	x_{i1}	y_{i1}		x_{k1}	y_{k1}
	x_{12}	y_{12}	x_{22}	y_{22}	…	x_{i2}	y_{i2}	…	x_{k2}	y_{k2}
	…	…	…	…	…	…	…	…	…	…
	x_{1j}	y_{1j}	x_{2j}	y_{2j}	…	x_{ij}	y_{ij}	…	x_{kj}	y_{kj}
	…	…	…	…	…	…	…	…	…	…
	x_{1n}	y_{1n}	x_{2n}	y_{2n}	…	x_{in}	y_{in}	…	x_{kn}	y_{kn}
总和	$x_1.$	$y_1.$	$x_2.$	$y_2.$	…	$x_i.$	$y_i.$	…	$x_k.$	$y_k.$
平均数	$\bar{x}_1.$	$\bar{y}_1.$	$\bar{x}_2.$	$\bar{y}_2.$	…	$\bar{x}_i.$	$\bar{y}_i.$	…	$\bar{x}_k.$	$\bar{y}_k.$

总变异的乘积和 SP_T 是 x_{ij} 与 $\bar{x}..$ 和 y_{ij} 与 $\bar{y}..$ 的离均差乘积之和，即：

$$SP_T = \sum_{i=1}^{k} \sum_{j=1}^{n} (x_{ij} - \bar{x}..)(y_{ij} - \bar{y}..) = \sum_{i=1}^{k} \sum_{j=1}^{n} x_{ij}y_{ij} - \frac{x..y..}{kn} \qquad (4-5)$$

$$\nu_T = kn - 1$$

其中，$x.. = \sum_{i=1}^{k} x_i.$，$y.. = \sum_{i=1}^{k} y_i.$，$\bar{x}.. = x../kn$，$\bar{y}.. = y../kn$。

处理间的乘积和 SP_t 是 $\bar{x}_i.$ 与 $\bar{x}..$ 和 $\bar{y}_i.$ 与 $\bar{y}..$ 的离均差乘积之和乘以 n，即：

$$SP_t = n \sum_{i=1}^{k} (\bar{x}_i. - \bar{x}..)(\bar{y}_i. - \bar{y}..) = \frac{1}{n} \sum_{i=1}^{k} x_i.y_i. - \frac{x_i.y_i.}{kn} \qquad (4-6)$$

$$\nu_t = k - 1$$

处理内的乘积和 SP_e 是 x_{ij} 与 $\bar{x}_i.$ 和 y_{ij} 与 $\bar{y}_i.$ 的离均差乘积之和，即：

$$SP_e = \sum_{i=1}^{k} \sum_{j=1}^{n} (x_{ij} - \bar{x}_i.)(y_{ij} - \bar{y}_i.) = \sum_{i=1}^{k} \sum_{j=1}^{n} x_{ij}y_{ij} - \frac{1}{n} \sum_{i=1}^{k} x_i.y_i. = SP_T - SP_t \qquad (4-7)$$

$$\nu_e = k(n-1)$$

以上是各处理重复数 n 相等时的计算公式，若各处理重复数 n 不相等，分别为 n_1、n_2、$\cdots$、n_k，其和为 $\sum_{i=1}^{k} n_i$，则各项乘积和与自由度的计算公式为：

$$SP_T = \sum_{i=1}^{k} \sum_{j=1}^{n_i} x_{ij} y_{ij} - \frac{x_i \cdot y_i \cdot}{\sum_{i=1}^{k} n_i}$$

$$\nu_T = \sum_{i=1}^{k} n_i - 1 \qquad\qquad (4-8)$$

$$SP_t = \frac{x_1 \cdot y_1 \cdot}{n_1} + \frac{x_2 \cdot y_2 \cdot}{n_2} + \cdots + \frac{x_k \cdot y_k \cdot}{n_k} - \frac{x \cdot \cdot y \cdot \cdot}{\sum_{i=1}^{k} n_i}$$

$$\nu_t = k - 1$$

$$SP_e = \sum_{i=1}^{k} \sum_{j=1}^{n_i} x_{ij} y_{ij} - \left[\frac{x_1 \cdot y_1 \cdot}{n_1} + \frac{x_2 \cdot y_2 \cdot}{n_2} + \cdots + \frac{x_k \cdot y_k \cdot}{n_k} \right] = SP_T - SP_t$$

$$\nu_e = \sum_{i=1}^{k} n_i - k = \nu_T - \nu_t \qquad\qquad (4-9)$$

有了上述 SP 和 ν，再加上 x 和 y 的相应 SS，就可进行协方差分析。

[**例4.1**] 为了寻找一种较好的哺乳仔猪食欲增进剂，以增进食欲，提高断奶重，对哺乳仔猪做以下试验：试验设对照、配方1、配方2、配方3共四个处理，重复12次，选择初始条件尽量相近的长白种母猪的哺乳仔猪48头，完全随机分为4组进行试验，结果见表4-2，试做分析。

此例，$x \cdot \cdot = x_1 \cdot + x_2 \cdot + x_3 \cdot + x_4 \cdot = 18.25 + 15.40 + 15.65 + 13.85 = 63.15$

$y \cdot \cdot = y_1 \cdot + y_2 \cdot + y_3 \cdot + y_4 \cdot = 141.80 + 130.10 + 144.80 + 133.80 = 550.50$

$k = 4$，$n = 12$，$kn = 4 \times 12 = 48$

表4-2　　　　　　　　不同食欲增进剂仔猪生长情况表　　　　　　　　单位：kg

处理	对照		配方1		配方2		配方3	
观测指标	初生重	50日龄重	初生重	50日龄重	初生重	50日龄重	初生重	50日龄重
	x	y	x	y	x	y	x	y
观察值	1.50	12.40	1.35	10.20	1.15	10.00	1.20	12.40
x_{ij}，y_{ij}	1.85	12.00	1.20	9.40	1.10	10.60	1.00	9.80
	1.35	10.80	1.45	12.20	1.10	10.40	1.15	11.60
	1.45	10.00	1.20	10.30	1.05	9.20	1.10	10.60
	1.40	11.00	1.40	11.30	1.40	13.00	1.00	9.20
	1.45	11.80	1.30	11.40	1.45	13.50	1.45	13.90
	1.50	12.50	1.15	12.80	1.30	13.00	1.35	12.80
	1.55	13.40	1.30	10.90	1.70	14.80	1.15	9.30
	1.40	11.20	1.35	11.60	1.40	12.30	1.10	9.60
	1.50	11.60	1.15	8.50	1.45	13.20	1.20	12.40
	1.60	12.60	1.35	12.20	1.25	12.00	1.05	11.20
	1.70	12.50	1.20	9.30	1.30	12.80	1.10	11.00
总和 $x_i \cdot$，$y_i \cdot$	18.25	141.80	15.40	130.10	15.65	144.80	13.85	133.80
平均 $\bar{x}_i \cdot$，$\bar{y}_i \cdot$	1.52	11.82	1.28	10.84	1.30	12.07	1.15	1.15

协方差分析的计算步骤如下：

（一）求 x 变量的各项平方和与自由度

1. 总平方和及自由度

$$SS_{T(x)} = \sum \sum x_{ij}^2 - \frac{x^2..}{kn} = (1.50^2 + 1.85^2 + \cdots + 1.70^2) - \frac{63.15^2}{48} = 84.8325 - \frac{63.15^2}{48} = 1.75$$

$$\nu_{T(x)} = kn - 1 = 4 \times 12 - 1 = 47$$

2. 处理间平方和与自由度

$$SS_{t(x)} = \frac{1}{n} \sum_{i=1}^{k} x_i^2. - \frac{x..^2}{kn} = \frac{1}{12}(18.25^2 + 15.40^2 + 15.65^2 + 13.85^2) - \frac{63.15^2}{48} = 0.83$$

$$\nu_{t(x)} = k - 1 = 4 - 1 = 3$$

3. 处理内平方和与自由度

$$SS_{e(x)} = SS_{T(x)} - SS_{t(x)} = 1.75 - 0.83 = 0.92$$

$$\nu_{e(x)} = \nu_{T(x)} - \nu_{t(x)} = 47 - 3 = 44$$

（二）求 y 变量各项平方和与自由度

1. 总平方和与自由度

$$SS_{T(y)} = \sum \sum y_{ij}^2 - \frac{y^2..}{kn} = (12.40^2 + 12.00^2 + \cdots + 11.00^2) - \frac{550.5^2}{48} = 6410.31 - \frac{550.5^2}{48} = 96.76$$

$$\nu_{T(y)} = kn - 1 = 4 \times 12 - 1 = 47$$

2. 处理间平方和与自由度

$$SS_{t(y)} = \frac{1}{n} \sum y_i^2. - \frac{y^2..}{kn} = \frac{1}{12}(141.80^2 + 130.80^2 + 144.80^2 + 133.80^2) - \frac{550.50^2}{48} = 11.68$$

$$\nu_{t(y)} = k - 1 = 4 - 1 = 3$$

3. 处理内平方和与自由度

$$SS_{e(y)} = SS_{T(y)} - SS_{t(y)} = 96.76 - 11.68 = 85.08$$

$$\nu_{e(y)} = \nu_{T(y)} - \nu_{t(y)} = 47 - 3 = 44$$

（三）求 x 和 y 两变量的各项离均差乘积和与自由度

1. 总乘积和与自由度

$$SP_T = \sum_{i=1}^{k} \sum_{j=1}^{n} x_{ij}y_{ij} - \frac{x..y..}{kn}$$

$$= 1.50 \times 12.40 + 1.85 \times 12.00 + \cdots + 1.70 \times 11.00 - \frac{63.15 \times 550.50}{4 \times 12}$$

$$= 732.50 - \frac{63.15 \times 550.50}{4 \times 12} = 8.25$$

$$\nu_{T(x,y)} = kn - 1 = 4 \times 12 - 1 = 47$$

2. 处理间乘积和与自由度

$$SP_t = \frac{1}{n} \sum_{i=1}^{k} x_i. y_i. - \frac{x..y..}{kn}$$

$$= \frac{1}{12}(18.25 \times 141.80 + 15.40 \times 130.10 + 15.65 \times 144.80 + 13.85 \times 133.80) -$$

$$\frac{63.15 \times 550.50}{4 \times 12} = 1.64$$

$$\nu_{t(x,y)} = k - 1 = 4 - 1 = 3$$

3. 处理内乘积和与自由度

$$SP_e = SP_T - SP_t = 8.25 - 1.64 = 6.61$$

$$\nu_{e(x,y)} = \nu_{T(x,y)} - \nu_{t(x,y)} = 47 - 3 = 44$$

平方和、乘积和与自由度的计算结果见表 4-3。

表 4-3 x 与 y 的平方和与乘积和表

变异来源	ν	SS_x	SS_y	SP_{xy}
处理间（t）	3	0.83	11.68	1.64
处理内（误差）（e）	44	0.92	85.08	6.61
总变异（T）	47	1.75	96.76	8.25

（四）对 x 和 y 各做方差分析

方差分析结果如表 4-4 所示。

表 4-4   初生重与 50 日龄重的方差分析表

变异来源	ν	x 变量			y 变量			F 值
		SS	MS	F	SS	MS	F	
处理间	3	0.83	0.28	13.33**	11.68	3.89	2.02	$F_{0.05} = 2.82$
处理内（误差）	44	0.92	0.021		85.08	1.93		$F_{0.01} = 4.26$
总变异	47	1.75			96.76			

分析结果表明，4 种处理的供试仔猪平均初生重间存在着极显著的差异，其 50 日龄平均重差异不显著。须进行协方差分析，以消除初生重不同对试验结果的影响，减小试验误差，揭示出可能被掩盖的处理间差异的显著性。

（五）协方差分析

1. 误差项回归关系的分析

误差项回归关系分析的意义是要从剔除处理间差异的影响的误差变异中找出 50 日龄重（y）与初生重（x）之间是否存在线性回归关系。计算出误差项的回归系数并对线性回归关系进行显著性检验，若显著则说明两者间存在回归关系。这时就可应用线性回归关系来校正 y 值（50 日龄重）以消去仔猪初生重（x）不同对它的影响。然后根据校正后的 y 值（校正 50 日龄重）来进行方差分析。如线性回归关系不显著，则无须继续进行分析。

回归分析的步骤如下：

（1）计算误差项回归系数、回归平方和、离回归平方和与相应的自由度

从误差项的平方和与乘积和求误差项回归系数：

$$b_{yx(e)} = \frac{SP_e}{SS_{e(x)}} = \frac{6.61}{0.92} = 7.1848 \tag{4-10}$$

误差项回归平方和与自由度：

$$SS_{R(e)} = \frac{SP_e^2}{SS_{e(x)}} = \frac{6.61^2}{0.92} = 47.49 \tag{4-11}$$

$$\nu_{R(e)} = 1$$

误差项离回归平方和与自由度：

$$SS_{r(e)} = SS_{e(y)} - SS_{R(e)} = 85.08 - 47.49 = 37.59 \qquad (4-12)$$

$$\nu_{r(e)} = \nu_{e(y)} - \nu_{R(e)} = 44 - 1 = 43$$

（2）检验回归关系的显著性　结果如表4-5所示。

表4-5　　　　　　　　　哺乳仔猪50日龄重与初生重的回归关系显著性检验表

变异来源	SS	ν	MS	F	$F_{0.01}$
误差回归	47.49	1	47.49	54.32**	7.255
误差离回归	37.59	43	0.8742		
误差总和	85.08	44			

F检验表明，误差项回归关系极显著，表明哺乳仔猪50日龄重与初生重间存在极显著的线性回归关系。因此，可以利用线性回归关系来校正y，并对校正后的y进行方差分析。

2. 对校正后的50日龄重做方差分析

（1）求校正后的50日龄重的各项平方和及自由度　利用线性回归关系对50日龄重做校正，并由校正后的50日龄重计算各项平方和是相当麻烦的，统计学已证明，校正后的总平方和、误差平方和及自由度等于其相应变异项的离回归平方和及自由度，因此，其各项平方和及自由度可直接由下述公式计算。

① 校正50日龄重的总平方和与自由度，即总离回归平方和与自由度：

$$SS'_T = SS_{T(y)} - SS_{R(y)} = SS_{T(y)} - \frac{SP_T^2}{SS_{T(x)}} = 96.76 - \frac{8.25^2}{1.75} = 57.85 \qquad (4-13)$$

$$\nu'_T = \nu_{T(y)} - \nu_{R(y)} = 47 - 1 = 46$$

② 校正50日龄重的误差项平方和与自由度，即误差离回归平方和与自由度：

$$SS'_e = SS_{e(y)} - SS_{R(e)} = SS_{e(y)} - \frac{SP_e^2}{SS_{e(x)}} = 85.08 - \frac{6.61^2}{0.92} = 37.59 \qquad (4-14)$$

$$\nu'_e = \nu_{e(y)} - \nu_{e(R)} = 44 - 1 = 43$$

上述回归自由度均为1，因仅有一个自变量x。

③ 校正50日龄重的处理间平方和与自由度：

$$SS'_t = SS'_T - SS'_e = 57.87 - 37.59 = 20.28 \qquad (4-15)$$

$$\nu'_t = \nu'_T - \nu'_e = k - 1 = 4 - 1 = 3$$

（2）列出协方差分析表，对校正后的50日龄重进行方差分析　如表4-6所示。

查F表：$F_{0.01}(3, 43) = 4.275$（由线性内插法计算），由于$F = 7.63 > F_{0.01}(3, 43)$，$P < 0.01$，表明对于校正后的50日龄重不同食欲增进剂配方间存在极显著的差异，故须进一步检验不同处理间的差异显著性，即进行多重比较。

表4-6　　　　　　　　　　表4-2资料的协方差分析表

变异来源	ν	SS_x	SS_y	SP_{xy}	校正50日龄重的方差分析			F
					ν'	SS'	MS	
处理间（t）	3	0.83	11.68	1.64				
机误（e）	44	0.92	85.08	6.61	7.1848	43	37.59	0.8742

续表

变异来源	v	SS_x	SS_y	SP_{xy}	校正 50 日龄重的方差分析			F
					v'	SS'	MS	
总和（T）	47	1.75	96.76	8.25	46	57.87		
校正处理间					3	20.28	6.76	7.63**

3. 根据线性回归关系计算各处理的校正 50 日龄平均重

误差项的回归系数 $b_{yx(e)}$ 表示初生重对 50 日龄重影响的性质和程度，且不包含处理间差异的影响，于是可用 $b_{yx(e)}$ 根据平均初生重的不同来校正每一处理的 50 日龄平均重。校正 50 日龄平均重计算公式如下：

$$\bar{y}'_{i\cdot} = \bar{y}_{i\cdot} - b_{yx(e)}(\bar{x}_{i\cdot} - \bar{x}_{\cdot\cdot}) \tag{4-16}$$

式中 $\bar{y}'_{i\cdot}$——第 i 处理校正 50 日龄平均重；

       $\bar{y}_{i\cdot}$——第 i 处理实际 50 日龄平均重（见表 4-2）；

       $\bar{x}_{i\cdot}$——第 i 处理实际平均初生重（见表 4-2）；

       $\bar{x}_{\cdot\cdot}$——全试验的平均数，$\bar{x}_{\cdot\cdot} = \dfrac{x_{\cdot\cdot}}{kn} = \dfrac{63.15}{48} = 1.3156$；

       $b_{yx(e)}$——误差回归系数，$b_{yx(e)} = 7.1848$。

将所需要的各数值代入式（4-16）中，即可计算出各处理的校正 50 日龄平均重（见表 4-7）。

表 4-7   各处理的校正 50 日龄平均重计算表

处理	$\bar{x}_{i\cdot} - \bar{x}_{\cdot\cdot}$	$b_{yx(e)}(\bar{x}_{i\cdot} - \bar{x}_{\cdot\cdot})$	实际 50 日龄平均重 $\bar{y}_{i\cdot}$	校正 50 日龄平均重 $\bar{y}_{i\cdot} - b_{yx(e)}(\bar{x}_{i\cdot} - \bar{x}_{\cdot\cdot})$
对照	$1.52 - 1.3156 = 0.2044$	$7.1848 \times 0.2044 = 1.4686$	11.82	$11.82 - 1.1686 = 10.3514$
配方1	$1.28 - 1.3156 = -0.0356$	$7.1848 \times (-0.0356) = -0.2588$	10.84	$10.84 + 0.2558 = 12.0758$
配方2	$1.30 - 1.3156 = -0.0156$	$7.1848 \times (-0.0156) = -0.1121$	12.07	$12.07 + 0.1121 = 12.1821$
配方3	$1.15 - 1.3156 = -0.1656$	$7.1848 \times (-0.1656) = -1.1898$	11.15	$11.15 + 1.1898 = 12.3398$

4. 各处理校正 50 日龄平均重间的多重比较

各处理校正 50 日龄平均重间的多重比较，即各种食欲增进剂的效果比较。

（1）t 检验   检验两个处理校正平均数间的差异显著性，可应用 t 检验法：

$$t = \frac{\bar{y}'_{i\cdot} - \bar{y}'_{j\cdot}}{S_{\bar{y}'_{i\cdot} - \bar{y}'_{j\cdot}}} \tag{4-17}$$

$$S_{\bar{y}'_{i\cdot} - \bar{y}'_{j\cdot}} = \sqrt{MS'_e \left[\frac{2}{n} + \frac{(\bar{x}_{i\cdot} - \bar{x}_{j\cdot})^2}{SS_{e(x)}} \right]} \tag{4-18}$$

式中 $\bar{y}'_{i\cdot} - \bar{y}'_{j\cdot}$——两个处理校正平均数间的差异；

       $S_{\bar{y}'_{i\cdot} - \bar{y}'_{j\cdot}}$——两个处理校正平均数差数标准误；

       MS'_e——误差离回归均方；

       n——各处理的重复数；

$\bar{x}_{i\cdot}$——处理 i 的 x 变量的平均数；

$\bar{x}_{j\cdot}$——处理 j 的 x 变量的平均数；

$SS_{e(x)}$——x 变量的误差平方和。

例如，检验食欲增进剂配方 1 与对照校正 50 日龄平均重间的差异显著性：

$$\bar{y}'_{1\cdot} - \bar{y}'_{2\cdot} = 10.3514 - 12.0758 = -1.7244$$

$$MS'_e = 37.59/43 = 0.8742 \qquad n = 12$$

$$\bar{x}_{1\cdot} = 1.52, \bar{x}_{2\cdot} = 1.28, SS_{e(x)} = 0.92$$

将上面各数值代入式（4-18）得：

$$S_{\bar{y}'_r - \bar{y}'_r} = \sqrt{0.8742 \times \left[\frac{2}{12} + \frac{(1.52 - 1.28)^2}{0.92}\right]} = 0.4477$$

于是

$$t = \frac{10.3514 - 12.0758}{0.4477} = -3.85$$

查 t 值表，当自由度为 43 时 $t_{0.01(43)} = 2.70$（利用线性内插法计算），$|t| > t_{0.01(43)}$，$P < 0.01$，表明对照与食欲增进剂 1 号配方校正 50 日龄平均重间存在着极显著的差异，这里表现为 1 号配方的校正 50 日龄平均重极显著高于对照。其余的每两处理间的比较都须另行算出 $S_{\bar{y}'_r - \bar{y}'_r}$，再进行 t 检验。

（2）最小显著差数法　利用 t 检验法进行多重比较，每一次比较都要算出各自的 $S_{\bar{y}'_r - \bar{y}'_r}$，比较麻烦。当误差项自由度在 20 以上，$x$ 变量的变异不甚大（即 x 变量各处理平均数间差异不显著），为简便起见，可计算一个平均的 $\bar{S}_{\bar{y}'_r - \bar{y}'_r}$ 采用最小显著差数法进行多重比较。$\bar{S}_{\bar{y}'_r - \bar{y}'_r}$ 的计算公式如下：

$$\bar{S}_{\bar{y}'_r - \bar{y}'_r} = \sqrt{\frac{2MS'_e}{n}\left[1 + \frac{SS_{t(x)}}{SS_{e(x)}(k-1)}\right]} \qquad (4-19)$$

公式中 $SS_{t(x)}$ 为 x 变量的处理间平方和。

然后按误差自由度查临界 t 值，计算出最小显著差数：

$$LSD_\alpha = t_{\alpha(\nu_e)}\bar{S}_{\bar{y}'_r - \bar{y}'_r} \qquad (4-20)$$

本例 x 变量处理平均数间差异极显著，不满足"x 变量的变异不甚大"这一条件，不应采用此处所介绍的最小显著差数法进行多重比较。为了便于读者熟悉该方法，仍以本例的数据予以说明。此时

$$\bar{S}_{\bar{y}'_r - \bar{y}'_r} = \sqrt{\frac{2 \times 0.8742}{12}\left[1 + \frac{0.83}{0.92 \times (4-1)}\right]} = 0.4354$$

由 $\nu'_e = 43$，查临界 t 值得：$t_{0.05(43)} = 2.017$，$t_{0.01(43)} = 2.70$

于是

$$LSD_{0.05} = 2.017 \times 0.4353 = 0.878$$

$$LSD_{0.01} = 2.70 \times 0.4353 = 1.175$$

不同食欲增进剂配方与对照校正 50 日龄平均重比较结果见表 4-8。

表 4-8　　　　　　　　不同食欲增进剂配方与对照间的效果比较表

食欲增进剂配方	校正 50 日龄平均重	对照校正 50 日龄平均重	差数
1	12.0758	10.3514	1.7244 **
2	12.1821	10.3514	1.8307 **
3	12.3398	10.3514	1.9884 **

多重比较结果表明：食欲增进剂配方 1、2、3 号与对照比较，其校正 50 日龄平均重间均存在极显著的差异，这里表现为配方 1、2、3 号的校正 50 日龄平均重均极显著高于对照。

（3）最小显著极差法 当误差自由度在 20 以上，x 变量的变异不甚大，还可以计算出平均的平均数校正标准误差 $\bar{S}_{\bar{y}}$，利用 LSR 法进行多重比较。$\bar{S}_{\bar{y}}$ 的计算公式如下：

$$\bar{S}_{\bar{y}} = \sqrt{\frac{MS'_e}{n}\left[1 + \frac{SS_{t(x)}}{SS_{e(x)}(k-1)}\right]} \qquad (4-21)$$

然后由误差自由度 ν'_e 和秩次距 k 查 SSR 表（或 q 表），计算最小显著极差：

$$LSR_\alpha = SSR_\alpha \bar{S}_{\bar{y}} \qquad (4-22)$$

对于［例 4.1］资料，由于不满足"x 变量的变异不甚大"这一条件，不应采用此处所介绍的 LSR 法进行多重比较。为了便于读者熟悉该方法，仍以［例 4.1］的数据予以说明。此时 $MS'_e = 0.8742$，$n = 12$，$SS_{t(x)} = 0.83$，$SS_{e(x)} = 0.92$，$k = 4$，代入式（4-21）可计算得：

$$\bar{S}_{\bar{y}} = \sqrt{\frac{0.8742}{12}\left[1 + \frac{0.83}{0.92 \times (4-1)}\right]} = 0.3078$$

SSR 值与 LSR 值见表 4-9。

表 4-9   SSR 值与 LSR 值表

秩次距 k	2	3	4
$SSR_{0.05}$	2.86	3.01	3.10
$SSR_{0.01}$	3.82	3.99	4.10
$LSR_{0.05}$	0.883	0.929	0.957
$LSR_{0.01}$	1.179	1.232	1.266

各处理校正 50 日龄平均重多重比较结果见表 4-10。

表 4-10   各处理校正 50 日龄平均重多重比较表 （SSR 法）

处理	$\bar{y}_{i\cdot}$	$\bar{y}_{i\cdot} - 10.3514$	$\bar{y}_{i\cdot} - 12.0758$	$\bar{y}_{i\cdot} - 12.1821$
配方 3	12.3398	1.9884**	0.2640	0.1577
配方 2	12.1821	1.8307**	0.1063	
配方 1	12.0758	1.7244**		
对照	10.3514			

多重比较结果表明：食欲增进剂配方 3、2、1 号的哺乳仔猪校正 50 日龄平均重极显著高于对照，不同食欲增进剂配方间哺乳仔猪校正 50 日龄平均重差异不显著。

思考与习题

1. 何为试验控制？如何对试验进行统计控制？

2. 什么是均积、协方差？均积与协方差有何关系？

3. 对试验进行统计控制的协方差分析的步骤有哪些？

4. 一饲养试验，设有两种中草药饲料添加剂和对照三处理，重复 9 次，共有 27 头猪参与试验，两个月的初重（kg）和增重（kg）资料如下。由于各个处理供试猪的初始体重差异较大，试对资料进行协方差分析。

处理	2 号添加剂		1 号添加剂		对照组	
观测指标	初重 x	增重 y	初重 x	增重 y	初重 x	增重 y
	30.5	35.5	27.5	29.5	28.5	26.5
	24.5	25.0	21.5	19.5	22.5	18.5
	23.0	21.5	20.0	18.5	32.0	28.5
	20.5	20.5	22.5	24.5	19.0	18.0
观测值	21.0	25.5	24.5	27.5	16.5	16.0
	28.5	31.5	26.0	28.5	35.0	30.5
	22.5	22.5	18.5	19.0	22.5	20.5
	18.5	20.5	28.5	31.5	15.5	16.0
	21.5	24.5	20.5	18.5	17.0	16.0

5. 四种配合饲料的比较试验，每种饲料各有供试猪 10 头，供试猪的初始重（kg）及试验后的日增重（kg）列于下表，试对试验结果进行协方差分析。

处理	Ⅰ号料		Ⅱ号料		Ⅲ号料		Ⅳ号料	
观测指标	始重 x	增重 y	始重 x	增重 y	始重 x	增重 y	始重 x	增重 y
	36	0.89	28	0.64	28	0.55	32	0.52
	30	0.80	27	0.81	22	0.62	27	0.58
	26	0.74	27	0.73	26	0.58	25	0.64
	23	0.80	24	0.67	22	0.58	23	0.62
观测值	26	0.85	25	0.77	23	0.66	27	0.54
	30	0.68	23	0.67	20	0.55	28	0.54
	20	0.73	20	0.64	22	0.60	20	0.55
	19	0.68	18	0.65	23	0.71	24	0.44
	20	0.80	17	0.59	18	0.55	19	0.51
	16	0.58	20	0.57	17	0.48	17	0.51

第五章

回归分析

教学目的与要求

    1. 正确理解相关关系的含义、种类及相关分析的主要内容；

    2. 掌握相关关系的测定方法；

    3. 掌握回归分析的含义、种类和内容；

    4. 掌握一元线性回归分析方法。

第一节　相　关　分　析

一、　函数关系与相关关系

（一）　确定性的函数关系

    函数关系是指现象之间存在着确定性的严格的依存关系。在这种关系下，当一个或一组变量取一定的数值时，另一个变量就有一个确定的数值与之相对应，这种关系可以用一个数学表达式反映出来。

    例如：某种商品的销售收入 Y 与该商品的销售量 Q 以及该商品价格 P 之间的关系可以用下列公式表示：

$$Y = PQ$$

    在商品价格一定的情况下，商品销售收入 Y 随着销售量 Q 的变动而变动，对 Q 的某一个具体数值，Y 就有唯一确定的值与之相对应；在商品的销售数量一定的情况下，销售收入 Y 又随着商品价格 P 的变化而变化。

    又如：圆的面积与半径之间、球的体积与直径之间都存在着函数关系。

    社会现象中广泛存在着这种函数关系。

（二）　相关关系

    相关关系是指现象之间确实存在着的，但其数量表现又是不确定、不规则的一种相互依存关系。在这种关系下，当一个或一组变量取一定的数值时，与之相对应的另一个变量的数值是不能确定的，只是按照某种规律在一定范围内变化。这种关系不能用严格的函数式来表示。

例如：农作物的产量与施肥量这两个现象中，在一定范围内，产量随着施肥量的变化而变化，但其数量表现不是确定性的关系。

又如：企业的固定资产投资额与产值之间、居民收入水平与消费水平之间的关系等都属于相关关系。

其特点是：

（1）变量间关系不能用函数关系精确表达。

（2）一个变量的取值不能由另一个变量唯一确定。

（3）当变量 x 取某个值时，变量 y 的取值可能有几个。

（4）各观测点分布在直线周围。

二、 相关关系的种类

（一） 按相关程度划分可分为完全相关、 不完全相关和不相关

（1）不相关   如果变量间彼此的数量变化互相独立，则其关系为不相关。自变量 x 变动时，因变量 y 的数值不随之相应变动。

（2）完全相关   如果一个变量的变化是由其他变量的数量变化所唯一确定，此时变量间的关系称为完全相关。即因变量 y 的数值完全随自变量 x 的变动而变动，它在相关图上表现为所有的观察点都落在同一条直线上，这种情况下，相关关系实际上是函数关系。所以，函数关系是相关关系的一种特殊情况。

（3）不完全相关   如果变量间的关系介于不相关和完全相关之间，则称为不完全相关。大多数相关关系属于不完全相关，是统计研究的主要对象。

（二） 按相关方向划分可分为正相关和负相关

（1）正相关   指两个变量之间的变化方向一致，都是呈增长或下降的趋势。即自变量 x 的值增加（或减少），因变量 y 的值也相应地增加（或减少），这样的关系就是正相关。

（2）负相关   指两个因素或变量之间变化方向相反，即自变量的数值增大（或减小），因变量随之减小（或增大）。

（三） 按相关的形式划分可分为线性相关和非线性相关

（1）直线相关（或线性相关）   当相关关系的自变量 x 发生变动，因变量 y 值随之发生大致均等的变动，从图像上近似地表现为直线形式，这种相关通称为直线（或线性）相关。

（2）曲线（或非线性）相关   在两个相关现象中，自变量 x 值发生变动，因变量 y 也随之发生变动，这种变动不是均等的，在图像上的分布是各种不同的曲线形式，这种相关关系称为曲线（或非线性）相关。曲线相关在相关图上的分布表现为抛物线、双曲线、指数曲线等非直线形式。

（四） 按变量多少划分可分为单相关、 复相关和偏相关

（1）单相关   两个因素之间的相关关系称单相关，即研究时只涉及一个自变量和一个因变量。

（2）复相关   三个或三个以上因素的相关关系称复相关，即研究时涉及两个或两个以上的自变量和因变量。

（3）偏相关　在某一现象与多种现象相关的场合，当假定其他变量不变时，其中两个变量之间的相关关系称为偏相关。

三、相 关 分 析

所谓相关分析，就是分析测定想象间相互依存关系的密切程度的统计方法。一般可以借助相关系数、相关表与相关图来进行相关分析。

（一）相关系数

1. 简单相关系数的含义

反映两个变量之间线性相关密切程度和相关方向的统计测定，它是其他相关系数形成的基础。

2. 简单相关系数的计算

$$r = \frac{\sum (x - \bar{x})(y - \bar{y})}{\sqrt{\sum (x - \bar{x})^2 \cdot \sum (y - \bar{y})^2}} \tag{5-1}$$

或化简为：

$$r = \frac{n \sum xy - \sum x \sum y}{\sqrt{n \sum x^2 - (\sum x)^2} \cdot \sqrt{n \sum y^2 - (\sum y)^2}} \tag{5-2}$$

3. 相关系数的性质

（1）相关系数的取值范围在 -1 和 $+1$ 之间，即：$-1 \leqslant r \leqslant 1$。

（2）计算结果，若 r 为正，则表明两变量为正相关；若 r 为负，则表明两变量为负相关。

（3）相关系数 r 的数值越接近于 1（-1 或 $+1$），表示相关系数越强；越接近于 0，表示相关系数越弱。如果 $r = 1$ 或 -1，则表示两个现象完全直线性相关。如果 $r = 0$，则表示两个现象完全不相关（不是直线相关）。

（4）判断两变量线性相关密切程度的具体标准为：

$0 \leqslant |r| < 0.3$，称为微弱相关；$0.3 \leqslant |r| < 0.5$，称为低度相关；$0.5 \leqslant |r| < 0.8$，称为显著相关；$0.8 \leqslant |r| < 1$ 称为高度相关。

（二）决定系数

决定系数（determination coefficient）定义为由 x 不同而引起的 y 的平方和 $U = \sum (\hat{y} - \bar{y})^2$ 占 y 总平方和 $SS_y = \sum (y - \bar{y})^2$ 的比率；也可定义为由 y 不同而引起的 x 的平方和 $U' = \sum (\hat{x} - \bar{x})^2$ 占 x 总平方和 $SS_x = \sum (x - \bar{x})^2$ 的比率，其值为：

$$r^2 = \frac{(SP)^2/SS_x}{SS_y} = \frac{(SP)^2/SS_y}{SS_x} = \frac{(SP)^2}{SS_x \cdot SS_y} \tag{5-3}$$

所以决定系数即相关系数 r 的平方值。

决定系数和相关系数的区别在于：① 除掉 $|r| = 1$ 和 0 的情况外，r^2 总是小于 $|r|$。这就可以防止对相关系数所表示的相关程度作夸张的解释。例如，$r = 0.5$，只是说明由 x 的不同而引起的 y 变异（或由 y 的不同而引起的 x 变异）平方和仅占 y 总变异（或 x 总变异）平方和的 $r^2 = 0.25$，即 25%，而不是 50%。② r 是可正可负的，而 r^2 则一律取正值，其取值区间为 $[0,1]$。因此，在相关分析中将两者结合起来是可取的，即由 r 的正或负表示相关的性质，由 r^2 的大小表示相关的程度。

（三）相关表和相关图

1. 相关表

在定性判断的基础上，把具有相关关系的两个量的具体数值按照一定顺序平行排列在一张表上，以观察它们之间的相互关系，这种表就称为相关表。它是一种反映变量之间相关关系的统计表。

例如：对某 10 户居民家庭的年可支配收入和消费支出进行调查，得到的原始资料见表 5－1。

表 5－1　　　　　　　　居民年收入和消费水平调查资料　　　　　　　单位：千元

居民家庭编号	1	2	3	4	5	6	7	8	9	10
可支配收入	25	18	60	45	62	88	92	99	75	98
消费支出	20	15	40	30	42	60	65	70	53	78

根据调查原始资料，将可支配收入按从小到大顺序排列，可编制出相关表 5－2。

表 5－2　　　　　　　　居民年收入和消费水平相关表　　　　　　　单位：千元

可支配收入	18	25	45	60	62	75	88	92	98	99
消费支出	15	20	30	40	42	53	60	65	78	70

从相关表（表 5－2）中可以看出，随着居民收入水平的提高，消费水平也相应提高，两者之间存在明显的正相关关系。

2. 相关图

把相关表上一一对应的具体数值在直角坐标系中用点标出来而形成的散点图则称为相关图。利用相关图和相关表，可以更直观、更形象地表现变量之间的相互关系。

相关图又称散点图。它是以直角坐标系的横轴代表标量 x，纵轴代表标量 y，将两个变量间相对应的变量值用坐标点的形式描绘出来，用来反映两变量之间相关关系的图形（见图 5－1）。

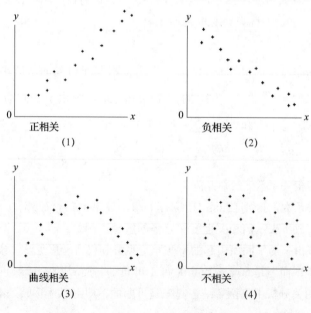

图 5－1　相关图

相关分析与回归分析：

相关分析和回归分析是研究现象之间相关关系的两种基本方法。所谓相关分析，就是用一个指标来表明现象间相互依存关系的密切程度。

第二节　一元线性回归分析

一、　回归分析的概念与种类

回归分析（regression analysis）是依据相关关系的具体形态，选择一个合适的数学模型，来近似地表达变量间的平均变化关系。

相关关系能说明现象间有无关系，但它不能说明一个现象发生一定量的变化时，另一个变量将会发生多大量的变化。也就是说，它不能说明两个变量之间的一般数量关系值。

回归分析，是指在相关分析的基础上，把变量之间的具体变动关系模型化，求出关系方程式，就是找出一个能够反映变量间变化关系的函数关系式，并据此进行估计和推算。通过回归分析，可以将相关变量之间不确定、不规则的数量关系一般化、规范化。从而可以根据自变量的某一个给定值推断出因变量的可能值（或估计值）。

回归分析包括多种类型，根据所涉及变量的多少不同，可分为简单回归和多元回归。简单回归又称一元回归，是指两个变量之间的回归。其中一个变量是自变量，另一个变量是因变量。

根据变量变化的表现形式不同，回归分析也可分为直线回归和曲线回归。对具有直线相关关系的现象配之以直线方程进行回归分析，即直线回归；对具有曲线相关关系的现象配之以曲线方程进行回归分析，则称为曲线回归。

相关分析和回归分析有着密切的联系，它们不仅具有共同的研究对象，而且在具体应用时，常常必须相互补充。

相关分析研究变量之间相关的方向和相关程度。但是相关分析不能指出变量间相互关系的具体形式，也无法从一个变量的变化来推测另一个变量的变化情况。回归分析则是研究变量之间相互关系的具体形式，它对具有相关关系的变量之间的数量联系进行测定，确定一个相关的数学方程，根据这个数学方程可以从已知量推测未知量，从而为估算和预测提供一个重要的方法。

二、　一元线性回归

1. 一元线性回归模型

$$y = \beta_0 + \beta_1 x + \varepsilon \tag{5-4}$$

模型中，y 是 x 的线性函数（部分）加上误差项。线性部分反映了由于 x 的变化而引起的 y 的变化；误差项 ε 是随机变量，反映了除 x 和 y 之间的线性关系之外的随机因素对 y 的影响，是不能由 x 和 y 之间的线性关系所解释的变异性；β_0 和 β_1 称为模型的参数。

2. 一元线性回归模型的基本假定

（1）误差项 ε 是一个期望值为 0 的随机变量，即 $E(\varepsilon)=0$。对于一个给定的 x 值，y 的期

望值为 $E(y) = \beta_0 + \beta_1 x$。

（2）对于所有的 x 值，ε 的方差 S^2 都相同。

（3）误差项 ε 是一个服从正态分布的随机变量，且相互独立。即 $\varepsilon \sim N(0, S^2)$。

3. 一元线性回归方程

$$E(y) = \beta_0 + \beta_1 x \tag{5-5}$$

描述 y 的平均值或期望值如何依赖于 x 的方程称为回归方程。方程的图示是一条直线，因此也称为直线回归方程。β_0 是回归直线在 y 轴上的截距，是当 $x = 0$ 时 y 的期望值；β_1 是直线的斜率，称为回归系数，表示当 x 每变动一个单位时，y 的平均变动值。

4. 估计的回归方程

$$\hat{y} = \hat{\beta}_0 + \hat{\beta}_1 x \tag{5-6}$$

总体回归参数 β_0 和 β_1 是未知的，必须利用样本数据去估计。用样本统计量 $\hat{\beta}_0$ 和 $\hat{\beta}_1$ 代替回归方程中的未知参数 β_0 和 β_1，就得到了估计的回归方程。

5. 参数估计——最小二乘法

最小二乘法即使因变量的观察值与估计值之间的离差平方和达到最小来求得 β_0 和 β_1 的方法。即 $Q(\hat{\beta}_0, \hat{\beta}_1) = \sum\limits_{i=1}^{n} (y_i - \hat{y})^2 = \sum\limits_{i=1}^{n} e_i^2 = $ 最小（e 为误差）。可解得：

$$\begin{cases} \hat{\beta}_1 = \dfrac{n \sum\limits_{i=1}^{n} x_i y_i - \left(\sum\limits_{i=1}^{n} x_i \right)\left(\sum\limits_{i=1}^{n} y_i \right)}{n \sum\limits_{i=1}^{n} x_i^2 - \sum\limits_{i=1}^{n} x_i} \\[4mm] \hat{\beta}_0 = \bar{y} - \hat{\beta}_1 \bar{x} \end{cases} \tag{5-7}$$

6. 回归方程的检验

（1）拟合优度检验

$$r^2 = \frac{SSR}{SST} = \frac{\sum\limits_{i=1}^{n} (\hat{y}_i - \bar{y})^2}{\sum\limits_{i=1}^{n} (y_i - \bar{y})^2} = 1 - \frac{\sum\limits_{i=1}^{n} (y_i - \hat{y})^2}{\sum\limits_{i=1}^{n} (\hat{y}_i - \bar{y})^2} \tag{5-8}$$

反映回归直线的拟合程度，取值范围在 $[0, 1]$ 之间。$r^2 \to 1$，说明回归方程拟合得越好；$r^2 \to 0$，说明回归方程拟合得越差。

（2）回归方程的显著性检验　检验自变量和因变量之间的线性关系是否显著。具体方法是将回归离差平方和（SSR）同剩余离差平方和（SSE）加以比较，应用 F 检验来分析二者之间的差别是否显著，如果是显著的，两个变量之间存在线性关系；如果不显著，两个变量之间不存在线性关系。具体步骤如下：

① 提出假设：

H_0：线性关系不显著

② 计算检验统计量 F：

$$F = \frac{SSR/1}{SSE/(n-2)} = \frac{\sum\limits_{i=1}^{n} (\hat{y}_i - \bar{y})^2/1}{\sum\limits_{i=1}^{n} (y_i - \hat{y})^2/(n-2)} \tag{5-9}$$

③ 确定显著性水平 α，并根据分子自由度 1 和分母自由度 $n-2$ 找出临界值 F_α 作出决策：

若 $F \geqslant F_\alpha$，拒绝 H_0；若 $F < F_\alpha$，接受 H_0。

（3）回归系数的显著性检验

① 提出假设：

$$H_0 : \beta_1 = 0 \quad （没有线性关系）$$
$$H_1 : \beta_1 \neq 0 \quad （有线性关系）$$

② 计算检验的统计量：

$$t = \frac{\hat{\beta}_1}{S_{\hat{\beta}_1}} \sim t(n-2) \qquad (5-10)$$

③ 确定显著性水平 α，并进行决策：

$$|t| > t_{\alpha/2}, 拒绝 H_0；|t| < t_{\alpha/2}, 接受 H_0$$

对于一元线性回归，回归方程的显著性检验与回归系数的显著性检验是等价的。

第三节 多元回归

前面所讨论的回归是依变数 Y 对一个自变数 X 的回归，称为一元回归。进一步要讨论的是依变数依两个或两个以上自变数的回归，称为多元回归或复回归（multiple regression）。本节将介绍多元回归分析方法，主要内容有：① 确定各个自变数对依变数的各自效应和综合效应，即建立由各个自变数描述和预测依变数反应量的多元回归方程；② 对上述综合效应和各自效应的显著性进行测验，并在大量自变数中选择仅对依变数有显著效应的自变数，建立最优多元回归方程；③ 评定各个自变数对依变数的相对重要性，以便研究者抓住关键，能动地调控依变数的响应量。

（一）多元回归的线性模型和多元回归方程式

若依变数 Y 同时受到 m 个自变数 X_1、X_2、$\cdots$、X_m 的影响，且这 m 个自变数皆与 Y 成线性关系，则这 $m+1$ 个变数的关系就形成 m 元线性回归。因此，一个 m 元线性回归总体的线性模型为：

$$Y_j = \beta_0 X_0 + \beta_1 X_{1j} + \beta_2 X_{2j} + \cdots + \beta_m X_{mj} + \varepsilon_j \qquad (5-11)$$

其中，$\varepsilon_j \sim N(0, S_\varepsilon^2)$。相应的，一个 m 元线性回归的样本观察值组成为：

$$y_j = b_0 + b_1 x_{1j} + b_2 x_{2j} + \cdots + b_m x_{mj} + e_j \qquad (5-12)$$

在一个具有 n 组观察值的样本中，第 j 组观察值（$j = 1, 2, \cdots, n$）可表示为（x_{1j}, x_{2j}, $\cdots$, x_{mj}, y_j），便是 $M = (m+1)$ 维空间中的一个点。

同理，一个 m 元线性回归方程可给定为：

$$\hat{y} = b_0 + b_1 x_1 + b_2 x_2 + \cdots + b_m x_m \qquad (5-13)$$

式（5-13）中，b_0 是 x_1、x_2、$\cdots$、x_m 都为 0 时 y 的点估计值；b_1 是 $b_{y1 \cdot 23 \cdots m}$ 的简写，它是在 x_2、x_3、$\cdots$、x_m 皆保持一定时，x_1 每增加一个单位对 y 的效应，称为 x_2、x_3、$\cdots$、x_m 不变（取常量）时 x_1 对 y 的偏回归系数（partial regression coefficient）；b_2 是 $b_{y2 \cdot 13 \cdots m}$ 的简写，它是在 x_1、x_3、$\cdots$、x_m 皆保持一定时，x_2 每增加一个单位对 y 的效应，称为 x_1、x_3、$\cdots$、x_m 不变（取常量）时 x_2 对 y 的偏回归系数；依此类推，b_3 是 x_3 对 y 的偏回归系数；$\cdots\cdots$；b_m 是 x_m 对 y 的

偏回归系数。

在多元回归系统中，b_0 一般很难确定其专业意义，它仅是调节回归响应面的一个参数；b_i（$i = 1，2，\cdots，m$）表示了各个自变数 x_i 对依变数 y 的各自效应，而 $\hat{y}$ 则是这些各自效应的集合，代表着所有自变数对依变数的综合效应。

（二）多元回归统计数的计算

由 n 组观察值求解 m 元线性回归方程，可按直线回归的矩阵求解方法进行。

n 组观察值按式（5-12）形成 n 个等式，用矩阵表示则为：

$$\begin{pmatrix} y_1 \\ y_2 \\ \vdots \\ y_n \end{pmatrix} = \begin{pmatrix} 1 & x_{11} & \cdots & x_{m1} \\ 1 & x_{12} & \cdots & x_{m2} \\ \vdots & \vdots & \vdots & \vdots \\ 1 & x_{1n} & \cdots & x_{mn} \end{pmatrix} \begin{pmatrix} b_0 \\ b_1 \\ \vdots \\ b_m \end{pmatrix} + \begin{pmatrix} e_1 \\ e_2 \\ \vdots \\ e_n \end{pmatrix}$$

即
$$Y = Xb + e \tag{5-14}$$

式（5-14）中的矩阵 X 为（$m+1$）$\times n$ 阶而非 $2 \times n$ 阶，列向量 b 为（$m+1$）阶而非 2 阶。

由最小二乘法求 b，结果为：

$$b = (X'X)^{-1}X'Y \tag{5-15}$$

[**例 5.1**] 测定 13 块中籼南京 11 号高产田的每亩（1 亩 = 0.067hm²）穗数（x_1，万）、每穗粒数（x_2）和每亩稻谷产量（y，kg），得结果见表 5-3。试建立每亩穗数、每穗粒数对亩产量的二元回归方程。

表 5-3 南京 11 号高产田每亩穗数（x_1）、每穗粒数（x_2）和亩产量（y）的关系

x_1	x_2	y
26.7	73.4	504
31.3	59.0	480
30.4	65.9	526
33.9	58.2	511
34.6	64.6	549
33.8	64.6	552
30.4	62.1	496
27.0	71.4	473
33.3	64.5	537
30.4	64.1	515
31.5	61.1	502
33.1	56.0	498
34.0	59.8	523

这是一个作物产量与产量结构研究的典型问题。用矩阵方法求解回归方程的过程为：

$$X = \begin{pmatrix} 1 & 26.7 & 73.4 \\ 1 & 31.3 & 59.0 \\ \vdots & \vdots & \vdots \\ 1 & 34.0 & 59.8 \end{pmatrix}, \quad Y = \begin{pmatrix} 504 \\ 480 \\ \vdots \\ 523 \end{pmatrix}$$

$$X'X = \begin{pmatrix} n & \sum x_1 & \sum x_2 \\ \sum x_1 & \sum x_1^2 & \sum x_1 x_2 \\ \sum x_2 & \sum x_2 x_1 & \sum x_2^2 \end{pmatrix} = \begin{pmatrix} 13 & 410.4 & 824.7 \\ 410.4 & 13035.62 & 25925.04 \\ 824.7 & 25925.04 & 52613.61 \end{pmatrix}$$

$$X'Y = \begin{pmatrix} \sum y \\ \sum x_1 y \\ \sum x_2 y \end{pmatrix} = \begin{pmatrix} 6666 \\ 210913.4 \\ 422899.2 \end{pmatrix}$$

按求解逆矩阵的行列式法:

$$(X'X)^{-1} = \begin{pmatrix} 92.46129442 & -1.42792582 & -0.74569760 \\ -1.42792582 & 0.02588047 & 0.00962979 \\ -0.74569760 & 0.00962979 & 0.00696252 \end{pmatrix}$$

因此,由式(5-15)得:

$$b = (X'X)^{-1} X'Y$$

$$= \begin{pmatrix} 92.46129442 & -1.42792582 & -0.74569760 \\ -1.42792582 & 0.02588047 & 0.00962979 \\ -0.74569760 & 0.00962979 & 0.00696252 \end{pmatrix} \begin{pmatrix} 6666 \\ 210913.4 \\ 422899.2 \end{pmatrix} = \begin{pmatrix} -176.24016559 \\ 12.41641048 \\ 4.68222055 \end{pmatrix}$$

故表5-1资料的二元线性回归方程为:

$$\hat{y} = -176.24016559 + 12.41641048 x_1 + 4.68222055 x_2$$

或简写成:

$$\hat{y} = -176.2 + 12.4 x_1 + 4.7 x_2$$

上式的意义为:当每穗粒数(x_2)保持平均水平($\sum x_2 / n = 824.7/13 = 63.4$粒)时,每亩穗数($x_1$)每增加1(万),亩产量将平均增加12.4kg;当每亩穗数(x_1)保持平均水平($\sum x_1 / n = 410.4/13 = 31.6$万)时,每穗粒数每增加1(粒),亩产量将平均增加4.7kg。如果此回归关系是真实的,则该方程可用于描述表5-3资料。但是,和在两个变数中讨论过的一样,宜限定该方程的自变数范围:x_1的区间是[26.7,34.6],x_2的区间是[56.0,73.4]。外延一定要十分谨慎小心,不然,$b_0 = -176.2$就成为不可理解的了。

用矩阵方法求解多元回归方程的难点是逆矩阵的计算。本书采用的是行列式解法,也可用求解求逆紧凑变换法等。由于几乎所有统计软件都采用矩阵算法,部分统计软件或编程语言(如 SAS、MATLAB、True Basic 等)还设置了矩阵函数,可供直接调用,故在计算工具日渐先进的今天,矩阵求逆已不成问题。

(三)多元回归方程的估计标准误

由式(5-15)解得的 b 代入式(5-13)后得到的多元回归方程,满足 $Q = \sum (y - \hat{y})^2 = $ 最小。这里的 Q 称为多元离回归平方和或多元回归剩余平方和,它反映了回归估计值 $\hat{y}$ 和实测值 y 之间的差异。为与上一章两个变数的离回归平方和 Q 有所区别,这里记作 $Q_{y/12\cdots m}$。由于在计算多元回归方程时用掉了 b_1，b_2，$\cdots$，b_m 和 b_0 等 $m+1$ 个统计数，故 $Q_{y/12\cdots m}$ 的 $\nu = n - (m+1)$。因此，定义多元回归方程的估计标准误 $S_{y/12\cdots m}$ 为：

$$S_{y/12\cdots m} = \sqrt{\frac{Q_{y/12\cdots m}}{n - (m+1)}} \tag{5-16}$$

$Q_{y/12\cdots m}$ 的计算涉及平方和的分解。在多元回归分析中，Y 变数的总平方和（SS_y）仍然可分解为回归平方和（记作 $U_{y/12\cdots m}$）和离回归平方和（$Q_{y/12\cdots m}$）两部分，相应的计算公式为：

$$\left.\begin{array}{l} SS_y = Y'Y - \left[(1'Y)^2/n\right] \\ Q_{y/12\cdots m} = Y'Y - b'X'Y \\ U_{y/12\cdots m} = b'X'Y - \left[(1'Y)^2/n\right] = SS_y - Q_{y/12\cdots m} \end{array}\right\} \tag{5-17}$$

[例5.2] 试计算表 5-3 资料二元回归方程 $\hat{y} = -176.2 + 12.4x_1 + 4.7x_2$ 的估计标准误。

在 [例5.1] 中已算得 b 和 $X'Y$，再由 Y 列向量得 $Y'Y = 3425194$，由式（5-17）得：

$$Q_{y/12} = 3425194 - (\begin{array}{ccc} -176.24016559 & 12.41641048 & 4.68222055 \end{array}) \begin{pmatrix} 6666 \\ 210913.4 \\ 422899.2 \end{pmatrix} = 1116.2668$$

所以

$$S_{y/12} = \sqrt{\frac{1116.2668}{13-3}} = 10.565 \text{（kg）}$$

10.565kg 就是用二元回归方程由表 5-3 的每亩穗数、每穗粒数估计其产量的标准误。

（四）多元回归关系的假设测验

多元回归关系的假设测验，就是测验 m 个自变数的综合对 Y 的效应是否显著。若令回归方程中 b_1、b_2、$\cdots$、b_m 的总体回归系数为 β_1、β_2、$\cdots$、β_m，则这一测验所对应的假设为 $H_0: \beta_1 = \beta_2 = \cdots = \beta_m = 0$，对 $H_A: \beta_i$ 不全为 0。

由于多元回归下 SS_y 可分解为 $U_{y/12\cdots m}$ 和 $Q_{y/12\cdots m}$ 两部分，$U_{y/12\cdots m}$ 由 x_1、x_2、$\cdots$、x_m 的不同所引起，具有 $\nu = m$；$Q_{y/12\cdots m}$ 与 x_1、x_2、$\cdots$、x_m 的不同无关，具有 $\nu = n - (m+1)$，由之构成的 F 值：

$$F = \frac{U_{y/12\cdots m}/m}{Q_{y/12\cdots m}/[n-(m+1)]} \tag{5-18}$$

即可测验多元回归关系的显著性。

[例5.3] 试对表 5-1 资料作多元回归关系的假设测验。

在 [例5.2] 中已算得 $Q_{y/12} = 1116.2668$ 和 $Y'Y = 3425194$，再由表 5-3 资料求得 $1'Y = 6666$，因此由式（5-17）可得：

$$SS_y = Y'Y - \left[(1'Y)^2/n\right] = 3425194 - \left[(6666)^2/13\right] = 7074.3077$$
$$U_{y/12} = SS_y - Q_{y/12} = 7074.3077 - 1116.2668 = 5958.0409$$

这些结果可做成方差分析表（表 5-4）。

表 5-4   表 5-1 资料多元回归的方差分析

变异来源	ν	SS	MS	F	$F_{0.01}$
二元回归	2	5958.0409	2979.0204	26.69	7.56
离回归	10	1116.2668	111.6267		
总和	12	7074.3077			

在表 5 - 4 中，$F = 26.69 > F_{0.01}$，说明 H_0 应被否定，即表 5 - 3 的 x_1 和 x_2 与 y 是有真实二元线性回归关系的。

（五）偏回归关系的假设测验

上述多元回归关系的假设测验只是一个综合性的测验，它显著表明自变数的集合和 y 有回归关系，但这并不排除个别乃至部分自变数和 y 没有回归关系的可能性。因此，要准确地评定各个自变数对 y 是否有真实回归关系，还必须对偏回归系数的显著性作出假设测验。

偏回归系数的假设测验，就是测验各个偏回归系数 b_i（$i = 1, 2, \cdots, m$）来自 $\beta_i = 0$ 的总体的概率，所作的假设为 $H_0: \beta_i = 0$ 对 $H_A: \beta_i \neq 0$，测验方法有两种。

1. t 测验

关于 b 向量的方差，同样适用于多元回归的情况，

$$S^2(b) = \begin{pmatrix} \hat{\sigma}^2_{b_0} & \hat{\sigma}_{b_0 b_1} & \hat{\sigma}_{b_0 b_2} \\ \hat{\sigma}_{b_1 b_0} & \hat{\sigma}^2_{b_1} & \hat{\sigma}_{b_1 b_2} \\ \hat{\sigma}_{b_2 b_0} & \hat{\sigma}_{b_2 b_1} & \hat{\sigma}^2_{b_2} \end{pmatrix} = (X'X)^{(-1)} S^2_{y/x} = \begin{pmatrix} c_{11} & c_{12} & c_{13} \\ c_{21} & c_{22} & c_{23} \\ c_{31} & c_{32} & c_{33} \end{pmatrix} S^2_{y/123} \qquad (5-19)$$

因而

$$S_{b_i} = S_{y/12\_m} \sqrt{c_{(i+1)(i+1)}} \qquad (5-20)$$

此时

$$t = \frac{b_i - \beta_i}{S_{b_i}} \qquad (5-21)$$

服从 $\nu = n - (m+1)$ 的 t 分布，因而可测验 b_i 的显著性。

[例 5.4] 试对 [例 5.1] 资料的 $b_1 = 12.41641048$ 和 $b_2 = 4.68222055$ 做 t 测验。

在 [例 5.1] 和 [例 5.2] 中已算得 $S_{y/12} = 10.565$，$c_{22} = 0.02588047$，$c_{33} = 0.00696252$。故对 b_1 有：

$$S_{b_1} = 10.565 \times \sqrt{0.02588047} = 1.700$$
$$t = 12.41641048/1.700 = 7.30$$

对 b_2 有：

$$S_{b_2} = 10.565 \times \sqrt{0.00696252} = 0.882$$
$$t = 4.68222055/0.882 = 5.31$$

查附表，$t_{0.01,10} = 3.169$，现实得 $t > t_{0.01,10}$，所以 H_0 应予否定而接受 H_A，即每亩穗数和每穗粒数对产量的偏回归都是极显著的。

2. F 测验

在包含 m 个自变数的多元回归中，由于最小平方法的作用，m 越大，回归平方和 $U_{y/12\cdots m}$ 也必然越大。如果取消一个自变数 X_i，则回归平方和将减少 U_{P_i}，而

$$U_{P_i} = \frac{b_i^2}{c_{(i+1)(i+1)}} \qquad (5-22)$$

显然，这个 U_{P_i} 就是 y 对 x_i 的偏回归平方和，也就是在 y 的变异中由 x_i 的变异所决定的那一部分平方和，它具有 $\nu = 1$。因此，由

$$F = \frac{U_{P_i}}{Q_{y/12\cdots m}/[n - (m+1)]} \qquad (5-23)$$

可测验 b_i 来自 $\beta_i = 0$ 的总体的概率。

[**例 5.5**]　试对 [例 5.1] 资料的 $b_1 = 12.41641048$ 和 $b_2 = 4.68222055$ 做 F 测验。

由 [例 5.1]、[例 5.2] 所得结果，可算得 y 对 x_1 的偏回归平方和为

$$U_{P_1} = \frac{12.41641048^2}{0.02588047} = 5956.8952$$

y 对 x_2 的偏回归平方和为

$$U_{P_2} = \frac{4.68222055^2}{0.00696252} = 3148.7435$$

这些结果加上前已算得的 $Q_{y/12} = 1116.2668$，可进行方差分析见表 5-5。

表 5-5　　　　　　　　　　　　表 5-3 资料偏回归的 F 测验

变异来源	v	SS	MS	F	$F_{0.01}$
因 x_1 的回归	1	5956.8952	5956.8952	53.36	10.04
因 x_2 的回归	1	3148.7435	3148.7435	28.21	10.04
离回归	10	1116.2668	111.6267		

表 5-5 的测验结果和 [例 5.4] 相同，即每亩穗数、每穗粒数对产量的偏回归都是极显著的。注意：这里所得的 F 值开平方后也正好是 [例 5.3] 中相应的 t 值。所以 F 测验和 t 测验完全一样，可任选一种应用。

比较表 5-4 和表 5-5，将可发现表 5-4 中的 y 依 x_1 和 x_2 的总回归平方和是 $U_{y/12} = 5958.0409$；表 5-5 中 y 依 x_1 的回归平方和 $U_{P_1} = 5956.8952$，依 x_2 的回归平方和 $U_{P_2} = 3148.7435$，两者相加为 9105.6297，大大超过了 5958.0409。其实，这里的计算是正确的，这一矛盾是一种新的试验信息的反映。当多元回归中的各个自变数彼此独立、完全无关时，则

$$U_{y/12\cdots m} = \sum_1^m U_{P_i}$$

成立。当各自变数间存在相关（$r_{ij} \neq 0$）时，则

$$U_{y/12\cdots m} \neq \sum_1^m U_{P_i}$$

这是由于各自变数间的相关使其对 y 的效应发生了混淆。如以两个自变数 x_1、x_2 而言，若它们有显著的正相关（$r_{12} > 0$），则在 x_1 增大对于 y 的效应中包含有 x_2 增大的效应，反之亦然（因为 x_1 的大值和 x_2 的大值相连，x_1 的小值和 x_2 的小值相连），因此有：

$$U_{y/12} > (U_{P_1} + U_{P_2})$$

若 x_1 和 x_2 有显著的负相关（$r_{12} < 0$），则 x_1 增大对于 y 的效应中包含有 x_2 减少的效应，x_2 增大对于 y 的效应中也包含有 x_1 减少的效应。现在表 5-3 资料的 $U_{y/12}$ 明显小于（$U_{P_1} + U_{P_2}$），预示着 x_1 和 x_2（每亩穗数和每穗粒数）之间可能有一个极显著的负相关。事实上，由表 5-3 资料可求得两个自变数的相关系数 r_{12} 为：

$$r_{12} = \frac{SP_{12}}{\sqrt{SS_{x_1} \cdot SS_{x_2}}} = \frac{-110.1046}{\sqrt{79.6077 \times 295.9108}} = -0.71737$$

说明上述推测是正确的。

思考与习题

一、选择题

1. 直线回归中，如果自变量 x 乘以一个不为 0 或 1 的常数，则有（　　）。

A. 截距改变　　　　B. 回归系数改变　　　　C. 两者都改变

D. 两者都不改变　　E. 以上情况都有可能

2. 如果直线相关系数 $r = 1$，则一定有（　　）。

A. $SS_总 = SS_残$　　　B. $SS_残 = SS_回$　　　　C. $SS_总 = SS_回$

D. $SS_总 > SS_回$　　　E. 以上都不正确

3. 相关系数 r 与决定系数 r^2 在含义上是有区别的，下面的几种表述，正确的是（　　）。

A. r 值的大小反映了两个变量之间是否有密切的关系

B. r 值接近于零，表明两变量之间没有任何关系

C. r 值接近于零，表明两变量之间有曲线关系

D. r^2 值接近于零，表明直线回归的贡献很小

E. r^2 值大小反映了两个变量之间呈直线关系的密切程度和方向

4. 不同地区水中平均碘含量与地方性甲状腺肿患病率的资料如下：

地区编号	1	2	3	4	…	17
碘含量/单位	10.0	2.0	2.5	3.5	…	24.5
患病率/%	40.5	37.7	39.0	20.0	…	0.0

研究者欲通过碘含量来预测地方性甲状腺肿的患病率，应选用（　　）。

A. 相关分析　　　B. 回归分析　　　　C. 等级相关分析

D. x^2 检验　　　E. t 检验

5. 直线回归中 x 与 y 的标准差相等时，以下叙述（　　）正确。

A. $b = a$　　　　B. $b = r$　　　　C. $b = 1$

D. $r = 1$　　　　E. 以上都不正确

6. 某监测站同时用极谱法和碘量法测定了水中溶解氧的含量，结果如下。若拟用极谱法替代碘量法测定水中溶解氧的含量，应选用（　　）。

水样号	1	2	3	4	5	6	7	8	9	10
极谱法（微安值）	5.3	5.2	2.1	3.0	3.3	2.8	3.4	6.8	6.3	6.5
碘量法/（mg/L）	5.85	5.80	0.33	1.96	2.77	1.58	2.32	7.79	7.56	7.98

A. 相关分析　　　B. 回归分析　　　　C. 等级相关分析

D. χ^2 检验　　　E. t 检验

7. 对两个数值变量同时进行相关和回归分析，r 有统计学意义（$P < 0.05$），则（　　）。

A. b 无统计学意义　　　　　　　　B. b 有统计学意义

C. 不能肯定 b 有无统计学意义　　　D. 以上都不是

8. 某医师拟制作标准曲线，用光密度值来推测食品中亚硝酸盐的含量，应选用的统计方法是（　　）。

A. t 检验　　　　　B. 回归分析　　　　　C. 相关分析　　　　　D. χ^2 检验

9. 在直线回归分析中，回归系数 b 的绝对值越大，（　　）。

A. 所绘制散点越靠近回归线　　　　　　B. 所绘制散点越远离回归线

C. 回归线对 x 轴越平坦　　　　　　　D. 回归线对 x 轴越陡

二、简答题

1. 详述直线回归分析的用途和分析步骤。

2. 简述直线相关与直线回归的联系和区别。

3. 简述直线回归分析的含义，写出直线回归分析的一般表达式，试述该方程中各个符号的名称及意义。

4. 写出直线回归分析的应用条件并进行简要地解释。

三、计算题

1. 某研究人员测定了 12 名健康妇女的年龄 X（岁）和收缩压 Y（kPa），测量数据见下表：

12 名健康妇女年龄和收缩压的测量数据

X/岁	59	42	72	36	63	47	55	49	38	42	68	60
Y/kPa	19.60	16.67	21.28	15.73	19.86	17.07	19.93	19.33	15.33	18.67	20.19	20.59

$\sum X = 631$，$\sum X^2 = 34761$，$\sum Y = 224.25$，$\sum Y^2 = 4234.141$，$\sum XY = 12026.77$

（1）求 X 与 Y 之间的直线回归方程。

（2）用方差分析的方法检验 X 与 Y 之间的直线关系是否存在。

（3）估计总体回归系数 β 的 95% 可信区间。

2. 用 A、B 两种放射线分别局部照射家兔的某个部位，观察照射不同时间放射性急性皮肤损伤程度（见下表）。问由此而得的两样本回归系数相差是否显著？

家兔皮肤损伤程度（评分）

时间 X/min	皮肤损伤程度	
	A　Y_1	B　Y_2
3	1.0	2.3
6	2.5	5.0
9	3.6	7.6
12	10.0	15.2
15	15.3	18.0
18	25.0	27.6
21	32.3	40.2

3. 某学校为了调查学生学习各科目之间的能力迁移问题，特抽取了 15 名学生的历史和语文成绩（见下表），请计算其相关程度并进行假设检验。

15 名学生历史与语文成绩

学生编号	1	2	3	4	5	6	7	8	9	10	11	12	13	14	15
历史 X	88	95	83	93	76	78	85	84	90	81	80	73	79	72	95
语文 Y	78	85	83	90	75	80	83	85	85	82	75	80	86	75	90

4. 在高血压脑出血微创外科治疗预后因素的研究中，调查了 13 例的术前 GCS 值与预后，结果见下表，试作等级相关分析。

高血压脑出血微创外科治疗术前 GCS 值与预后评测

编号	1	2	3	4	5	6	7	8	9	10	11	12	13
术前 GCS 值	7.0	11.0	4.0	6.0	11.0	14.0	5.0	5.0	13.0	12.0	14.0	6.0	13.0
预后评测分值	6.0	7.0	2.5	5.4	8.3	9.0	3.9	4.6	8.6	7.9	9.2	5.6	8.7

第六章

典型相关分析

6

教学目的与要求

1. 掌握典型相关分析的理论与方法、模型的建立与显著性检验；
2. 掌握典型相关分析的软件解决实际问题的能力。

第一节 引 言

典型相关分析（canonial correlation analysis）是研究两组变量之间相关关系的一种统计分析方法，它能够反映两组变量之间相互线性依赖关系。这一方法是 Hoteling 于 1936 年提出的。

在一个研究设计中，如果仅仅研究两个变量之间的相关关系，可以用简单相关分析，用 Pearson 相关系数表示；如果研究一个变量与多个变量的相关关系，可以用复相关分析，方程的复相关系数可以表达方程的拟合效果，而偏相关系数用于描述某个自变量 X（固定其他因素）和因变量 Y 间的关系。但如果要研究两组变量的相关问题，这些统计方法就显得无能为力了。典型相关分析却能克服以上统计分析方法的种种不足，凸现出分析这类变量组之间关联程度的优越性。典型相关分析研究两组变量之间整体的线性相关关系，它是将每一组变量作为一个整体进行研究而不是分析每一组变量内部的情况。从理论上讲，典型相关分析借用了主成分分析（principal components analysis）降维的思想，分别对两组变量抽取主成分，并且使得两组变量所抽取的主成分之间的相关程度最大化，而同一组内抽取的各主成分之间互不相关。典型相关分析便利用从两组之间分别抽取的主成分之间的相关系数来描述两组变量整体的相关关系。

在实际问题中，经常遇到研究一部分变量与另一部分变量相关关系的问题。例如，在烟草工业中，往往有感官质量指标与化学成分及致香成分间相关关系；在食品工业中，考察原材料的 p 个质量指标与产品的 q 个质量指标之间的相关关系；在体育活动中，考察运动员的 p 个体力测试指标与 q 个运动能力测试指标之间的相关关系等。

研究两组变量 X_1, X_2, $\cdots$, X_p 和 Y_1, Y_2, $\cdots$, Y_q 之间的相关关系，一种方法是分别研究 X_i

$(i=1, 2, \cdots, p)$ 与 Y_j $(j=1, 2, \cdots, q)$ 之间的相关关系，然后列出相关系数表进行分析，当两组变量较多时，这种做法不仅烦琐，也不易抓住问题的实质；另一种方法是采用类似主成分分析的思想，在每一组变量中选择若干个有代表性的综合指标，通过研究两组综合指标之间的关系来反映两组变量之间的相关关系。例如对原材料的 p 个质量指标构造一线性函数 $U_i = a_{1i}X_1 + a_{2i}X_2 + \cdots + a_{pi}X_p$，对产品的 q 个质量指标构造一线性函数 $V_i = b_{1i}Y_1 + b_{2i}Y_2 + \cdots + b_{qi}Y_q$，希望 U_i 和 V_i 之间的相关达到最大，这种相关就是典型相关，基于这种原则的分析就是典型相关分析。

典型相关分析的基本思想可归纳如下：首先在第一组变量中找出变量的第一个线性组合，在第二组变量中找出变量的第一个线性组合，称为第一对线性组合，第一对线性组合具有最大的相关性；然后在每组变量中找出第二对线性组合，使其与第一对线性组合不相关，而第二对线性组合本身具有最大的相关性，且第二对线性组合的相关性小于第一对线性组合的相关性；继续寻找第三对线性组合，使其与第一对、第二对线性组合不相关，而第三对线性组合本身具有最大的相关性，如此继续下去，直到两组之间的相关性被提取完毕为止。这样讨论两组变量之间的相关就转化为研究这些线性组合的最大相关，从而减少研究变量的个数。

典型相关分析在研究两组变量之间线性相关关系时，将每一组变量作为一个整体进行分析。它采用类似于主成分分析的方法，在每一组变量中都选择若干个有代表性的综合指标，这些综合指标是原始变量的线性组合，代表了原始变量的大部分信息，且两组综合指标的相关程度最大。新产生的综合指标称为典型相关变量，这时，通过研究典型相关变量之间的关系来反映两组变量之间的相关关系。典型相关分析在某些性质上与主成分分析类似，但又不完全相同：主成分分析考虑的是一组变量内部各个变量之间的相关关系，而典型相关分析着重于两组变量间的关系，所以有学者称其为一种"双管的主成分分析"。

典型相关分析中，关键的问题是：如何从典型相关分析的原理出发，提取典型相关变量，并通过典型变量之间的相关性来反映变量组之间的相关性。接下来将从典型相关分析的基本理论及方法、基本步骤、SPSS 应用方面分别介绍。

第二节　典型相关分析的基本理论与方法

一、　典型相关分析的原理

设有两个相互关联的随机变量组 $X = (x_1, x_2, \cdots, x_p)'$ 和 $Y = (y_1, y_2, \cdots, y_q)'$，不妨设 $p \leqslant q$。X 和 Y 的协方差阵为

$$\sum = COV\begin{bmatrix} X \\ Y \end{bmatrix} = \begin{bmatrix} \sum_{11} & \sum_{12} \\ \sum_{21} & \sum_{22} \end{bmatrix} \tag{6-1}$$

式中，$\sum_{11} = COV(X)$ 为 $p \times p$ 阶方阵；$\sum_{22} = COV(Y)$ 为 $q \times q$ 阶方阵；$\sum_{12} = COV(X, Y)$ 为 $p \times q$ 阶矩阵。当 $\sum$ 是正定阵时，$\sum_{11}$ 和 $\sum_{22}$ 也是正定的。

利用主成分的思想，可以把多个变量与多个变量之间的相关性转化为两个变量之间的相关

性。考虑两组变量的线性组合

$$U = a'X = a_1 x_1 + a_2 x_2 + \cdots + a_p x_p$$
$$V = b'Y = b_1 y_1 + b_2 y_2 + \cdots + b_q y_q \qquad (6-2)$$

其中，$a = (a_1, a_2, \cdots, a_p)'$ 和 $b = (b_1, b_2, \cdots, b_q)'$ 是任意的非零常系数向量。则

$$var(U) = a'var(X)a = a' \sum\nolimits_{11} a$$
$$var(V) = b'var(Y)b = b' \sum\nolimits_{22} b$$
$$var(U,V) = a'var(X,Y)b = a' \sum\nolimits_{12} b \qquad (6-3)$$

于是，U 和 V 的相关系数为

$$corr(U,V) = \frac{a' \sum_{12} b}{\sqrt{a' \sum_{11} a} \sqrt{b' \sum_{22} b}} \qquad (6-4)$$

典型相关分析研究的问题是如何选取 U 和 V 的最优线性组合，即如何选取系数向量 a 和 b，使得在 X、Y 和 $\sum$ 给定的条件下，$corr (X, Y)$ 达到最大。由于随机变量 U 和 V 乘以任意常数并不改变它们之间的相关系数，所以为了防止不必要的结果重复出现，对系数向量 a 和 b 加以限制

$$var(U) = a' \sum\nolimits_{11} a = 1, var(V) = b' \sum\nolimits_{22} b = 1 \qquad (6-5)$$

线性组合 (u_j, v_j) $(j = 1, 2, \cdots, p)$ 称为第 j 对典型变量（canonical variable），其中

$$U_j = a_j' X = a_{j1} x_1 + a_{j2} x_2 + \cdots + a_{jp} x_p$$
$$V_j = b_j' Y = b_{j1} y_1 + b_{j2} y_2 + \cdots + b_{jq} y_q$$

如果系数向量满足下列条件

（1）正则化条件：$a_j' \sum_{11} a_j = 1, b_j' \sum_{22} b_j = 1$；

（2）正交化条件：对于任意的 $i = 1, 2, \cdots, j-1$

$$COV(U_j, U_i) = a_j' \sum\nolimits_{11} a_i = 0, COV(U_j, V_i) = a_j' \sum\nolimits_{12} b_i = 0,$$
$$COV(U_i, V_j) = a_i' \sum\nolimits_{12} b_j = 0, COV(V_i, V_j) = b_i' \sum\nolimits_{22} b_j = 0,$$

（3）$corr(U_j, V_j) = a_j' \sum_{12} b_j$ 达到最大；

（4）相关系数的绝对值依次递减，即 $[corr(U_1, V_1)] \geqslant [corr(U_2, V_2)] \geqslant \cdots \geqslant [corr(U_p, V_p)]$。

并称第 j 对典型变量的相关系数 $corr(U_j, V_j)$ 为典型相关系数（canonical correlation coefficient），a_j 和 b_j 称为典型系数或典型权重（canonical coefficient or weight）。

我们可以求出第一对典型相关变量，然后类似地求第二对、第三对，…，第 p 对典型相关变量，并使得各对典型相关变量彼此不相关。这些典型相关变量反映了变量组 x 和 y 之间的相关性。但典型相关系数的绝对值是否显著大于零，还需要进行显著性检验。如果典型相关系数的绝对值大于零，对应的典型相关变量就具有代表性，否则，对应的典型相关变量就不具有代表性，那么不具有代表性的典型相关变量就可以忽略。因而，我们可以通过对少数典型相关变量的研究，代替原来两组变量之间相关关系的研究，这样容易抓住问题的本质，同时又简化问题。

二、　总体典型相关

经过前面的分析，求典型相关变量，可以转化为在式（6-5）的约束条件下，求系数向量 a 和 b，使得

$$corr(U,V) = a'\sum_{12}b \tag{6-6}$$

达到最大。根据数学分析中条件极值的求法——拉格朗日乘数法，这一问题等价于求向量 a 和 b，使得函数

$$L(a,b) = a'\sum_{12}b - \frac{\lambda}{2}(a'\sum_{11}a - 1) - \frac{\mu}{2}(b'\sum_{22}b - 1) \tag{6-7}$$

达到最大。

式中　λ、μ——拉格朗日乘数因子。

将 L 分别对 a 和 b 求偏导并令其为零，得方程组

$$\begin{cases} \dfrac{\partial L}{\partial a} = \sum_{12}b - \lambda\sum_{11}a = 0 \\ \dfrac{\partial L}{\partial b} = \sum_{21}a - \mu\sum_{22}b = 0 \end{cases} \tag{6-8}$$

用 a' 和 b' 分别左乘上边两式，得

$$a'\sum_{12}b = \lambda a'\sum_{11}a = \lambda$$

$$b'\sum_{21}a = \mu b'\sum_{22}b = \mu$$

又因为

$$\left(a'\sum_{12}b\right)' = b'\sum_{21}a$$

所以 $\mu = b'\sum_{21}a = \left(a'\sum_{12}b\right)' = \lambda$

上式说明 λ 和 μ 恰好都是线性组合 U 和 V 之间的相关系数。于是式（6-8）可以写成

$$\begin{cases} \sum_{12}b - \lambda\sum_{11}a = 0 \\ \sum_{21}a - \lambda\sum_{22}b = 0 \end{cases} \tag{6-9}$$

或者可以写为

$$\begin{bmatrix} -\lambda\sum_{11} & \sum_{12} \\ \sum_{21} & -\lambda\sum_{22} \end{bmatrix}\begin{bmatrix} a \\ b \end{bmatrix} = 0 \tag{6-10}$$

上式有非零解的充要条件是

$$\begin{vmatrix} -\lambda\sum_{11} & \sum_{12} \\ \sum_{21} & -\lambda\sum_{22} \end{vmatrix} = 0 \tag{6-11}$$

式（6-11）左端为关于 λ 的 $p+q$ 次多项式，所以式（6-11）有 $p+q$ 个根。

为具体求解，以 $\sum_{12}\sum_{22}^{-1}$ 乘以式（6-9）中的第二式，并将第一式代入，得

$$\left(\sum_{12}\sum_{22}^{-1}\sum_{21} - \lambda^2\sum_{11}\right)a = 0$$

以 $\sum_{11}^{-1}$ 左乘上式，得

$$\left(\sum\nolimits_{11}^{-1}\sum\nolimits_{12}\sum\nolimits_{22}^{-1}\sum\nolimits_{21}-\lambda^2 I_p\right)a = 0 \tag{6-12}$$

同理，以 $\sum\nolimits_{21}\sum\nolimits_{11}^{-1}$ 乘以式（6-9）中的第一式，并将第二式代入，得

$$\left(\sum\nolimits_{21}\sum\nolimits_{11}^{-1}\sum\nolimits_{12}-\lambda^2\sum\nolimits_{22}\right)b = 0$$

以 $\sum\nolimits_{22}^{-1}$ 左乘上式，得

$$\left(\sum\nolimits_{22}^{-1}\sum\nolimits_{21}\sum\nolimits_{11}^{-1}\sum\nolimits_{12}-\lambda^2 I_q\right)b = 0 \tag{6-13}$$

从式（6-12）和式（6-13）可以看出，λ^2 是 $\sum\nolimits_{11}^{-1}\sum\nolimits_{12}\sum\nolimits_{22}^{-1}\sum\nolimits_{21}$ 的特征根，有 p 个解，对应的特征向量 a 也有 p 个解；λ^2 是 $\sum\nolimits_{22}^{-1}\sum\nolimits_{21}\sum\nolimits_{11}^{-1}\sum\nolimits_{12}$ 的特征根，有 q 个解，对应的特征向量 b 也有 q 个解。

式（6-12）式（6-13）有非零解的充要条件为

$$\left|\sum\nolimits_{11}^{-1}\sum\nolimits_{12}\sum\nolimits_{22}^{-1}\sum\nolimits_{21}-\lambda^2 I_p\right| = 0 \tag{6-14}$$

$$\left|\sum\nolimits_{22}^{-1}\sum\nolimits_{21}\sum\nolimits_{11}^{-1}\sum\nolimits_{12}-\lambda^2 I_q\right| = 0 \tag{6-15}$$

对于式（6-14），$\sum\nolimits_{11}>0$，$\sum\nolimits_{22}>0$，故 $\sum\nolimits_{11}^{-1}>0$，$\sum\nolimits_{22}^{-1}>0$，所以

$$\sum\nolimits_{11}^{-1}\sum\nolimits_{12}\sum\nolimits_{22}^{-1}\sum\nolimits_{21} = \sum\nolimits_{11}^{-1/2}\sum\nolimits_{11}^{-1/2}\sum\nolimits_{12}\sum\nolimits_{22}^{-1/2}\sum\nolimits_{22}^{-1/2}\sum\nolimits_{21} \tag{6-16}$$

而 $\sum\nolimits_{11}^{-1/2}\sum\nolimits_{11}^{-1/2}\sum\nolimits_{12}\sum\nolimits_{22}^{-1/2}\sum\nolimits_{22}^{-1/2}\sum\nolimits_{21}$ 与 $\sum\nolimits_{11}^{-1/2}\sum\nolimits_{12}\sum\nolimits_{22}^{-1/2}\sum\nolimits_{22}^{-1/2}\sum\nolimits_{21}\sum\nolimits_{11}^{-1/2}$ 有相同的非零特征根。

记 $T = \sum\nolimits_{11}^{-1/2}\sum\nolimits_{12}\sum\nolimits_{22}^{-1/2}$，则

$$\sum\nolimits_{11}^{-1/2}\sum\nolimits_{12}\sum\nolimits_{22}^{-1/2}\sum\nolimits_{22}^{-1/2}\sum\nolimits_{21}\sum\nolimits_{11}^{-1/2} = TT' \tag{6-17}$$

这样，$\sum\nolimits_{11}^{-1}\sum\nolimits_{12}\sum\nolimits_{22}^{-1}\sum\nolimits_{21}$ 与 TT' 有相同的非零特征根。

类似地，对于式（6-15），有

$$\sum\nolimits_{22}^{-1}\sum\nolimits_{21}\sum\nolimits_{11}^{-1}\sum\nolimits_{12} = \sum\nolimits_{22}^{-1/2}\sum\nolimits_{22}^{-1/2}\sum\nolimits_{21}\sum\nolimits_{11}^{-1/2}\sum\nolimits_{11}^{-1/2}\sum\nolimits_{12}$$

$$\sum\nolimits_{22}^{-1/2}\sum\nolimits_{21}\sum\nolimits_{11}^{-1/2}\sum\nolimits_{11}^{-1/2}\sum\nolimits_{12}\sum\nolimits_{22}^{-1/2} = T'T$$

$\sum\nolimits_{22}^{-1}\sum\nolimits_{21}\sum\nolimits_{11}^{-1}\sum\nolimits_{12}$ 与 $T'T$ 有相同的非零特征根。而 TT' 与 $T'T$ 有相同的非零特征根，所以 $\sum\nolimits_{11}^{-1}\sum\nolimits_{12}\sum\nolimits_{22}^{-1}\sum\nolimits_{21}$ 与 $\sum\nolimits_{22}^{-1}\sum\nolimits_{21}\sum\nolimits_{11}^{-1}\sum\nolimits_{12}$ 的非零特征根是相同的，即式（6-12）和式（6-13）关于 λ^2 的零解是相同的。

根据线性代数的相关知识，可以证明上述的 TT' 与 $T'T$ 的特征根还具有以下性质：

（1）两矩阵具有相同非零特征根，且相等的非零特征根的数目等于 p；

（2）两矩阵的特征根非负；

（3）两矩阵的全部特征根介于 0 和 1 之间。

不妨设 TT' 的 p 个特征根依次为 $\lambda_1^2 \geq \lambda_2^2 \geq \cdots \geq \lambda_p^2 > 0$，则 $T'T$ 的 q 个特征根中，除了上面的 p 个之外，其余 $q-p$ 个全为零。

在前面的推导中，已经说明 λ 为典型变量 U 和 V 之间的相关系数，又由于在典型相关变量的定义中要求典型相关系数达到最大，故只考虑正的相关系数。所以，取最大特征根 λ_1^2 的平方根

λ_1 作为第一典型相关系数。若 λ_1^2 对应的两个特征向量记为 a_1 和 b_1，则第一对典型相关变量为

$$U_1 = a_1' X, V_1 = b_1' Y$$

它们在所有线性组合 U 和 V 中具有最大的相关系数 λ_1。

更一般地，X 和 Y 的第 j 个典型相关系数即是式（6-11）的第 j 个最大根 λ_j，第 j 对典型相关变量即为 $U_j = a_j' X$ 和 $V_j = b_j' Y$，而 a_j' 与 b_j' 为式（6-10）当 $\lambda = \lambda_j$ 时所求的解，也可以理解为 a_j' 与 b_j'，分别是 $\sum_{11}^{-1} \sum_{12} \sum_{22}^{-1} \sum_{21}$ 与 $\sum_{22}^{-1} \sum_{21} \sum_{11}^{-1} \sum_{12}$ 的特征根 λ_j 对应的特征向量。事实上，按照前述方法得到的 U_j 和 V_j 也满足典型变量定义中的正交化条件，这里我们不予以证明。

经过典型相关分析后，每个典型变量只会与另一组对应的典型变量相关，与其他典型变量都不相关。也就是说，原来所有交量的总变异通过典型变量而成为几个相互独立的维度。严格地说，一个典型相关系数是一对典型变量间的简单相关系数，它描述的只是一对典型变量之间的相关性，而不是两组变量之间的相关性。而各对典型变量间构成的多维度典型相关，才能共同代表两组变量间的整体相关。

三、 样本典型相关

当总体的均值向量 μ 及总体协方差阵 $\sum$ 未知时，需要从总体抽取一个样本，根据该样本估计出总体的协差阵，进而求出样本典型相关系数和典型相关变量。

设 (x_i, y_i) $(i = 1, 2, \cdots, n)$ 为来自总体 (X, Y) 的一个样本，其中 $x_i = (x_{i1}, x_{i2}, \cdots, x_{ip})'$，$y_i = (y_{i1}, y_{i2}, \cdots, y_{iq})'$。对应的样本数据可以表示成

$$\begin{bmatrix} x_{11} & x_{12} & \cdots & x_{1p} & y_{11} & y_{12} & \cdots & y_{1q} \\ x_{21} & x_{22} & \cdots & x_{2p} & y_{21} & y_{22} & \cdots & y_{2q} \\ \vdots & \vdots & \vdots & \vdots & \vdots & \vdots & \vdots & \vdots \\ x_{n1} & x_{n2} & \cdots & x_{np} & y_{n1} & y_{n2} & \cdots & y_{nq} \end{bmatrix}$$

则总体协方差阵 $\sum$ 的极大似然估计为

$$\widehat{\sum} = \begin{bmatrix} \widehat{\sum}_{11} & \widehat{\sum}_{12} \\ \widehat{\sum}_{21} & \widehat{\sum}_{22} \end{bmatrix} = A = \frac{1}{n} \begin{bmatrix} A_{11} & A_{12} \\ A_{21} & A_{22} \end{bmatrix} \tag{6-18}$$

其中

$$A_{11} = \sum_{i=1}^{n} (x_i - \bar{x})(x_i - \bar{x})'$$

$$A_{22} = \sum_{i=1}^{n} (y_i - \bar{y})(y_i - \bar{y})'$$

$$A_{12} = \sum_{i=1}^{n} (x_i - \bar{x})(y_i - \bar{y})' = A_{21}',$$

式中，

$$\bar{x} = \frac{1}{n} \sum_{i=1}^{n} x_i$$

$$\bar{y} = \frac{1}{n} \sum_{i=1}^{n} y_i$$

以 $\widehat{\sum}$ 代替 $\sum$，按照总体典型相关系数和典型相关变量求解的方法即可求出样本典型相

关系数及典型相关变量。也就是用 $\hat{\sum}_{11}^{-1}\hat{\sum}_{12}\hat{\sum}_{22}^{-1}\hat{\sum}_{21}$ 代替 $\sum_{11}^{-1}\sum_{12}\sum_{22}^{-1}\sum_{21}$，用 $\hat{\sum}_{22}^{-1}$ $\hat{\sum}_{21}\hat{\sum}_{11}^{-1}\hat{\sum}_{12}$ 代替 $\sum_{22}^{-1}\sum_{21}\sum_{11}^{-1}\sum_{12}$，求出非零特征根 $\hat{\lambda}_1^2 \geq \hat{\lambda}_2^2 \geq \cdots \geq \hat{\lambda}_p^2$ 及相应的特征向量 $\hat{a_1},\hat{a_2},\cdots,\hat{a_p}$ 和 $\hat{b_1},\hat{b_2},\cdots,\hat{b_p}$。$\hat{\lambda}_1 \geq \hat{\lambda}_2 \geq \cdots \geq \hat{\lambda}_p$ 为样本典型相关系数，$(\hat{U_j},\hat{V_j}) = (\hat{a'_j}X,\hat{b'_j}Y)$ 为第 j $(j=1,2,\cdots,p)$ 对样本典型相关变量。

事实上，数理统计可以证明 $\hat{\lambda}_1^2,\hat{\lambda}_2^2,\cdots,\hat{\lambda}_p^2$ 是 $\lambda_1^2,\lambda_2^2,\cdots,\lambda_p^2$ 的极大拟然估计，$\hat{a_1},\hat{a_2},\cdots,\hat{a_p}$ 是 $a_1,a_2,\cdots,a_p$ 的极大拟然估计，$\hat{b_1},\hat{b_2},\cdots,\hat{b_p}$ 是 $b_1,b_2,\cdots,b_p$ 的极大拟然估计。

如果将样本 $(x_i,y_i)(i=1,2,\cdots,n)$ 代入典型变量 $(\hat{U_j},\hat{V_j})$ 中，求得的值称为第 j 对典型变量的得分，如同因子得分。利用典型变量的得分可以绘出样本的典型变量的散点图，类似因子分析对样品进行分类，也可以对得分进行统计分析。

另外，在计算过程中，如果对原始数据进行了标准化变换，也可以从样本的相关阵出发求样本的典型相关系数和典型相关变量。将样本相关阵 R 写成下述形式

$$R = \begin{bmatrix} R_{11} & R_{12} \\ R_{21} & R_{22} \end{bmatrix}$$

其中，R_{11} 为变量组 X 的样本相关系数阵，R_{22} 为变量组 Y 的样本相关系数阵，R_{12} 为变量组 X 和 Y 的样本协方差阵。这样，求典型相关系数和典型相关变量的问题转化为只求 $R_{11}^{-1}R_{12}R_{22}^{-1}R_{21}$ 和 $R_{22}^{-1}R_{21}R_{11}^{-1}R_{12}$ 的非零特征根和特征向量。

四、 典型相关系数的显著性检验

在对两组变量 X 和 Y 进行典型相关分析前，首先应检验两组变量是否相关。若两者不相关，即 $COV(X,Y) = 0$，则协方差阵 $\sum_{12}$ 仅包含零，因而典型相关系数 $\lambda_i = a'_i \sum_{12} b_i$ 都变为零。这种情况下典型相关分析就没有任何实际意义。可以看出，两组变量相关性的检验实际上转化为典型相关系数的显著性检验。采用的方法是 Bartlett（巴特莱特）提出的 χ^2 大样本的检验。这种方法要求 X 和 Y 是来自正态分布的随机向量。

典型相关系数的检验是从最大的典型相关系数开始，依次进行检验。先求出矩阵 $\hat{\sum}_{22}^{-1}$ $\hat{\sum}_{21}\hat{\sum}_{11}^{-1}\hat{\sum}_{12}$ 的 p 个特征根，并按大小顺序排列：$\hat{\lambda}_1^2 \geq \hat{\lambda}_2^2 \geq \cdots \geq \hat{\lambda}_p^2$。

对于第一个典型相关系数的检验，假设形式为

$$H_0:\lambda_1 = 0, H_1:\lambda_1 \neq 0$$

作乘积

$$\wedge_1 = (1-\hat{\lambda}_1^2)(1-\hat{\lambda}_2^2)\cdots(1-\hat{\lambda}_p^2) = \prod_{i=1}^{p}(1-\hat{\lambda}_i^2)$$

对于比较大的样本容量 n，统计量

$$Q_1 = -\left[n-1-\frac{1}{2}(p+q+1)\right]\ln \wedge_1$$

在 H_0 为真时，近似服从 $\chi^2(pq)$。给定检验的显著性水平 α，若 $Q_1 > \chi_{1-\alpha}^2(pq)$，则拒绝原假设 H_0，认为至少第一对典型相关变量显著相关，或者典型相关系数 λ_1 在显著性水平 α 下是

显著的。

接下来，将 λ_1 剔除后，检验其余的典型相关系数的显著性。再作乘积

$$\Lambda_2 = (1 - \widehat{\lambda}_2^2)(1 - \widehat{\lambda}_3^2)\cdots(1 - \widehat{\lambda}_p^2) = \prod_{i=2}^{p}(1 - \widehat{\lambda}_i^2)$$

检验统计量

$$Q_2 = -\left[n - 2 - \frac{1}{2}(p + q + 1)\right]\ln \Lambda_2$$

在 H_0 为真时，Q_2 近似服从 $\chi^2[(p-1)(q-1)]$。给定检验的显著性水平 α，若 $Q_2 > \chi_{1-\alpha}^2(p-1)(q-1)$，则拒绝原假设 H_0，认为典型相关系数 λ_2 在显著性水平 α 下是显著的。

如此进行下去，直至第 k 个典型相关系数 λ_k 不显著，即第 k 个典型变量不相关时停止。一般地，若前 $j-1$ 个典型相关系数在显著性水平 α 下是显著的，则当检验第 j 个典型相关系数的显著性时，检验统计量为

$$Q_j = -\left[n - j - \frac{1}{2}(p + q + 1)\right]\ln \Lambda_j \tag{6-19}$$

其中，

$$\Lambda_j = (1 - \widehat{\lambda}_j^2)(1 - \widehat{\lambda}_{j+1}^2)\cdots(1 - \widehat{\lambda}_p^2) = \prod_{i=j}^{p}(1 - \widehat{\lambda}_i^2) \tag{6-20}$$

统计量 Q_j 在 H_0 为真时，Q_j 近似服从 $\chi^2[(p-j+1)(q-j+1)]$。

由于典型相关系数值是依序递减的，所以在进行统计检验之后，往往只有第一个和第二个典型相关系数在给定显著性水平 α 是显著的。即第一对和第二对典型变量是显著的，而排序在后的典型变量无法达到显著性水平而被排除。其实，排除不显著的典型变量对于典型相关程度并没有太大的损失。根据典型变量的特点，排序在前的典型变量代表着可解释两组变量间相关的绝大部分，而排序较后被排除的典型相关往往很小。所以，总体而言，没有统计意义的那些典型变量可以忽略不计。

五、　典型相关分析的其他测量指标

设典型相关变量为 U 和 V，记标准化的原始变量与典型相关变量之间的相关系数为 G_u 与 G_v，则有

$$G_u = COV(X, U) = (X, a'X) = E(XU') = E(XX'a) = \sum{}_{11}a \tag{6-21}$$

类似地，有

$$G_v = COV(Y, V) = COV(Y, b'Y) = \sum{}_{22}b \tag{6-22}$$

上式中的两相关系数也称为典型载荷（canonical loading）或结构相关系数（structure correlation），是衡量原始变量与典型变量的相关性的尺度。当典型载荷的绝对值越大，表示共同性越大，对典型变量解释时，其重要性也越高。

对应地，某典型变量与另外一组原始变量之间的相关系数，又称为交叉载荷（cross loading），可表示为

$$COV(X, V) = COV(X, b'Y) = \sum{}_{12}b$$

$$COV(Y, U) = COV(Y, a'X) = \sum{}_{21}a \tag{6-23}$$

我们已清楚，典型相关系数是描述典型变量之间的相关程度，而典型载荷和交叉载荷是描述典型变量与每个原始变量之间的相关关系的，但有时需要将每组原始变量作为一个整体，考

察典型变量与变量组之间的相关程度，从而分析这些典型变量对两组变量的解释能力，以正确评价典型相关的意义。此时，需要进行冗余分析。

典型相关分析中，常把典型变量对原始变量总方差解释比例的分析以及典型变量对另外一组原始变量总方差交叉解释比例的分析统称为冗余分析（redundancy analysis）。"冗余"的概念在典型相关分析中非常重要。从字面意思理解，是冗长、多余、重复、过剩的意思。在统计上，冗余主要是就方差而言的。如果一个变量中的部分方差可以由另外一个变量的方差来解释或预测，就说这个方差部分与另一变量方差相冗余，相当于说变量的这个方差部分可以由另外一个变量的一部分方差所解释或预测。冗余实际上是一种重叠方差，其本质是典型变量间的共享方差百分比，将典型相关系数取平方就得到这一共享方差百分比。

典型相关分析中的冗余分析就是对分组原始变量总变化的方差进行分析，是通过冗余指数来进行分析的。

冗余指数（redundancy index）是一组原始变量与典型变量共享方差的比例。它不是本组典型变量对本组原始变量总方差的代表比例，而是一组中的典型变量对另一组原始变量总方差的解释比例，是一种组间交叉共享比例，描述的是典型变量与另一组变量之间的关系。冗余指数在研究模型中有因果假设时格外重要，因为它能反映自变量组各典型变量对于因变量组的所有原始变量的一种平均解释能力。它相当于在自变量组中各典型变量与因变量组的每一个因变量间计算多元回归中的复相关系数的平方，然后将这些平方平均得到一个平均的 R^2。它类似于多元回归分析中的复相关系数 R^2，因为它代表了自变量解释因变量的能力。但多元回归分析中只考虑一个因变量，而冗余系数考虑的是因变量的组合。

冗余指数的计算公式可以表示为

$$R_{dU}^{j} = \frac{G'_U \, G_U \, \lambda_j^2}{p} \tag{6-24}$$

$$R_{dV}^{j} = \frac{G'_V \, G_V \, \lambda_j^2}{q} \tag{6-25}$$

式（6-24）可理解为：典型变量 V_j 可以解释变量组 X 总方差的比例。而 $G'_U \, G_U/p$ 是变量组 X 被典型变量 U_j 解释的方差比例，p 是 X 的总方差，λ_j^2 是第 j 对典型变量 U_j 和 V_j 的共享方差比例。对于式（6-25）的含义，读者可以自己解释。

第三节 典型相关分析的步骤及实例

一、 典型相关分析的步骤

1. 选取变量，设计典型相关分析

变量的选择要依据相关的专业理论来进行，还需注意典型相关分析要求变量为数值型变量。而样本容量至少保持为变量个数的 10 倍，才能保证较好的分析效果。还有，典型相关分析是对线性相关关系的分析，若变量间不是线性关系，则典型相关分析是不适用的。典型相关分析是对两组变量整体相关关系的分析，两组变量地位对等，至于哪一组变量为自变量，哪一组为因变量不作要求，但研究者可以根据实际试题确定自变量组和因变量组。

2. 建立模型

进行相关分析设计后，采集数据得到进行分析的一个样本，对其进行标准化处理，并计算相关系数矩阵，然后利用上一节介绍的方法求出典型相关系数和典型相关变量。从变量组中提取的典型变量个数等于较少数据组中的变量个数。例如，若一个研究问题包括 2 个变量组，一个变量组 3 个变量，另一个变量组包括 2 个变量，则可提取的典型变量有 2 个。

典型相关变量的实际重要程度体现在典型相关系数的大小上，典型相关系数越大，说明该典型相关系数对应的典型相关变量就越重要，越能体现原有两组变量间的相关关系。所以，在求出典型相关系数后，需要对其进行显著性检验。一般地，只有一两个典型相关系数通过显著性检验。

3. 解释结果

建立典型相关分析模型后，需要对模型的结果进行解释，可以用标准化典型系数、典型载荷、典型交叉载荷及冗余指数来进行说明。

对原始数据进行标准化变换后得到的典型系数称为标准化典型系数，类似于标准化回归系数，有利于比较各原始变量对典型变量相对作用程度。一般来说，标准化系数越大，说明原始变量对它的典型相关变量的贡献越大。典型载荷是原始变量与典型相关变量之间的线性相关系数，反映了每个原始变量对典型相关变量的相对贡献，通过典型载荷可以揭示典型相关变量的实际含义。计算典型交叉载荷是使本组中的每个原始变量与另一组典型变量直接相关，可帮助我们了解测量两变量组之间的关系。而冗余指数可以测量一组原始变量与另一组的典型变量之间的关系。

4. 验证模型

与许多其他多元统计方法一样，典型相关分析模型的结果也应该验证，以保证结果不是只适合于样本，而是适合于总体。这里可以用类似于判别分析的方法。通常可在原样本数据基础上构造两个子样本，在每个子样本上进行分析，以比较典型相关变量、典型负荷等的相似性。若不存在显著差别，说明分析结果是稳定可靠的，若存在显著差别，则应进一步分析，探求其原因。另一种方法是测量结果对于删除某个变量的灵敏度，保证典型系数和典型载荷的稳定性。

二、 典型相关分析的实例

（一） 典型相关采用矩阵分析计算步骤

[例6-1] 康复俱乐部对 20 名中年人测量了三个生理指标（表6-1）：体重（x_1），腰围（x_2），脉搏（x_3）；三个训练指标：引体向上次数（y_1），起坐次数（y_2），跳跃次数（y_3）。请分析生理指标与训练指标的相关性。

表6-1 20 名中年人的生理指标

序号	x_1	x_2	x_3	y_1	y_2	y_3
1	101	36	50	5	162	60
2	189	37	52	2	110	60
3	193	38	53	12	101	101

续表

序号	x_1	x_2	x_3	y_1	y_2	y_3
4	162	35	62	12	105	37
5	189	35	46	13	155	58
6	182	36	56	4	101	42
7	211	38	56	8	101	38
8	167	34	60	6	125	40
9	176	31	74	15	200	40
10	154	33	56	17	251	250
11	169	34	50	17	120	38
12	166	33	52	13	210	115
13	154	34	64	14	215	205
14	147	46	50	1	50	50
15	193	36	46	6	70	31
16	202	37	62	12	210	120
17	176	37	54	4	60	25
18	157	32	52	11	230	80
19	156	33	54	15	225	73
20	138	33	68	2	110	43

解：（1）计算样本相关系数矩阵　结果见表 6-2。

表 6-2　　　　　　　　　　　　　样本相关系数矩阵

变量	X_1	X_2	X_3	Y_1	Y_2	Y_3
X_1	1	0.870	-0.366	-0.390	-0.493	-0.226
X_2	0.870	1	-0.353	-0.552	-0.646	-0.191
X_3	-0.366	-0.353	1	0.151	0.225	0.035
Y_1	-0.390	-0.552	0.151	1	0.696	0.496
Y_2	-0.493	-0.646	0.225	0.696	1	0.669
Y_3	-0.226	-0.191	0.035	0.496	0.669	1

（2）求典型相关系数和典型变量　$R_{11}^{-1}R_{12}R_{22}^{-1}R_{21}$ 的特征根 $\hat{\lambda}_i^2$ 分别为 0.6330，0.0402，0.0053，所以，典型相关系数 $\hat{\lambda}_1 = 0.797$，$\hat{\lambda}_2 = 0.201$，$\hat{\lambda}_3 = 0.073$。相应的典型变量系数为

$$\hat{a}_1 = \begin{bmatrix} -0.031 \\ 0.493 \\ -0.008 \end{bmatrix}, \hat{a}_2 = \begin{bmatrix} -0.076 \\ 0.369 \\ -0.032 \end{bmatrix}, \hat{a}_3 = \begin{bmatrix} -0.077 \\ 0.158 \\ 0.146 \end{bmatrix}$$

$$\widehat{b_1} = \begin{bmatrix} -0.066 \\ -0.017 \\ 0.014 \end{bmatrix}, \widehat{b_2} = \begin{bmatrix} -0.071 \\ 0.002 \\ 0.021 \end{bmatrix}, \widehat{b_3} = \begin{bmatrix} -0.245 \\ 0.020 \\ -0.008 \end{bmatrix}$$

由于 6 个变量没有用相同的单位测量，因此需要求出标准化后的典型变量系数，标准化典型变量系数为

$$\widehat{a_1^*} = \begin{bmatrix} -0.775 \\ 1.579 \\ -0.059 \end{bmatrix}, \widehat{a_2^*} = \begin{bmatrix} -1.884 \\ 1.181 \\ -0.231 \end{bmatrix}, \widehat{a_3^*} = \begin{bmatrix} -0.191 \\ 0.506 \\ 1.051 \end{bmatrix}$$

$$\widehat{b_1^*} = \begin{bmatrix} -0.350 \\ -1.054 \\ 0.716 \end{bmatrix}, \widehat{b_2^*} = \begin{bmatrix} -0.376 \\ 0.124 \\ 1.062 \end{bmatrix}, \widehat{b_3^*} = \begin{bmatrix} -1.297 \\ 1.237 \\ -0.419 \end{bmatrix}$$

因此，第一对典型相关变量为：

$$U_1^* = -0.775 X_1^* + 1.579 X_2^* - 0.059 X_3^*$$
$$V_1^* = -0.350 Y_1^* - 1.054 Y_2^* + 0.716 Y_3^*$$

同理可以写出第二对和第三对典型变量。

（3）对典型相关系数进行显著性检验 检验 $\widehat{\lambda_1}$

$$\wedge_1 = (1 - \widehat{\lambda_1^2})(1 - \widehat{\lambda_2^2})(1 - \widehat{\lambda_3^2}) = (1 - 0.6330)(1 - 0.0402)(1 - 0.0053) = 0.3504$$

$$Q_1 = -\left[n - 1 - \frac{1}{2}(p + q + 1) \right] \ln \wedge_1 = -\left[20 - 1 - \frac{1}{2}(3 + 3 + 1) \right] \ln 0.3504 = 16.255$$

查 χ^2 分布表，得 $\chi^2_{0.10(9)} = 14.684 < Q_1$，$\chi^2_{0.05(9)} = 16.919 > Q_1$，因此在 0.10 的显著性水平下认为 $\widehat{\lambda_1}$ 是显著的。

检验 $\widehat{\lambda_2}$，计算

$$\wedge_2 = (1 - 0.0402)(1 - 0.0053) = 0.9547$$

$$Q_2 = -\left[n - 2 - \frac{1}{2}(p + q + 1) \right] \ln \wedge_2 = -\left[20 - 2 - \frac{1}{2}(3 + 3 + 1) \right] \ln 0.9547 = 0.672$$

查 χ^2 分布表，得 $\chi^2_{0.10(4)} = 7.79 > Q_2$，$\chi^2_{0.05(4)} = 9.488 > Q_2$，因此 $\widehat{\lambda_2}$ 是不显著的。

既然在 0.10 的显著性水平下，$\widehat{\lambda_2}$ 就已经不显著了，就没有必要对 $\widehat{\lambda_3}$ 进行检验，检验到此结束。

（4）结果分析 在生理测试的第一个变量中，X_1 和 X_2 较 X_3 有较大的系数（指绝对值），在运动能力测试的第一个变量中，Y_2 和 Y_3 较 Y_1 有较大的系数（指绝对值），这说明 X_1 和 X_2，Y_2 和 Y_3 有较为密切的关系。

（二）采用 SPSS 软件进行分析

[例 6 - 2] 测量 15 名受试者的身体形态以及健康情况指标，如表 6 - 3 所示，第一组是身体形态变量，有年龄、体重、胸围和日抽烟量；第二组是健康状态变量，有脉搏、收缩压和舒张压。要求测量身体形态以及健康状态这两组变量之间的关系。

表6-3　　　　　　　　　　　　15名受试者的身体形态以及健康状态指标

年龄 X_1	体重 X_2	抽烟量 X_3	胸围 X_4	脉搏 Y_1	收束压 Y_2	舒张压 Y_3
25	125	30	83.5	70	130	85
26	131	25	82.9	72	135	80
28	128	35	88.1	75	140	90
29	126	40	88.4	78	140	92
27	126	45	80.6	73	138	85
32	118	20	88.4	70	130	80
31	120	18	87.8	68	135	75
34	124	25	84.6	70	135	75
36	128	25	88	75	140	80
38	124	23	85.6	72	145	86
41	135	40	86.3	76	148	88
46	143	45	84.8	80	145	90
47	141	48	87.9	82	148	92
48	139	50	81.6	85	150	95
45	140	55	88	88	160	95

1. 按 File ➡ New ➡ Syntax 的顺序新建一个语句窗口。在语句窗口输入下面一个语句：
INCLUDE'C：\ Program Files(x86) \ SPSSEVAL \ SPSS13 \ Canonical correlation. sps'.
CANCORR SET1 = x1 x2 x3 x4/
SET2 = y1 y2 y3/.
【在程序中首先应当使用 include 命令读入典型相关分析的宏程序，然后使用 cancorr 名称调用，注意最后的 "." 表示整个语句结束，不能遗漏，而且变量名称要采用英文格式】

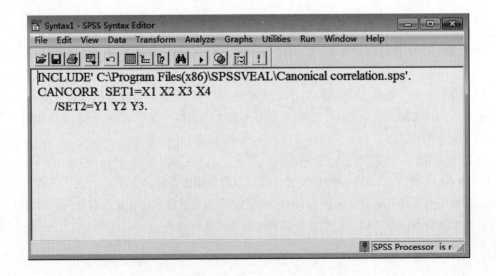

2. 点击语句窗口 Run 菜单中的 All 子菜单项，运行典型相关宏命令，得出结果。

3. 主要运行结果解释

（1）两组变量内部及两组变量之间相关系数　身体形态年龄 X_1、体重 X_2、胸围 X_3 和日抽烟量 X_4 间相关系数如表 6-4 所示。

表 6-4　　　　　　　　　　身体形态变量间的相关系数

变量	X_1	X_2	X_3	X_4
X_1	1.0000	0.7697	0.5811	0.1022
X_2	0.7697	1.0000	0.8171	-0.1230
X_3	0.5811	0.8171	1.0000	-0.1758
X_4	0.1022	-0.1230	-0.1758	1.0000

从上表可以看出，年龄 X_1 与体重 X_2，体重 X_2 与胸围 X_3 之间有较强的线性相关。

健康状况脉搏 Y_1、收缩压 Y_2 和舒张压 Y_3 间的相关系数如表 6-5 所示。

表 6-5　　　　　　　　　　健康状况变量间的相关系数

变量	Y_1	Y_2	Y_3
Y_1	1.0000	0.8865	0.8614
Y_2	0.8865	1.0000	0.7465
Y_3	0.8614	0.7465	1.0000

同理，从表 6-5 可以看出，脉搏 Y_1 与收缩压 Y_2，脉搏 Y_1 与舒张压 Y_3，收缩压 Y_2 与舒张压 Y_3 间都有较强的线性相关关系。

身体形态与健康状况之间的相关系数如表 6-6 所示。

表 6-6　　　　　　　　身体形态与健康状况指标间的相关系数

变量	Y_1	Y_2	Y_3
X_1	0.7582	0.8043	0.5401
X_2	0.8572	0.7830	0.7171
X_3	0.8864	0.7638	0.8684
X_4	0.0687	0.1169	0.0147

从表 6-6 可以看出，年龄 X_1 与脉搏 Y_1 和收缩压 Y_2 间有较强的线性相关关系；体重 X_2 与脉搏 Y_1、收缩压 Y_2 和舒张压 Y_3 间也有较强的线性相关关系；胸围 X_3 与脉搏 Y_1、收缩压 Y_2 和舒张压 Y_3 间也有较强的线性相关关系；日抽烟量 X_4 与健康状况脉搏 Y_1、收缩压 Y_2 和舒张压 Y_3 间没有显著的相关性。

（2）典型相关系数（Canonical correlation）　从表 6-7 看出，第一典型相关系数为 0.957，第二典型相关系数为 0.582，第三典型相关系数为 0.180。所以第一典型相关系数最高，具有实际价值。

表 6 - 7　　　　　　　　　　　　　　典型相关系数

典型变量	1	2	3
相关系数	0.957	0.582	0.180

（3）典型相关系数显著性检验　从表 6 - 8 可以看出，在 0.05 显著性水平下，三对典型变量中只有第一对典型相关是显著的。

表 6 - 8　　　　　　　　　　典型相关系数显著性检验

典型变量	Wilks 统计量	卡方统计量	自由度	伴随概率
1	0.054	29.186	12	0.004
2	0.640	4.459	6	0.615
3	0.967	0.331	2	0.848

（4）两组典型变量的非标准化系数　非标准化系数如表 6 - 9 和表 6 - 10 所示。

表 6 - 9　　　　　　　　　　身体形态变量的非标准化系数

变量	1	2	3
X_1	- 0.031	- 0.139	0.130
X_2	- 0.019	- 0.014	- 0.280
X_3	- 0.058	0.089	0.101
X_4	- 0.071	0.019	0.010

表 6 - 10　　　　　　　　　　健康状况变量的非标准化系数

变量	1	2	3
Y_1	- 0.121	- 0.032	- 0.461
Y_2	- 0.021	- 0.155	0.215
Y_3	- 0.021	0.227	0.189

（5）两组典型变量的标准化系数

表 6 - 11　　　　　　　　　　身体形态变量的标准化系数

变量	1	2	3
X_1	- 0.256	- 1.130	1.060
X_2	- 0.151	- 0.113	- 2.215
X_3	- 0.694	1.067	1.212
X_4	- 0.189	0.051	0.027

从表 6 - 11 可以得到，来自身体形态指标的第一典型变量为：

$$V_1 = - 0.256\,X_1 - 0.151\,X_2 - 0.694\,X_3 - 0.189\,X_4$$

表6-12 健康状况变量的标准化系数

变量	1	2	3
Y_1	-0.721	-0.191	-2.739
Y_2	-0.171	-1.265	1.751
Y_3	-0.142	1.514	1.259

从表6-12可以看出,来自健康状况指标的第一典型变量为:

$U_1 = -0.721 Y_1 - 0.171 X Y_2 - 0.142 Y_3$,由于$Y_1$(脉搏)的系数-0.721绝对值最大,说明健康状况的典型变量主要是由脉搏所决定。

(6)典型变量的冗余分析(Redundancy Analysis) 下面给出了冗余度分析的结果,一共4组数据分别是①身体形态(X_1,X_2,X_3,X_4)变量被自身的典型变量解释的方差比例;②身体形态(X_1,X_2,X_3,X_4)变量被健康状况的典型变量(Y_1,Y_2,Y_3)解释的方差比例;③健康状况的变量(Y_1,Y_2,Y_3)被自身的典型变量解释的方差比例;④健康状况的变量(Y_1,Y_2,Y_3)被身体形态(X_1,X_2,X_3,X_4)的典型变量解释的方差比例。

①身体形态变量被自身的典型变量解释的方差比例

Proportion of Variance of Set -1 Explained by Its Own Can. Var.

	Prop Var
CV1 - 1	0.576
CV1 - 2	0.129
CV1 - 3	0.053

身体形态变量被自身的典型变量解释了57.6%。

②身体形态变量被健康状况的典型变量解释的方差比例

Proportion of Variance of Set -1 Explained by Opposite Can. Var.

	Prop Var
CV2 - 1	0.527
CV2 - 2	0.044
CV2 - 3	0.002

自变量组被第一典型变量V_1解释的方差比例为0.527,即因变量组对自变量组的解释能力有较大影响。也就是说,身体状况对身体形态变量有一定的影响。

③健康状况的变量被自身的典型变量解释的方差比例

Proportion of Variance of Set -2 Explained by Its Own Can. Var.

	Prop Var
CV2 - 1	0.874
CV2 - 2	0.086
CV2 - 3	0.041

健康状况变量被自身的第一典型变量解释了87.4%。

④健康状况的变量被身体形态的典型变量解释的方差比例

Proportion of Variance of Set -2 Explained by Opposite Can. Var.

Prop Var

CV1 - 1	0.800
CV1 - 2	0.029
CV1 - 3	0.001

因变量组可以通过第一典型变量 U_1 解释的方差比例高达 0.800，这也说明了自变量组对因变量组的解释能力，所以 U_1 反映的身体形态对健康状况可以产生极大影响。

典型相关分析是多元回归和相关分析的一种延伸。所延伸的是，用两个或更多的因变量取代了只有一个因变量的情况。如果因变量的个数 Q 等于 1，那么，典型相关分析将恢复为多元回归分析。

一般而言，分析得到的典型相关系数量化了因变量集合和自变量集合之间的关联强度。推导出的典型相关变量显示出原有变量的哪些线性组合最佳地展现了这种关联。

思考与习题

1. 简述典型相关分析的基本思想。

2. 什么是典型变量？它具有哪些性质？

3. 请查找我国 2015 年各省（市、自治区）如下两组变量的数据，对两组数据进行典型相关分析，并对分析结果进行评述。

第一组变量：常住人口、人均 GDP、固定资产投资、引进外国直接投资、R&D 经费投入、教育经费支出；

第二组变量：GDP 增长率、非农产业增加值占 GDP 比重、人均最终消费支出、出口总额。

CHAPTER 7

第七章

模糊综合评价

教学目的与要求

1. 掌握模糊综合评价的原理与方法、模型的建立；
2. 掌握模糊综合评价解决实际问题的能力。

第一节 引 言

在客观世界中存在着许多不确定性，这种不确定性表现在两个方面：一是随机性——事件是否发生的不确定性；二是模糊性——事物本身状态的不确定性。在客观世界中，存在着大量的模糊概念和模糊现象。一个概念和与其对立的概念无法划出一条明确的分界，他们是随着量变逐渐过渡到质变的。例如"年轻和年老""高与矮""胖与瘦""美与丑"等没有确切界限的一些对立概念都是所谓的模糊概念。凡涉及模糊概念的现象被称为模糊现象。现实生活中的绝大多数现象，存在着中介状态，并非非此即彼，表现出亦此亦彼，存在着许多，甚至无穷多的中间状态。其描述也多用自然语言来表达，而自然语言最大的特点是它的模糊性，而这种模糊性很难用经典数学模型加以统一量度。模糊集合理论（fuzzy sets）的概念于 1965 年由美国自动控制专家查德（L. A. Zadeh）教授提出，用以表达事物的不确定性。

评价是评价主体根据一定的评价目的和评价标准对评价客体进行认识的活动。综合评价是指通过一定的数学模型将多个评价指标值"合成"为一个整体性的综合评价值。模糊评价就是利用模糊数学的方法，对受到多个因素影响的事物，按照一定的评判标准，给出事物获得某个评语的可能性。

模糊综合评价是对受多种因素影响的事物做出全面评价的一种十分有效的多因素决策方法，其特点是评价结果不是绝对地肯定或否定，而是以一个模糊集合来表示。

常见的综合评价方法分为两类：

（1）综合评定法 直接评分法（专家打分综合法）、总分法、加权综合评定法、AHP + 模糊综合评判、模糊神经网络评价法、待定系数法及分类法。

现代综合评价方法：层次分析法（analytic hierarchy process，AHP）、数据包络分析法（data envelopment analysis，DEA）、人工神经网络评价法（artificial neural network，ANN）、灰色综合评价法、模糊综合评定法

（2）两两比较法　顺序法和优先法。

第二节　模糊综合评价方法的思路与原理

模糊综合评价法是一种基于模糊数学的综合评价方法。该综合评价法根据模糊数学的隶属度理论把定性评价转化为定量评价，即用模糊数学对受到多种因素制约的事物或对象做出一个总体的评价。具体地说，模糊综合评价就是以模糊数学为基础，应用模糊关系合成的原理，将一些边界不清、不易定量的因素定量化，从多个因素对被评价事物隶属等级状况进行综合性评价的一种方法。在我国，最早是由学者汪培庄提出的。其基本原理是：首先确定被评判对象的因素（指标）集和评价（等级）集；再分别确定各个因素的权重及它们的隶属度向量，获得模糊评判矩阵；最后把模糊评判矩阵与因素的权向量进行模糊运算并进行归一化，得到模糊评价综合结果。

因此，建立在模糊集合基础上的模糊综合评判方法，从多个指标对被评价事物隶属等级状况进行综合性评判，它把被评判事物的变化区间做出划分，一方面可以顾及对象的层次性，使得评价标准、影响因素的模糊性得以体现；另一方面在评价中又可以充分发挥人的经验，使评价结果更客观，符合实际情况。模糊综合评判可以做到定性和定量因素相结合，扩大信息量，使评价速度得以提高，评价结论可信。

传统的综合评价方法很多，应用也较为广泛，但是没有一种方法能够适合各种场所，解决所有问题，每一种方法都有其侧重点和主要应用领域。如果要解决新的领域内产生的新问题，模糊综合法显然更为合适。

为了便于描述，依据模糊数学的基本概念，对模糊综合评价法中的有关术语定义如下：

1. 评价因素（指标）

以食品类感官质量为例，是指对各个食品评议的具体内容（例如，苹果酒包括色泽、香气、口味和风格；啤酒包括酸味、甜味、苦味、涩味、酵母味和其他味；肉类包括嫩度、多汁性、色泽、口感和香味；豆浆包括色泽、质感、豆香味和豆腥味等）。

为便于权重分配和评议，可以按评价因素的属性将评价因素分成若干类，把每一类都视为单一评价因素，并称之为第一级评价因素。第一级评价因素可以设置下属的第二级评价因素。第二级评价因素可以设置下属的第三级评价因素。依此类推。

2. 评价等级

在食品感官评定的评价等级可以是5级制，分别是好、较好、一般、较差和差，也可以是3级制（9级制），1级最强，3级（9级）最弱。

对食品非感官质量评价时，可以用来表达评价因素的优劣程度。评价因素最优的评价值为1（采用百分制时为100分）；欠优的评价因素，依据欠优的程度，其评价值大于或等于零、小于或等于1（采用百分制时为100分），即 $0 \leqslant E \leqslant 1$（采用百分制时 $0 \leqslant E \leqslant 100$）。

3. 权重

是指评价因素的地位和重要程度。

第一级评价因素的权重之和为1；每一个评价因素的下一级评价因素的权重之和为1 。

4. 综合评价值

是指同一级评价因素的加权平均评价值之和。综合评价值也是对应的上一级评价。

模糊综合评价法的最显著特点是：以最优的评价因素值为基准，其评价值为1；其余欠优的评价因素依据欠优的程度得到相应的评价值。

优点：数学模型简单，容易掌握，对多因素、多层次的复杂问题评判效果比较好。模糊评价通过精确的数字手段处理模糊的评价对象，能对蕴藏信息呈现模糊性的资料作出比较科学、合理、贴近实际的量化评价；评价结果是一个向量，而不是一个点值，包含的信息比较丰富，既可以比较准确地刻画被评价对象，又可以进一步加工，得到参考信息。适合各种非确定性问题的解决。

缺点：计算复杂，对指标权重向量的确定主观性较强；当指标集 U 较大，即指标集个数较大时，在权向量和为1的条件约束下，相对隶属度权系数往往偏小，权向量与模糊矩阵 R 不匹配，结果会出现超模糊现象，分辨率很差，无法区分谁的隶属度更高，甚至造成评判失败，此时可用分层模糊评估法加以改进。

第三节　模糊综合评价方法的模型与步骤

一、 一 般 步 骤

1. 模糊综合评价指标的构建

模糊综合评价指标体系是进行综合评价的基础，评价指标的选取是否适宜，将直接影响综合评价的准确性。评价指标体系包括评价因素和评价等级，进行评价指标的构建应广泛涉猎与该评价指标系统行业资料或者相关的法律法规。

2. 采用适宜的构建权重向量

通过专家经验法、AHP 层次分析法或者其他方法构建好权重向量。

3. 构建评价矩阵

建立适合的隶属函数从而构建好评价矩阵。

4. 评价矩阵和权重的合成

采用适合的合成因子对其进行合成，并对结果向量进行解释。

二、 模糊评价基本模型

1. 确定评价对象的因素论域 U

$$U = \{u_1, u_2, \cdots, u_m\}$$

也就是说有 m 个评价指标，表明我们对被评价对象从哪些方面来进行评判描述。

2. 确定评语等级论域

评语集是评价者对被评价对象可能做出的各种总的评价结果组成的集合，用 V 表示：

$$V = \{v_1, v_2, \cdots, v_n\}$$

实际上就是对被评价对象变化区间的一个划分。其中 v_i 代表第 i 个评价结果，n 为总的评价结果数。具体等级可以依据评价内容用适当的语言进行描述，例如评价一种食品感官质量可用 $V = \{$极好、好、一般、差、极差$\}$，产品的竞争力可用 $V = \{$强、中、弱$\}$，评价地区的社会经济发展水平可用 $V = \{$高、较高、一般、较低、低$\}$，评价经济效益可用 $V = \{$好、较好、一般、较差、差$\}$ 等。

3. 进行单因素评价，建立模糊关系矩阵 R

单独从一个因素出发进行评价，以确定评价对象对评价集合 V 的隶属程度，称为单因素模糊评价。在构造了等级模糊子集后，就要逐个对被评价对象从每个因素 u_i（$i = 1, 2, \cdots, m$）上进行量化，也就是确定从单因素来看被评价对象对各等级模糊子集的隶属度，进而得到模糊关系矩阵：

$$R = \begin{vmatrix} r_{11} & r_{12} & \cdots & r_{1n} \\ r_{21} & r_{22} & \cdots & r_{2n} \\ \cdots & \cdots & \cdots & \cdots \\ r_{m1} & r_{m2} & \cdots & r_{mn} \end{vmatrix} \tag{7-1}$$

其中 r_{ij}（$i = 1, 2, \cdots, m$；$j = 1, 2, \cdots, n$）表示某个被评价对象从因素 u_i 来看待 v_j 等级模糊子集的隶属度。一个被评价对象在某个因素 u_i 方面的表现是通过模糊向量 $r_i = (r_{i1}, r_{i2}, \cdots, r_{im})$ 来刻画的（在其他评价方法中多是由一个指标实际值来刻画，因此从这个角度讲，模糊综合评价要求更多的信息），称为单因素评价矩阵，可以看作是因素集 U 和评价集 V 之间的一种模糊关系，即影响因素与评价对象之间的"合理关系"。在确定隶属关系时，通常是由专家或与评价问题相关的专业人员依据评判等级对评价对象进行打分，然后统计打分结果，然后可以根据绝对值减数法求得 r_{ij}，即：

$$r_{ij} = \begin{cases} 1, (i = j) \\ 1 - c \sum_{k=1}^{} |x_{ik} - x_{jk}|, (i \neq j) \end{cases}$$

其中，c 可以适当选取，使得 $0 \leqslant r_{ij} \leqslant 1$。

4. 确定评价因素的模糊权重向量

为了反映各因素的重要程度，对各因素 U 应分配给一个相应的权数 a_i（$i = 1, 2, \cdots, m$），通常要求 a_i 满足 $a_i \geqslant 0$，$\sum a_i = 1$，表示第 i 个因素的权重，再由各权重组成的一个模糊集合 A 就是权重集。在进行模糊综合评价时，权重对最终的评价结果会产生很大的影响，不同的权重有时会得到完全不同的结论。权重选择的合适与否直接关系到模型的成败。确定权重的方法有以下几种：层次分析法、Delphi 法、加权平均法、专家估计法。

5. 多因素模糊评价

利用合适的合成算子将 A 与模糊关系矩阵 R 合成得到各个被评价对象的模糊综合评价结果向量 B。R 中不同的行反映了某个被评价对象从不同的单因素来看对各等级模糊子集的隶属程度。用模糊权向量 A 将不同的行进行综合就可以得到被评价对象从总体上来看对各等级模糊子

集的隶属程度,即模糊综合评价结果向量 B。模糊综合评价的模型为

$$B = A \cdot R = (a_1, a_2, \cdots, a_m) \begin{bmatrix} r_{11} & r_{12} & \cdots & r_{1n} \\ r_{21} & r_{22} & \cdots & r_{2n} \\ \cdots & \cdots & \cdots & \cdots \\ r_{m1} & r_{m2} & \cdots & r_{mn} \end{bmatrix} = (b_1, b_2, \cdots, b_n) \qquad (7-2)$$

其中 b_j ($j = 1, 2, \cdots, n$) 是由 A 与 R 的第 j 列运算得到的,表示被评价对象从整体上看对 V_j 等级模糊子集的隶属程度。

6. 对模糊综合评价结果进行分析

模糊综合评价的结果是被评价对象对各等级模糊子集的隶属度,它一般是一个模糊向量,而不是一个点值,因而它能够提供的信息比其他方法更丰富。对多个评价对象比较并且排序,就需要进一步处理,即计算每个评价对象的综合分值,按大小排序,按序择优。将综合评价结果 B 转换为综合分值,于是可依据大小进行排序,从而挑选出最优者。

处理模糊综合评价向量常用的两种方法:

最大隶属度原则:若模糊综合评价结果向量 $B = (b_1, b_2, \cdots, b_n)$ 中的 $b_r = \max\limits_{1 \leqslant j \leqslant n} \{b_j\}$,则被评价对象总体上来讲隶属于第 r 等级,即为最大隶属原则。

加权平均原则:加权平均原则就是将等级看作一种相对位置,使其连续化。为了能定量处理,不妨用"1,2,3,$\cdots$,m"以此表示各等级,并称其为各等级的秩。然后用 B 中对应分量将各等级的秩加权求和,从而得到被评价对象的相对位置,其表达方式如下:

$$A = \frac{\sum_{j=1}^{n} b_j^k \cdot j}{\sum_{j=1}^{n} b_j^k}$$

其中,k 为待定系数($k = 1$ 或 2)目的是控制较大的 b_j 所引起的作用。当 $k \to \infty$ 时,加权平均原则就是最大隶属原则。

三、 置信度模糊评价模型

1. 置信度的确定

在 (U, V, R) 模型中,R 中的元素 r_{ij} 是由评判者"打分"确定的。例如,k 个评判者,要求每个评判者 u_j 对照 $V = \{v_1, v_2, \cdots, v_n\}$ 作一次判断,统计得分和归一化后产生 $\left\{ \dfrac{c_{i1}}{k}, \right.$ $\left. \dfrac{c_{i2}}{k}, \cdots, \dfrac{c_{in}}{k} \right\}$,并且 $\sum_{j=1}^{n} c_{ij} = k, i = 1, 2, \cdots, m$,组成 R。其中 $\dfrac{c_{ij}}{k}$ 代表 u_j 关于 v_j 的隶属程度。数值为 1,说明 u_j 为 v_j 是可信的,数值为零可忽略。因此,反映这种集中程度的量称为"置信度"。对于权重系数的确定也存在一个置信度的问题。

在用层次分析法确定各个专家对指标评估所得的权重后,作关于权重系数的等级划分,由此决定其结果的置信度。当取 N 个等级时,其量化后对应 $[0, 1]$ 区间上 N 次平分。例如,N 取 5,则依次得到 $[0, 0.2]$,$[0.2, 0.4]$,$[0.4, 0.6]$,$[0.6, 0.8]$,$[0.8, 1.0]$。对某个 j 指标,取 k 个专家对该指标评估所得的权重,得到 $[a_{1j}, a_{2j}, \cdots, a_{kj}]$。作和式:

$$\sum_{i=1}^{N} \frac{d_{ij}}{k} [a_i, b_i] \Delta [a^i, b^i] \qquad (7-3)$$

其中 d_{ij} 表示数据中 $[a_{1j}, a_{2j}, \cdots, a_{kj}]$ 属于 $[a_i, b_i]$ 的个数，$a_0 = 0$，$b_N = 1$。

取

$$\zeta_j = \frac{1}{2}(a^j + b^j) \tag{7-4}$$

取 $j = 1, 2, \cdots, m$ 得 $\zeta_1, \zeta_2, \cdots, \zeta_m$，归一化后得到权向量 $A = \{a_1, a_2, \cdots, a_m\}$。如果 $\zeta_j \in [a_i, b_i]$，则 a_i 的置信度为 $\dfrac{d_{ij}}{k}$。由此得置信度向量为 $\{c_1, c_2, \cdots, c_m\}$。

2. 置信度的综合

设 c_1, c_2 是两个置信度，对于逻辑 AND，其置信度合成为

$$c = \epsilon \min\{c_1, c_2\} + (1 - \epsilon)\{c_1 + c_2\}/2 \tag{7-5}$$

对于逻辑 OR，置信度为

$$c = \epsilon \max\{c_1, c_2\} + (1 - \epsilon)\{c_1 + c_2\}/2 \tag{7-6}$$

其中 $\epsilon \in [0, 1]$ 为参数，可以适当配置。式（7-5）、式（7-6）的含义是：在逻辑 AND 下，$\min\{c_1, c_2\} \leq c \leq \dfrac{1}{2}\{c_1 + c_2\}$；在逻辑 OR 下，$\dfrac{1}{2}\{c_1 + c_2\} \leq c \leq \max\{c_1, c_2\}$。若 $c_1 < 1$ 或 $c_2 < 1$，则式（7-5）、式（7-6）中的平均值补偿部分不宜太强。ϵ 可配置如下：

$$\epsilon = 1 - \min\{c_1, c_2\} \tag{7-7}$$

对于方程（2），置信度合成为：

$$\beta_i = \epsilon_i \max\{\theta_{1i}, \theta_{2i}, \cdots, \theta_{mi}\} + \frac{1}{m}(1 - \epsilon_i)\sum_{j=1}^{m}\theta_{ji}, i = 1, 2, \cdots, n \tag{7-8}$$

其中

$$\theta_{ji} = \epsilon_j \min(c_j, r_{ji}) + \frac{(1 - \epsilon_j)(c_j + r_{ji})}{2}, j = 1, 2, \cdots, m \tag{7-9}$$

ϵ_i, ϵ_j 的选择可以参照式（7-7）。结合式（7-2）得到置信度的评判结果。

$$B = \{(b_1, \beta_1), (b_2, \beta_2), \cdots, (b_n, \beta_n)\} \tag{7-10}$$

第四节 综合模糊评价的应用实例

一、基于模糊综合评价法的市售烧烤牛肉质量评价

烧烤牛肉的感官指标包括外观、香气、质构和滋味等多个方面，这些属性虽然在描述上难以划分出清晰的界限，但可利用其具有的模糊性特点，应用模糊数学的方法对这些属性进行定量化和数学化的描述和处理。针对具有烧烤牛肉消费经验的人群，开展烧烤牛肉满意度调研，确立烧烤牛肉指标评价体系。

1. 烧烤牛肉评价指标设立

选择嫩度、颜色、多汁性、风味、弹性和润滑性这6个指标作为烧烤牛肉的评定指标，采用5级评分法进行烧烤牛肉感官评价，烧烤牛肉质量指标及等级描述如表7-1所示。

表7−1 烧烤牛肉评价指标及描述

质量等级	Ⅰ（满意）	Ⅱ（较满意）	Ⅲ（一般）	Ⅳ（较不满意）	Ⅴ（不满意）
嫩度	极嫩	较嫩	一般	稍硬	极硬
颜色	棕红色，带少许金黄色，颜色鲜艳	颜色较鲜艳	一般鲜艳	颜色较暗	颜色特别暗
多汁性	汁液丰富，口感滑润，易下咽	多汁感较好	多汁感一般	多汁感较差	无汁液，口感粗超，下咽困难
风味	具有浓烈烤肉滋味和香气，无异味	烤肉味较好	烤肉味一般	烤肉味较淡	无烤肉香味
弹性	特别有弹性	很有弹性	有弹性	稍有弹性	无弹性
润滑性	无油腻	有点油腻	油腻	非常油腻	特别油腻

2. 模糊综合评价处理数据方法

运用模糊数学方法建立消费者对烧烤牛肉的满意度评价模型。首先确定烧烤牛肉的评价因素集 U 和评价等级集 V。评价因素集 U 是指产品的感官质量构成因素的集合，记为：$U = (u_1, u_2, u_3, \cdots, u_n)$，$u$ 表示相对应的评价指标。评价等级集 V 是参评者对评价指标反馈信息的集合，确定评价等级集即确定需要评定的等级，评语可以用文字表示，也可用具体数值或等级表示，记为：$V = (v_1, v_2, v_3, \cdots, v_n)$，$v$ 表示对应的评价等级或分数。本研究选择嫩度、颜色、多汁性、风味、弹性和润滑性这6个指标作为烧烤牛肉的评定指标，因此确定评价因素集 $U =$（嫩度，颜色，多汁性，风味，弹性，润滑性），评价等级集 $V =$（满意，较满意，一般满意，较不满意，不满意）。其次确定权重集 W。权重集就是各评价因素的权重系数的集合，每个评价因素对应一个权重系数，记为 $W = (w_1, w_2, w_3, \cdots, w_n)$，$0 \leq w_i \leq 1$，$\sum w_i = 1$。然后建立模糊评价矩阵 R，最终根据 $B = W \cdot R$ 确定烧烤牛肉总体满意度。

表7−2 烧烤牛肉感官指标重要性排序与权重计算列表

评价人员编号	重要性排序						
	嫩度	颜色	多汁性	风味	弹性	润滑性	秩和
1	6	3	4	5	2	1	21
2	6	3	5	4	2	1	21
3	5	6	3	4	2	1	21
4	6	2	4	5	3	1	21
5	3	5	4	6	2	1	21
6	4	6	2	5	3	1	21
…	…	…	…	…	…	…	…

续表

评价人员编号	重要性排序						
	嫩度	颜色	多汁性	风味	弹性	润滑性	秩和
149	5	4	3	6	1	2	21
每个指标秩和	742	524	533	646	343	341	3129
权重	0.237	0.167	0.170	0.206	0.110	0.110	1

注：权重的计算方法为某个指标的秩和除以所有指标秩和之和。

表7 –3　　　　　　　　　　　　　烧烤牛肉感官评定结果

质量等级	I（满意）	II（较满意）	III（一般）	IV（较不满意）	V（不满意）	合计
嫩度	9	75	57	8	0	149
颜色	49	37	36	27	0	149
多汁性	62	59	24	3	1	149
风味	33	91	20	4	1	149
弹性	1	21	58	68	1	149
润滑性	28	102	16	2	0	149

3. 烧烤牛肉感官指标的排序与权重确定

参考相关文献的用户调查法，通过 149 名消费者对嫩度、颜色、多汁性、风味、弹性和润滑性 6 个指标按照重要性程度进行排序，统计计算权重。结果显示，嫩度、颜色、多汁性、风味、弹性和润滑性的权重分别为 0.237、0.167、0.170、0.206、0.110 和 0.110（如表 7 – 2 所示），可见消费者对于烧烤牛肉感官指标的要求从大到小依次为嫩度、风味、多汁性、颜色、弹性和润滑性。

对各感官指标重要性的差异显著性进行了分析，表明在显著性水平小于或等于 0.05 时，6 个指标的重要性存在显著性差异。为对 6 个指标的重要性差异进行两两比较，进行了多重方差分析，最终得出 6 个指标的重要性顺序为嫩度、风味、多汁性、颜色、弹性和润滑性，其中多汁性和颜色的重要性相同，弹性和润滑性的重要性相同。结果表明，消费者对烧烤牛肉多汁性和颜色的要求是相同的，对弹性和润滑性的要求也是相同的，并且均低于对嫩度和风味的要求。

4. 烧烤牛肉满意度模糊综合评价模型建立

确定了嫩度、颜色、多汁性、风味、弹性和润滑性 6 个指标的权重系数为 $W = $（0.237，0.167，0.170，0.206，0.110，0.110）（如表 7 – 2 所示），并且 149 名评价人员对嫩度、颜色、多汁性、风味、弹性和润滑性 6 个指标进行了感官评定，其评价结果（即不同评价等级的频次分布）如表 7 – 3 所示，将表中的数据除以评定人员总数，得到模糊评价矩阵 R。

$$R = \begin{bmatrix} \dfrac{9}{149} & \dfrac{75}{149} & \dfrac{57}{149} & \dfrac{8}{149} & \dfrac{0}{149} \\ \dfrac{49}{149} & \dfrac{37}{149} & \dfrac{36}{149} & \dfrac{27}{149} & \dfrac{0}{149} \\ \dfrac{62}{149} & \dfrac{59}{149} & \dfrac{24}{149} & \dfrac{3}{149} & \dfrac{1}{149} \\ \dfrac{33}{149} & \dfrac{91}{149} & \dfrac{20}{149} & \dfrac{4}{149} & \dfrac{1}{149} \\ \dfrac{1}{149} & \dfrac{21}{149} & \dfrac{58}{149} & \dfrac{68}{149} & \dfrac{1}{149} \\ \dfrac{28}{149} & \dfrac{102}{149} & \dfrac{16}{149} & \dfrac{3}{149} & \dfrac{0}{149} \end{bmatrix} = \begin{bmatrix} 0.060 & 0.503 & 0.383 & 0.054 & 0.000 \\ 0.329 & 0.248 & 0.242 & 0.181 & 0.000 \\ 0.416 & 0.396 & 0.161 & 0.020 & 0.007 \\ 0.221 & 0.611 & 0.134 & 0.027 & 0.007 \\ 0.007 & 0.141 & 0.389 & 0.456 & 0.007 \\ 0.188 & 0.685 & 0.107 & 0.020 & 0.000 \end{bmatrix}$$

根据 $B = W \cdot R$，确定烧烤牛肉总体满意度结果如下：

$$B = (0.237, 0.167, 0.170, 0.206, 0.110, 0.110) \begin{bmatrix} 0.060 & 0.503 & 0.383 & 0.054 & 0.000 \\ 0.329 & 0.248 & 0.242 & 0.181 & 0.000 \\ 0.416 & 0.396 & 0.161 & 0.020 & 0.007 \\ 0.221 & 0.611 & 0.134 & 0.027 & 0.007 \\ 0.007 & 0.141 & 0.389 & 0.456 & 0.007 \\ 0.188 & 0.685 & 0.107 & 0.020 & 0.000 \end{bmatrix}$$

$$= (0.207, 0.445, 0.241, 0.104, 0.003)$$

由模糊数学方法最大隶属度原则得出 Max $\{B\}$ = 0.445，对应的满意度等级为较满意，因此，消费者对市售烧烤牛肉的总体满意度是较满意。

二、　基于模糊综合评判苹果酒感官评价的研究

由 30 人组成评判小组，按照修正的苹果酒感官评分原则（见表 4）以苹果酒的色泽、香气、滋味和风格为因素集，以很好、较好、一般、较差和差为评语集，建立 4 个单因素矩阵，构建主因素突出型综合评判模型，采用 M 评判模型进行分析。

1. 建立评判集

对发酵得到的苹果酒，分别编号为 1#, 2#, 3#, 4# 和 5#，根据表 7 - 4 对苹果酒的品质要求进行模糊综合评判，建立评判集。

表 7 - 4　　　　　　　　　　　　　　苹果酒感官评分原则

质量等级	Ⅰ（好）	Ⅱ（较好）	Ⅲ（一般）	Ⅳ（较差）	Ⅴ（差）
色泽（10）	具有苹果酒应有的色泽，谐调悦目、澄清透明，有光泽	具有苹果酒应有的色泽，澄清透明，无悬浮物	与苹果酒光泽略有不符，澄清，无明显悬浮物	与该产品应有的色泽明显不符，微浑，失光或人工着色	不具备应有的特征
香气（30）	果香、酒香浓郁幽雅，谐调悦人	果香、酒香良好，尚悦怡	果香、酒香较少，但无异香	果香、酒香不足，或不悦人，或有异香	香气不良，使人厌恶

续表

质量等级	Ⅰ（好）	Ⅱ（较好）	Ⅲ（一般）	Ⅳ（较差）	Ⅴ（差）
滋味（40）	酒体丰满、有新鲜感，醇厚谐调、舒服、爽口、回味绵延	酒质柔顺、柔和爽口、甜酸适当	酒体谐调、纯正无杂	酒体寡淡、不谐调，或有明显的缺陷	酸、涩、苦、平淡、有异味
风格（20）	典型完美、风格独特，幽雅无缺	典型明确、风格良好	有典型性，但不够恰雅	典型性不明显	不具有苹果酒的典型性

对象集 $U = \{u_1, u_2, \cdots, u_p\} = \{1^{\#}, 2^{\#}, 3^{\#}, 4^{\#}, 5^{\#}\}$；

因素集 $X = \{x_1, x_2, \cdots, x_n\} = \{色泽，香气，滋味，风格\}$；

评语集 $Y = \{y_1, y_2, \cdots, y_m\} = \{很好，较好，一般，较差，差\}$；

根据国家标准和前人研究结果修正的苹果酒感官评分（如表 7-4 所示），得到权重：

$W = \{w_1, w_2, \cdots, w_n\} = (0.10, 0.30, 0.40, 0.20)$。

2. 建立单因素评价矩阵

评判小组对每一因素进行逐个评判，然后统计每一因素的各个评语的人次，这样每一因素的 5 个评语共有 30 人次，然后对每一因素的每个评语的人次进行归一化处理，则对应每一因素 x_i 都对应一个模糊评价 $R_{ij} = (r_{i1}, r_{i2}, \cdots, r_{in})$，则 4 个因素就可建立 4 个单因素模糊评价矩阵，得到 5 个酒样的感官评定结果，如表 7-5 所示。

表 7-5　　　　　　　　　　　　苹果酒感官评定结果

酒样	色泽 很好	较好	一般	较差	差	香气 很好	较好	一般	较差	差	滋味 很好	较好	一般	较差	差	风格 很好	较好	一般	较差	差
1#	10	9	7	3	1	4	9	11	4	2	6	12	10	2	0	8	11	5	4	2
2#	9	10	7	4	0	3	7	12	5	3	8	11	8	1	2	12	10	5	2	1
3#	10	11	7	2	0	9	9	6	5	1	9	10	6	4	1	13	7	5	5	0
4#	10	17	2	1	0	11	12	6	0	1	15	10	3	2	6	13	8	7	1	1
5#	12	8	6	5	1	8	10	7	3	2	9	12	4	3	2	10	9	6	4	1

以 1# 酒样为例，可建立色泽、香气、滋味和风格 4 个单因素的模糊评价矩阵：

$$色泽 = [0.34 \quad 0.30 \quad 0.23 \quad 0.10 \quad 0.03]$$

$$香气 = [0.13 \quad 0.30 \quad 0.37 \quad 0.13 \quad 0.07]$$

$$滋味 = [0.20 \quad 0.40 \quad 0.33 \quad 0.07 \quad 0.00]$$

$$风格 = [0.27 \quad 0.37 \quad 0.17 \quad 0.13 \quad 0.06]$$

把上述对 1# 苹果酒样品的 4 个单因素评价结果可写成一个评判关系矩阵，即：

$$R_1 = \begin{bmatrix} r_{11} & r_{12} & \cdots & r_{1n} \\ r_{21} & r_{22} & \cdots & r_{2n} \\ \cdots & \cdots & \cdots & \cdots \\ r_{m1} & r_{m2} & \cdots & r_{mn} \end{bmatrix} = \begin{bmatrix} 0.34 & 0.30 & 0.23 & 0.10 & 0.03 \\ 0.13 & 0.30 & 0.37 & 0.13 & 0.07 \\ 0.20 & 0.40 & 0.33 & 0.07 & 0.00 \\ 0.27 & 0.37 & 0.17 & 0.13 & 0.06 \end{bmatrix}$$

同理，可得到 $2^{\#} \sim 5^{\#}$ 酒样的模糊评判关系矩阵，即：

$$R_2 = \begin{bmatrix} r_{11} & r_{12} & \cdots & r_{1n} \\ r_{21} & r_{22} & \cdots & r_{2n} \\ \cdots & \cdots & \cdots & \cdots \\ r_{m1} & r_{m2} & \cdots & r_{mn} \end{bmatrix} = \begin{bmatrix} 0.30 & 0.33 & 0.23 & 0.14 & 0.00 \\ 0.10 & 0.23 & 0.40 & 0.17 & 0.10 \\ 0.27 & 0.37 & 0.26 & 0.03 & 0.07 \\ 0.40 & 0.33 & 0.16 & 0.07 & 0.00 \end{bmatrix}$$

$$R_3 = \begin{bmatrix} r_{11} & r_{12} & \cdots & r_{1n} \\ r_{21} & r_{22} & \cdots & r_{2n} \\ \cdots & \cdots & \cdots & \cdots \\ r_{m1} & r_{m2} & \cdots & r_{mn} \end{bmatrix} = \begin{bmatrix} 0.33 & 0.37 & 0.23 & 0.07 & 0.00 \\ 0.30 & 0.30 & 0.33 & 0.03 & 0.04 \\ 0.30 & 0.33 & 0.20 & 0.14 & 0.03 \\ 0.43 & 0.23 & 0.17 & 0.17 & 0.00 \end{bmatrix}$$

$$R_4 = \begin{bmatrix} r_{11} & r_{12} & \cdots & r_{1n} \\ r_{21} & r_{22} & \cdots & r_{2n} \\ \cdots & \cdots & \cdots & \cdots \\ r_{m1} & r_{m2} & \cdots & r_{mn} \end{bmatrix} = \begin{bmatrix} 0.33 & 0.57 & 0.07 & 0.03 & 0.00 \\ 0.37 & 0.40 & 0.20 & 0.00 & 0.03 \\ 0.50 & 0.33 & 0.10 & 0.07 & 0.00 \\ 0.43 & 0.27 & 0.14 & 0.03 & 0.00 \end{bmatrix}$$

$$R_5 = \begin{bmatrix} r_{11} & r_{12} & \cdots & r_{1n} \\ r_{21} & r_{22} & \cdots & r_{2n} \\ \cdots & \cdots & \cdots & \cdots \\ r_{m1} & r_{m2} & \cdots & r_{mn} \end{bmatrix} = \begin{bmatrix} 0.40 & 0.26 & 0.20 & 0.17 & 0.03 \\ 0.27 & 0.33 & 0.23 & 0.10 & 0.07 \\ 0.30 & 0.40 & 0.14 & 0.10 & 0.06 \\ 0.33 & 0.30 & 0.20 & 0.14 & 0.00 \end{bmatrix}$$

根据 $B = W \cdot R$，得到如下 $1^{\#} \sim 5^{\#}$ 酒样的评价结果向量 B：

$$B_1 = (0.207 \quad 0.354 \quad 0.300 \quad 0.103 \quad 0.036)$$

$$B_2 = (0.248 \quad 0.316 \quad 0.279 \quad 0.091 \quad 0.064)$$

$$B_3 = (0.329 \quad 0.305 \quad 0.236 \quad 0.106 \quad 0.024)$$

$$B_4 = (0.430 \quad 0.363 \quad 0.135 \quad 0.037 \quad 0.015)$$

$$B_5 = (0.307 \quad 0.345 \quad 0.185 \quad 0.115 \quad 0.054)$$

设定感官特殊性：很好为 100 分，较好为 80 分，一般为 60 分，较差为 40 分，差为 0 分，可建立感官特殊性数集 $V = (100 \quad 80 \quad 60 \quad 40 \quad 0)$，则样品的模糊综合评判总分为：$T = R \times V$。

得到 $1^{\#}$ 苹果酒样品的总分为：

$T_1 = = 0.027 \times 100 + 0.354 \times 80 + 0.300 \times 60 + 0.103 \times 40 + 0.036 \times 0 = 71.14$

$T_2 = 70.46$，$T_3 = 75.70$，$T_4 = 81.62$，$T_5 = 73.92$。

由模糊综合评判结果可知，5 个酒样的感官质量优劣顺序为：$4^{\#} > 3^{\#} > 5^{\#} > 1^{\#} > 2^{\#}$。

思考与习题

现有 5 个农业技术经济方案如下表，请予以评价各个方案的优劣（肥力越高，级别越大）。

方案	产量（kg/0.067hm²）	投资/元	耗水量/kg	用药量/kg	劳力个数	除草剂/kg	肥力/级
1	500	120	5000	0.5	50	0.75	1
2	350	60	4000	1	40	1	2
3	450	60	7000	0.5	70	0.5	4
4	400	70	8000	0.75	40	0.25	6
5	400	80	4000	1	30	1	5
权重	0.3	0.1	0.1	0.1	0.1	0.1	0.2

正交试验设计

教学目的与要求

1. 理解正交试验的基本原理和用途；
2. 熟练掌握正交设计的基本方法和步骤；
3. 学会正交试验分析的两种方法，熟练对不同模式的分析；
4. 能正确进行表头设计。

对于单因素或两因素试验，因其因素少，试验的设计、实施与分析都比较简单。但在实际工作中，常常需要同时考察 3 个或 3 个以上的试验因素，若进行全面试验，则试验的规模将很大，往往因试验条件的限制而难于实施。正交试验设计就是安排多因素试验、寻求最优水平组合的一种高效率试验设计方法。

第一节　概　　述

[**例 8.1**]　为提高某食品产品的转化率，选择了三个有关的因素进行条件试验，反应温度（A），反应时间（B），用碱量（C），并确定了它们的试验范围：

A：80 ~ 90℃

B：90 ~ 150min

C：5% ~ 7%

试验目的是搞清楚因素 A、B、C 对转化率的影响，哪些是主要因素，哪些是次要因素，从而确定最优生产条件，即温度、时间及用碱量各为多少才能使转化率提高。试制定试验方案。

这里，对因素 A、B、C 在试验范围内分别选取三个水平：

A：$A_1 = 80℃$、$A_2 = 85℃$、$A_3 = 90℃$

B：$B_1 = 90min$、$B_2 = 120min$、$B_3 = 150min$

C：$C_1 = 5\%$、$C_2 = 6\%$、$C_3 = 7\%$

取三因素三水平，通常有两种试验方法：

（1）全面实验法

$A_1B_1C_1$	$A_2B_1C_1$	$A_3B_1C_1$
$A_1B_1C_2$	$A_2B_1C_2$	$A_3B_1C_2$
$A_1B_1C_3$	$A_2B_1C_3$	$A_3B_1C_3$
$A_1B_2C_1$	$A_2B_2C_1$	$A_3B_2C_1$
$A_1B_2C_2$	$A_2B_2C_2$	$A_3B_2C_2$
$A_1B_2C_3$	$A_2B_2C_3$	$A_3B_2C_3$
$A_1B_3C_1$	$A_2B_3C_1$	$A_3B_3C_1$
$A_1B_3C_2$	$A_2B_3C_2$	$A_3B_3C_2$
$A_1B_3C_3$	$A_2B_3C_3$	$A_3B_3C_3$

共有 $3^3 = 27$ 次试验。

全面试验法的优缺点：

■优点：对各因素与试验指标之间的关系剖析得比较清楚。

■缺点：

① 试验次数太多，费时、费事，当因素水平比较多时，试验无法完成。

② 不做重复试验无法估计误差。

③ 无法区分因素的主次。

例如选六个因素，每个因素选五个水平时，全面试验的数目是 $5^6 = 15625$ 次。

又如前言里所提到的，1978 年，七机部由于导弹设计的要求，提出了一个五因素的试验，希望每个因素的水平数要多于 10，此时靠全面试验法是无法完成的。

（2）简单比较法　变化一个因素而固定其他因素，如首先固定 B、C 于 B_1、C_1，使 A 变化，则：

如果得出结果 A_3 最好，则固定 A 于 A_3，C 还是 C_1，使 B 变化，则：

得出结果 B_2 最好，则固定 B 于 B_2，A 于 A_3，使 C 变化，则：

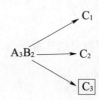

试验结果以 C_3 最好。于是得出最佳工艺条件为 $A_3B_2C_3$。

简单比较法的优缺点：

优点：试验次数少。

缺点：

① 试验点不具代表性。考察的因素水平仅局限于局部区域，不能全面地反映因素的全面情况。

② 无法分清因素的主次。

③ 如果不进行重复试验，试验误差就估计不出来，因此无法确定最佳分析条件的精度。

④ 无法利用数理统计方法对试验结果进行分析，得到最优条件。

正交试验的提出：

考虑兼顾全面试验法和简单比较法的优点，利用根据数学原理制作好的规格化表——正交表来设计试验不失为一种上策。

正交试验法优点：

（1）试验点代表性强，试验次数少。

（2）不需做重复试验，就可以估计试验误差。

（3）可以分清因素的主次。

（4）可以使用数理统计的方法处理试验结果，提出好条件。

第二节　正交试验设计的概念及原理

一、　正交试验设计的基本概念

正交试验设计是利用正交表来安排与分析多因素试验的一种设计方法。它是从试验因素的全部水平组合中，挑选部分有代表性的水平组合进行试验的，通过对这部分试验结果的分析了解全面试验的情况，找出最优的水平组合。

例如，要考察增稠剂用量、pH 和杀菌温度对豆奶稳定性的影响。每个因素设置 3 个水平进行试验。A 因素是增稠剂用量，设 A_1、A_2、A_3 3 个水平；B 因素是 pH，设 B_1、B_2、B_3 3 个水平；C 因素为杀菌温度，设 C_1、C_2、C_3 3 个水平。这是一个 3 因素 3 水平的试验，各因素的水平之间全部可能组合有 27 种。

全面试验：可以分析各因素的效应，交互作用，也可选出最优水平组合。但全面试验包含的水平组合数较多，工作量大，在有些情况下无法完成。

若试验的主要目的是寻求最优水平组合，则可利用正交表来设计安排试验。

正交试验设计的基本特点是：用部分试验来代替全面试验，通过对部分试验结果的分析，了解全面试验的情况。

正因为正交试验是用部分试验来代替全面试验的，它不可能像全面试验那样对各因素效应、交互作用一一分析；当交互作用存在时，有可能出现交互作用的混杂。虽然正交试验设计有上述不足，但它能通过部分试验找到最优水平组合，因而很受实际工作者青睐。

如对于上述 3 因素 3 水平试验，若不考虑交互作用，可利用正交表 $L_9(3^4)$ 安排，试验方案仅包含 9 个水平组合，就能反映试验方案包含 27 个水平组合的全面试验的情况，找出最佳的生产条件。

二、 正交试验设计的基本原理

在试验安排中，每个因素在研究的范围内选几个水平，就好比在选优区内打上网格，如果网上的每个点都做试验，就是全面试验。如上例中，3 个因素的选优区可以用一个立方体表示（见图 8－1），3 个因素各取 3 个水平，把立方体划分成 27 个格点，反映在图 8－1 上就是立方体内的 27 个 "●"。若 27 个网格点都试验，就是全面试验。

正交设计就是从选优区全面试验点（水平组合）中挑选出有代表性的部分试验点（水平组合）来进行试验。图 8－1 中标有试验号的 9 个 "（●）"，就是利用正交表 $L_9(3^4)$ 从 27 个试验点中挑选出来的 9 个试验点。即：

(1) $A_1B_1C_1$ (2) $A_2B_1C_2$ (3) $A_3B_1C_3$

(4) $A_1B_2C_2$ (5) $A_2B_2C_3$ (6) $A_3B_2C_1$

(7) $A_1B_3C_3$ (8) $A_2B_3C_1$ (9) $A_3B_3C_2$

上述选择，保证了 A 因素的每个水平与 B 因素、C 因素的各个水平在试验中各搭配一次。对于 A、B、C 3 个因素来说，是在 27 个全面试验点中选择 9 个试验点，仅是全面试验的 1/3。

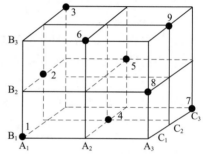

从图 8－1 中可以看到，9 个试验点在选优区中分布是均衡的，在立方体的每个平面上，都恰是 3 个试验点；在立方体的每条线上也恰有一个试验点。

9 个试验点均衡地分布于整个立方体内，有很强的代表性，能够比较全面地反映选优区内的基本情况。

图 8－1 三种试验安排方法

27 个交叉点为全面试验时试验的分布位置

● 正交试验法安排试验时试验点的分布位置

三、 正交表及其基本性质

（一） 正交表

由于正交设计安排试验和分析试验结果都要用正交表，因此，我们先对正交表作一介绍。

表 8－1 是一张正交表，记号为 $L_8(2^7)$，其含义见图 8－2。其中 "L" 代表正交表；L 右下角的数字 "8" 表示有 8 行，用这张正交表安排试验包含 8 个处理（水平组合）；括号内的底数 "2" 表示因素的水平数，括号内 2 的指数 "7" 表示有 7 列，用这张正交表最多可以安排 7 个 2 水平因素。

表 8－1 $L_8(2^7)$ 正交表

试验号	列号						
	1	2	3	4	5	6	7
1	1	1	1	1	1	1	1
2	1	1	1	2	2	2	2

续表

试验号	列号						
	1	2	3	4	5	6	7
3	1	2	2	1	1	2	2
4	1	2	2	2	2	1	1
5	2	1	2	1	2	1	2
6	2	1	2	2	1	2	1
7	2	2	1	1	2	2	1
8	2	2	1	2	1	1	2

　　常用的正交表已由数学工作者制定出来，供进行正交设计时选用。2 水平正交表除 $L_8(2^7)$ 外，还有 $L_4(2^3)$、$L_{16}(2^{15})$ 等，3 水平正交表有 $L_9(3^4)$、$L_{27}(3^{13})$ …（详见附表 4）。

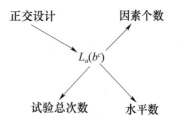

图 8-2　正交表的字母含义

（二）正交表的基本性质

1. 正交性

（1）任一列中，各水平都出现，且出现的次数相等。例如 $L_8(2^7)$ 中不同数字只有 1 和 2，它们各出现 4 次；$L_9(3^4)$ 中不同数字有 1、2 和 3，它们各出现 3 次。

（2）任两列之间各种不同水平的所有可能组合都出现，且出现的次数相等。例如 $L_8(2^7)$ 中（1，1），（1，2），（2，1），（2，2）各出现两次；$L_9(3^4)$ 中（1，1），（1，2），（1，3），（2，1），（2，2），（2，3），（3，1），（3，2），（3，3）各出现 1 次。即每个因素的一个水平与另一因素的各个水平所有可能组合次数相等，表明任意两列各个数字之间的搭配是均匀的。

2. 代表性（均衡分散性）

一方面：① 任一列的各水平都出现，使得部分试验中包括了所有因素的所有水平；② 任两列的所有水平组合都出现，使任意两因素间的试验组合为全面试验。

另一方面：由于正交表的正交性，正交试验的试验点必然均衡地分布在全面试验点中，具有很强的代表性。因此，部分试验寻找的最优条件与全面试验所找的最优条件，应有一致的趋势。

3. 综合可比性

① 任一列的各水平出现的次数相等；② 任两列间所有水平组合出现次数相等，使得任一因素各水平的试验条件相同。这就保证了在每列因素各水平的效果中，最大限度地排除了其他因素的干扰。从而可以综合比较该因素不同水平对试验指标的影响情况。

根据以上特性，我们用正交表安排的试验，具有均衡分散和整齐可比的特点。

所谓均衡分散，是指用正交表挑选出来的各因素水平组合在全部水平组合中的分布是均匀的。由图 8-1 可以看出，在立方体中，任一平面内都包含 3 个"（●）"，任一直线上都包含 1 个"（●）"，因此，这些点代表性强，能够较好地反映全面试验的情况。

整齐可比是指每一个因素的各水平间具有可比性。因为正交表中每一因素的任一水平下都均衡地包含着另外因素的各个水平，当比较某因素不同水平时，其他因素的效应都彼此抵消。如在 A、B、C 3 个因素中，A 因素的 3 个水平 A_1、A_2、A_3 条件下各有 B、C 的 3 个不同水平，见表 8-2。

表 8-2 　　　　　　　　　　A 因素的 3 个水平条件下的 3 个不同水平

因素	组合	因素	组合	因素	组合
	B_1C_1		B_1C_2		B_1C_3
A_1	B_2C_2	A_2	B_2C_3	A_3	B_2C_1
	B_3C_3		B_3C_1		B_3C_2

在这 9 个水平组合中，A 因素各水平下包括了 B、C 因素的 3 个水平，虽然搭配方式不同，但 B、C 皆处于同等地位，当比较 A 因素不同水平时，B 因素不同水平的效应相互抵消，C 因素不同水平的效应也相互抵消。所以 A 因素 3 个水平间具有综合可比性。同样，B、C 因素 3 个水平间亦具有综合可比性。

正交表的三个基本性质中，正交性是核心和基础，代表性和综合可比性是正交性的必然结果。

（三）正交表的类别

1. 等水平正交表

各列水平数相同的正交表称为等水平正交表。如 $L_4(2^3)$、$L_8(2^7)$、$L_{12}(2^{11})$ 等各列中的水平为 2，称为 2 水平正交表；$L_9(3^4)$、$L_{27}(3^{13})$ 等各列水平为 3，称为 3 水平正交表。

2. 混合水平正交表

各列水平数不完全相同的正交表称为混合水平正交表。如 $L_8(4 \times 2^4)$ 表中有一列的水平数为 4，有 4 列水平数为 2。也就是说该表可以安排 1 个 4 水平因素和 4 个 2 水平因素。再如 $L_{16}(4^4 \times 2^3)$，$L_{16}(4 \times 2^{12})$ 等都是混合水平正交表。

第三节　正交试验设计的基本程序

对于多因素试验，正交试验设计是简单常用的一种试验设计方法，其设计基本程序如图 8-3 所示。正交试验设计的基本程序包括试验方案设计及试验结果分析两部分。

一、试验方案设计

[例 8.2]　为提高山楂原料的利用率，研究酶法液化工艺制备山楂原汁，拟通过正交试验来寻找酶法液化的最佳工艺条件。

1. 明确试验目的，确定试验指标

试验设计前必须明确试验目的，即本次试验要解决什么问题。试验目的确定后，对试验结果如何衡量，即需要确定出试验指标。试验指标可为定量指标，如强度、硬度、产量、出品率、成本等；也可为定性指标如颜色、口感、光泽等。一般为了便于试验结果的分析，定性指标可按相关的标准打分或模糊数学处理进行数量化，将定性指标定量化。

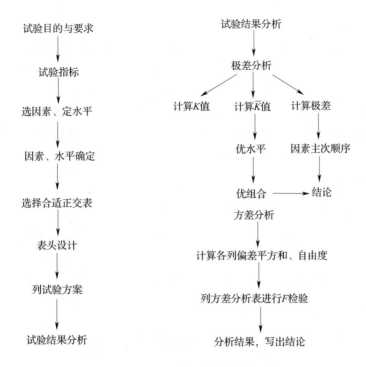

图 8-3　正交试验设计的基本程序

注：K 为指标值之和

2. 选因素、定水平，列因素水平表

根据专业知识、以往的研究结论和经验，从影响试验指标的诸多因素中，通过因果分析筛选出需要考察的试验因素。一般确定试验因素时，应以对试验指标影响大的因素、尚未考察过的因素、尚未完全掌握其规律的因素为先。试验因素选定后，根据所掌握的信息资料和相关知识，确定每个因素的水平，一般以 2～4 个水平为宜。对主要考察的试验因素，可以多取水平，但不宜过多（≤6），否则试验次数骤增。因素的水平间距，应根据专业知识和已有的资料，尽可能把水平值取在理想区域。

对本试验进行分析，影响山楂液化率的因素很多，如山楂品种、山楂果肉的破碎度、果肉加水量、原料 pH、果胶酶种类、加酶量、酶解温度、酶解时间等。经全面考虑，最后确定果肉加水量、加酶量、酶解温度和酶解时间为本试验的试验因素，分别记作 A、B、C 和 D，进行四因素正交试验，各因素均取三个水平，因素水平表如表 8-3 所示。

表 8-3　　　　　　　　　　　　［例 8.2］试验因素水平表

试验号	因素			
	A 加水量／（mL／100g）	B 加酶量／（mL／100g）	C 酶解温度／℃	D 酶解时间／h
1	10	1	20	1.5
2	50	4	35	2.5
3	90	7	50	3.5

3. 选择合适的正交表

正交表的选择是正交试验设计的首要问题。确定了因素及其水平后，根据因素、水平及需要考察的交互作用的多少来选择合适的正交表。正交表的选择原则是在能够安排下试验因素和交互作用的前提下，尽可能选用较小的正交表，以减少试验次数。

一般情况下，试验因素的水平数应等于正交表中的水平数；因素个数（包括交互作用）应不大于正交表的列数；各因素及交互作用的自由度之和要小于所选正交表的总自由度，以便估计试验误差。若各因素及交互作用的自由度之和等于所选正交表总自由度，则可采用有重复正交试验来估计试验误差。

正交表选择依据：

列：正交表的列数 $c \geq$ 因素所占列数 + 交互作用所占列数 + 空列。

自由度：正交表的总自由度（$a - 1$）$\geq$ 因素自由度 + 交互作用自由度 + 误差自由度。

［例8.2］有4个3水平因素，可以选用 $L_9(3^4)$ 或 $L_{27}(3^{13})$；因本试验仅考察4个因素对液化率的影响效果，不考察因素间的交互作用，故宜选用 $L_9(3^4)$ 正交表。若要考察交互作用，则应选用 $L_{27}(3^{13})$。

4. 表头设计

所谓表头设计，就是把试验因素和要考察的交互作用分别安排到正交表的各列中去的过程。

在不考察交互作用时，各因素可随机安排在各列上；若考察交互作用，就应按所选正交表的交互作用列表安排各因素与交互作用，以防止设计"混杂"。

［例8.2］不考察交互作用，可将加水量（A）、加酶量（B）和酶解温度（C）、酶解时间（D）依次安排在 $L_9(3^4)$ 的第1、2、3、4列上，如表8-4所示。

表8-4 ［例8.2］ 表头设计

列号	1	2	3	4
因素	A	B	C	D

5. 编制试验方案，按方案进行试验，记录试验结果

把正交表中安排各因素的列（不包含欲考察的交互作用列）中的每个水平数字换成该因素的实际水平值，便形成了正交试验方案（见表8-5）。

表8-5 ［例8.2］ 正交试验实施表

试验号	因素				结果（液化率/%）
	A	B	C	D	
1	1 (10)	1 (1)	1 (20)	1 (1.5)	0
2	1	2 (4)	2 (35)	2 (2.5)	17
3	1	3 (7)	3 (50)	3 (3.5)	24
4	2 (50)	1	3	3	12
5	2	2	3	1	47
6	2	3	1	2	28

续表

试验号	因素				结果（液化率/%）
	A	B	C	D	
7	3（90）	1	3	2	1
8	3	2	1	3	48
9	3	3	2	1	42

　　注：试验号并非试验顺序，为了排除误差干扰，试验中可随机进行；安排试验方案时，部分因素的水平可采用随机安排。

　　[例8.3]　鸭肉保鲜天然复合剂的筛选。试验以茶多酚作为天然复合保鲜剂的主要成分，分别添加不同增效剂、被膜剂和采用不同的浸泡时间，进行4因素4水平正交试验。试设计试验方案。

　　有机酸和盐处理对鸭肉保鲜有明显效果，但大部分属于合成的化学试剂，在卫生安全上得不到保证，并且不符合消费者纯天然、无污染的要求。

　　① 明确目的，确定指标。本例的目的是通过试验，寻找一个最佳的鸭肉天然复合保鲜剂。

　　② 选因素、定水平。根据专业知识和以前的研究结果，选择4个因素，每个因素定4个水平，因素水平表见表8-6。

表8-6　　　　　　　　　　　　　[例8.3]　因素水平表

水平	因素			
	A	B	C	D
	茶多酚浓度/%	增效剂种类	被膜剂种类	浸泡时间/min
1	0.1	0.5%维生素C	0.5%海藻酸钠	1
2	0.2	0.1%柠檬酸	0.8%海藻酸钠	2
3	0.3	0.2%β-CD	1.0%海藻酸钠	3
4	0.4	生姜汁	1.0%葡萄糖	4

　　③ 选择正交表。此试验为4因素4水平试验，不考虑交互作用，4因素共占4列，选 $L_{16}(4^5)$ 最合适，并有1空列，可以作为试验误差以衡量试验的可靠性。

　　④ 表头设计。4因素任意放置。

　　⑤ 编制试验方案。试验方案见表8-7。

表8-7　　　　　　　　　　　　　[例8.3]　试验设计方案

试验号	因素					结果
	A	B	C	D	E	
	茶多酚/%	增效剂种类	被膜剂种类	浸泡时间/min	空列	
1	1	2	3	3	2	36.20
2	2	4	1	2	2	31.54
3	3	4	3	4	3	30.09

续表

试验号	因素					结果
	A	B	C	D	E	
	茶多酚/%	增效剂种类	被膜剂种类	浸泡时间/min	空列	
4	4	2	1	1	3	29.32
5	1	3	1	4	4	31.77
6	2	1	3	1	4	35.02
7	3	1	1	3	1	32.37
8	4	3	3	2	1	32.64
9	1	1	4	2	3	38.79
10	2	3	2	3	3	30.90
11	3	3	4	1	2	32.87
12	4	1	2	4	2	34.54
13	1	4	2	1	1	38.02
14	2	2	4	4	1	35.62
15	3	2	2	2	4	34.02
16	4	4	4	3	4	32.80

二、 试验结果分析

分清各因素及其交互作用的主次顺序，分清哪个是主要因素，哪个是次要因素；

判断因素对试验指标影响的显著程度；

找出试验因素的优水平和试验范围内的最优组合，即试验因素各取什么水平时，试验指标最好；

分析因素与试验指标之间的关系，即当因素变化时，试验指标是如何变化的。找出指标随因素变化的规律和趋势，为进一步试验指明方向；

了解各因素之间的交互作用情况；

估计试验误差的大小。

第四节 正交试验设计的直观分析

对正交试验结果的分析，通常采用两种方法，一种是直观分析法或称极差分析法；另一种是方差分析法。在实际工作中两种方法都有用，本节讨论直观分析法。

一、 无交互作用的正交试验的直观分析

[例8.4] 合成氨最佳工艺条件试验。

根据以往生产积累的经验，决定选取的试验因素与水平如表 8 – 8 所示。假定各因素之间无交互作用。试验目的是提高氨产量，即要找到最高产量的最优的水平组合方案。

表 8 – 8 　　　　　　　　　 ［例 8.4］ 因素与水平表

水平	因素		
	A	B	C
	反应温度/℃	反应压力/MPa	催化剂种类
1	460	250	甲
2	490	270	乙
3	520	300	丙

首先，选择合适的正交表。

本例是一个 3 水平的试验，因此要选用 $L_n(3^t)$ 型正交表。本例共有 3 个因素，不考虑因素之间的交互作用，所以要选一张 $t \geq 3$ 的表，而 $L_9(3^4)$ 是满足条件 $t \geq 3$ 的最小的 $L_n(3^t)$ 型表，故选用正交表 $L_9(3^4)$ 安排试验。

选定正交表后，接着进行表头设计。本例不考虑因素之间的交互作用，只需将各因素分别填写在所选用的正交表的上方与列号对应的位置上，一个因素占有一列，不同因素占有不同的列，就得到表头设计（见表 8 – 9）。

表 8 – 9 　　　　　　　　　 ［例 8.4］ 表头设计

因素	A	B	C	空列
列号	1	2	3	4

未放置因素或交互作用的列称为空白列（空列）。空白列在正交设计的方差分析中也称为误差列，它有着重要作用，一般要求至少有一个空白列。

完成表头设计后，就可以判定试验方案。

把表中各列的数字"1""2""3"分别看成是该列所填因素在各个试验中的水平数，而正交表的每一行就是一个试验方案。于是，本例得到 9 个试验方案。如：

第六号试验方案：$A_2B_3C_1$。这就是用温度 490℃、压力 300MPa、甲种催化剂三种水平组合进行试验。

下面用正交表来分析试验结果。

按正交表的各试验号中规定的水平组合进行试验。本例总共要进行 9 个试验，将试验结果（数据）y_1、y_2、…、y_9（单位：t）填写在表的最后一列中。

［例 8.4］ 的试验方案及试验结果见表 8 – 10。

表 8 – 10 　　　　　　　 ［例 8.4］ 的试验方案及试验结果分析

试验号	因素				产量指标 y_i/t
	A	B	C	空白	
1	1（460）	1（250）	1（甲）	1	$y_1 = 1.72$
2	1	2（270）	2（乙）	2	$y_2 = 1.82$

续表

试验号	因素				产量指标 y_i/t
	A	B	C	空白	
3	1	3（300）	3（丙）	3	$y_3 = 1.80$
4	2（490）	1	2	3	$y_4 = 1.92$
5	2	2	3	1	$y_5 = 1.83$
6	2	3	1	2	$y_6 = 1.98$
7	3（520）	1	3	2	$y_7 = 1.59$
8	3	2	1	3	$y_8 = 1.60$
9	3	3	2	1	$y_9 = 1.81$
K_{1j}	5.34	5.23	5.30	5.36	$T = \sum_{i=1}^{9} y_i = 16.07$
K_{2j}	5.73	5.25	5.55	5.39	
K_{3j}	5.00	5.59	5.22	5.32	$\bar{y} = \dfrac{T}{9} = 1.786$
$\bar{K}_{1j}$	1.780	1.743	1.767	1.787	
$\bar{K}_{2j}$	1.910	1.750	1.850	1.797	
$\bar{K}_{3j}$	1.667	1.863	1.740	1.773	
R_j	0.73	0.36	0.33	0.07	
因素主次	A　B　C				
最优方案	A_2　B_3　C_2				

引进下列记号以计算极差和确定因素的主次顺序。

K_{ij} = 第 j 列上水平号为 i 的各试验结果之和。

$\bar{K}_{ij} = \dfrac{1}{s} K_{ij}$，其中 s 为第 j 列上水平号 i 出现的次数；$\bar{K}_{ij}$ 表示第 j 列的因素取水平 i 时，进行试验所得试验结果的平均值。

$R_j = \max\limits_{i}\{K_{ij}\} - \min\limits_{i}\{K_{ij}\}$。$R_j$ 称为第 j 列的极差或其所在因素的极差。R_j 也可定义为 $R_j = \max\limits_{i}\{\bar{K}_{ij}\} - \min\limits_{i}\{\bar{K}_{ij}\}$。但对于水平数不等的试验，就只能用后者。

对于本例，有

$$\bar{K}_{11} = \frac{1}{3} K_{11} = \frac{1}{3}（y_1 + y_2 + y_3）$$

$$= \frac{1}{3}（1.72 + 1.82 + 1.80）= \frac{5.34}{3} = 1.780;$$

$$\bar{K}_{21} = \frac{1}{3} K_{21} = \frac{1}{3}（y_4 + y_5 + y_6）$$

$$= \frac{1}{3}（1.92 + 1.83 + 1.98）= \frac{5.73}{3} = 1.910;$$

$$\bar{K}_{31} = \frac{1}{3} K_{31} = \frac{1}{3}（y_7 + y_8 + y_9）$$

$$= \frac{1}{3}（1.59 + 1.60 + 1.82）= \frac{5.00}{3} = 1.667;$$

$$R_1 = \max\ \{K_{11}, K_{21}, K_{31}\} - \min\ \{K_{11}, K_{21}, K_{31}\}$$
$$= 5.73 - 5.00 = 0.73。$$

其他的 K_{ij}，$\bar{K}_{ij}$，R_j 的计算过程就不写出来了，它们的计算结果列在表 8-9 中。

注意：如果第 j 列放置因素 A，为了方便，有时也把 K_{ij}，$\bar{K}_{ij}$ 分别写成 K_{iA}，$\bar{K}_{iA}$，其他记号如 K_{iB}、$\bar{K}_{iB}$、K_{iC}、$\bar{K}_{iC}$ 作类似的理解。

一般地说，各列的极差是不相等的，这说明各因素的水平改变时对试验结果的影响是不相同的。极差越大，说明这个因素的水平改变对试验结果的影响越大，极差最大的那一列的因素，就是因素的水平改变对试验结果影响最大的因素，也就是最主要的因素。对于本例有

$$R_1 > R_2 > R_3 > R_4$$

因此，它的各因素的主次顺序为

主→次：A　B　C

现在，可以根据分析结果确定最优试验方案了。

挑选因素的优水平与所要求指标有关，若指标越大越好，则应该选取使指标大的水平，即各列 K_{1j}、K_{2j}、K_{3j}（或 $\bar{K}_{1j}$、$\bar{K}_{2j}$、$\bar{K}_{3j}$）中最大的那个水平；反之，若指标越小越好，则应取使指标最小的那个水平。本例的试验目标是提高合成氨的产量，指标越大越好，所以应该挑选每个因素的 K_{1j}，K_{2j}，K_{3j} 中最大的那个水平。由于

$$K_{2A} > K_{1A} > K_{3A}，K_{3B} > K_{1B} > K_{2B}，K_{2C} > K_{1C} > K_{3C}$$

故得最优方案为 $A_2B_3C_2$。即反应温度 490℃，反应压力 300MPa，乙种催化剂。

我们通过分析计算得到的最优方案 $A_2B_3C_2$，并不包含在正交表中已做过的 9 个试验方案之中。这正体现了正交设计的优越性。但是，实际上它是不是真正的最优方案呢？这可以通过进一步的试验来验证，我们也可以作进一步的理论计算来证实。

二、 有交互作用的正交试验的直观分析

前面讨论的正交试验设计和对试验结果的分析，都是在因素之间没有（或不考虑）交互作用的情况下进行的。实际上，在许多试验中，因素的交互作用不但存在，而且不能忽略。在这种情况下，对多因素的正交试验的表头设计还必须另外借助两列间的交互作用表，许多正交表的后面都附有相应的交互作用表。表 8-11 就是正交表 $L_8(2^7)$ 所对应的交互作用表。

表 8-11　　　　　　　　　$L_8(2^7)$ 两列间交互作用列表

列号	1	2	3	4	5	6	7
	(1)	3	2	5	4	7	6
		(2)	1	6	7	4	5
			(3)	7	6	5	4
				(4)	1	2	3
					(5)	3	2
						(6)	1
							(7)

用正交表安排有交互作用的试验时，把交互作用看成一个新的因素，它要在正交表上占有列，称为交互作用列。交互作用列不能随意安排在任意列上，应该通过查交互作用表来安排。从表 8-11 就可以查出正交表 $L_8(2^7)$ 中任何两列的交互作用列。例如，要查第 2 列与第 6 列的交互作用列，先在表 6-10 的对角线上查出列号（2）与（6），然后从（2）向右横看、从（6）向上竖看，交叉数字为 4 就是它们的交互作用列的列号。即是说，用 $L_8(2^7)$ 安排试验时，如果因素 A 被安排在第 2 列，因素 B 被安排在第 6 列，那么，交互作用因素 A×B 就只能安排到第 4 列上，此列不能再安排其他因素，以避免发生效应之间的"混杂"。在分析试验结果时，A×B 仍然作为一个单独因素，同样计算它的极差，极差的大小反映 A 和 B 的交互作用的大小。下面举例说明有交互作用的试验设计与试验结果的分析。

[**例 8.5**]　工件的渗碳层深度要求为（1±0.25）mm，要通过试验考察的因素与水平如表 8-12 所示，还要考察交互作用 A×B、B×C。

表 8-12　　　　　　　　　　　　[例 8.5]　的因素与水平表

水平	因素			
	A 催化剂	B 温度/℃	C 保温时间/h	D 工件质量/kg
第一行数据	甲	700	2	1
第二行数据	乙	800	3	1.5

试验目的是确定这 4 个因素及 2 个交互作用对渗碳指标影响的重要性的主次顺序，并找到最优的生产方案。

解：首先，选定合适的正交表。

这是一个 4 因素 2 水平试验，4 个因素加上 2 个交互作用 A×B、B×C，因此所选的 2 水平正交表至少要有 6 列。满足这种条件的 2 水平正交表中以 $L_8(2^7)$ 为最小，因此选用正交表 $L_8(2^7)$ 安排试验。

然后进行表头设计。

把因素 A、B 分别放在表 $L_8(2^7)$ 的第 1、2 列上，查 $L_8(2^7)$ 两列间的交互作用表，可知交互作用 A×B 占用第 3 列，因此，第 3 列不能安排因素 C（或其他因素），否则第 3 列的极差就分不清楚是因素 C 的作用还是 A×B 的作用，这便产生了效应"混杂"。现将因素 C 放在第 4 列，查 $L_8(2^7)$ 两列间的交互作用表，可知交互作用 B×C 占用第 6 列，因此，第 6 列不能再安排别的因素。最后，因素 D 可安排在第 5 列或第 7 列上，现安排在第 5 列上，于是第 7 列成为空白列。这样，便得到不会有因素与交互作用"混杂"的表头设计，如表 8-13 所示。

表 8-13　　　　　　　　　　　　[例 8.5]　的表头设计

因素	A	B	A×B	C	D	B×C	空列
列号	1	2	3	4	5	6	7

下面制订试验方案与进行试验。

完成了表头设计以后，只要把表 $L_8(2^7)$ 安排有因素的第 1、2、4、5 列上的数字"1"和"2"分别看成是该列所安排的因素在各个试验中的水平数，从而正交表的每一行就确定一个试验方案，于是得到本例的 8 个试验方案。注意，在完成了表头设计以后，交互作用所在列与空白列一样，对确定试验方案不起任何作用，因为那些列的数字"1""2"不代表任何实际水平。

按正交表规定的试验方案进行试验，测定试验结果。试验方案与试验结果见表 8-14。

表 8-14　　　　　　　　　[例 8.5] 的试验方案与结果分析

试验号	因素 A 1	B 2	A×B 3	C 4	D 5	B×C 6	空列 7	渗碳层深度 x_i/mm	$y_i=\mid x_i-1\mid$
1	1（甲）	1（700）	1	1（2）	1（1）	1	1	0.85	0.15
2	1	1	1	2（3）	2（1.5）	2	2	0.75	0.25
3	1	2（800）	2	1	1	2	2	1.03	0.03
4	1	2	2	2	2	1	1	0.98	0.02
5	2（乙）	1	2	1	2	1	2	1.09	0.09
6	2	1	2	2	1	2	1	1.16	0.16
7	2	2	1	1	2	2	1	0.81	0.19
8	2	2	1	2	1	1	2	0.92	0.08
K_{1j}	0.45	0.65	0.67	0.46	0.42	0.34	0.52		
K_{2j}	0.52	0.32	0.30	0.51	0.55	0.63	0.45		
R_j	0.07	0.33	0.37	0.05	0.13	0.29	0.07		
因素主次	A×B	B	B×C	D	A	C			
最优方案	$A_1B_2C_2D_1$								

下面分析试验结果，计算极差，确定因素的主次顺序。

由于渗碳层深度 x_i 越接近 1 越好，为了便于讨论，把试验指标 x_i 变换为 $\mid x_i-1\mid=y_i$，从而问题转化为 y_i 越小越好。

用 y_i（$i=1,2,\cdots,8$）来计算 K_{ij}、R_j，计算 K_{ij}、R_j 与第 j 列放置什么因素或交互作用无关，所以计算 K_{ij}、R_j 的公式与无交互作用情形相同。计算所得结果以及根据极差 R_j 由大到小所确定的因素的主次顺序见表 8-14。

最后，确定最优方案。

如果不计交互作用，注意到指标 y_i 是越小越好，很容易得到最优方案应该是 $A_1B_2C_1D_1$，但是，由于交互作用 A×B 是影响试验结果的最重要因素，是挑选水平组合的最主要依据，所以不能不计。可是，A×B 没有实际水平，说它取哪个水平是没有意义的，因而不能按 K_{13}、K_{23} 值的大小来确定，应该按因素 A、B 的水平搭配的好坏来确定。怎样看出两因素水平搭配的好坏呢？通常把两因素各种水平搭配下对应试验结果（数据）之和列成的表格称为搭配表（也称为二元表），表 8-15 便是本例的 A、B 两因素的搭配表。

表 8 - 15 [例 8.5] 因素 A、B 的水平搭配表

	B_1	B_2
A_1	$D_{11} = y_1 + y_2 = 0.15 + 0.25 = 0.40$	$D_{12} = y_3 + y_4 = 0.03 + 0.02 = 0.05$
A_2	$D_{21} = y_5 + y_6 = 0.09 + 0.16 = 0.25$	$D_{22} = y_7 + y_8 = 0.19 + 0.08 = 0.27$

由于本例的指标 y_i 越小越好，根据正交表的综合可比性，表中最小值所对应的水平搭配就是因素 A、B 的最优水平搭配，即最好的搭配是 A_1B_2。

由于交互作用 B×C 比因素 C 重要，我们也列出因素 B、C 的水平搭配表（见表 8 - 16）。

表 8 - 16 [例 8.5] 的因素 B、C 水平搭配表

	C_1	C_2
B_1	$D_{11} = y_1 + y_5 = 0.15 + 0.09 = 0.24$	$D_{12} = y_2 + y_6 = 0.25 + 0.16 = 0.41$
B_2	$D_{21} = y_3 + y_7 = 0.03 + 0.19 = 0.22$	$D_{22} = y_4 + y_8 = 0.02 + 0.08 = 0.10$

与因素 A、B 找最优水平搭配的道理一样，由表 8 - 16 得到因素 B、C 的最优水平搭配为 B_2C_2。

综上所述，不考虑交互作用时得到的最优方案为 $A_1B_2C_1D_1$，考虑交互作用时得到的最优方案为 $A_1B_2C_2D_1$。这两个方案一致之处在于因素 C 的水平选取上，在有交互作用时，这种矛盾现象是经常发生的。此时，因素 C 取哪一个水平好呢？一般来说，次要因素应该服从主要因素（交互作用 A×B、B×C 分别都看作是因素），本例交互作用 B×C 比因素 C 重要，因此应该选择由因素 B、C 的优水平搭配所确定的水平。于是，最后确定的最优方案为 $A_1B_2C_2D_1$。即甲种催化剂，温度 800℃，保温时间 3h，工件质量 1kg。

当因素取 3 水平或 3 水平以上时，交互作用的分析比较复杂，不便于应用直观分析法（极差分析法），通常都用方差分析法。

第五节　正交试验设计的方差分析

前面介绍了用正交表安排多因素试验的方法，并对试验结果进行了极差分析。极差分析方法的优点是简单、直观，计算量较少，便于普及和推广，对于生产实际中的一般问题用极差分析法能够得到很好解决。但极差分析法不能估计试验过程中以及试验结果测定中必然存在的误差的大小，因而不能真正区分各因素各水平所对应的试验结果的差异究竟是由于水平的改变所引起的，还是由于试验误差所引起的。而且，对影响试验结果的各因素的重要程度，极差分析法不能给出精确的数量估计，也不能提供一个标准来考察、判断因素对试验结果的影响是否显著。特别是对于水平数大于等于 3 且要考虑交互作用的试验，极差分析法不便于使用。方差分析能弥补极差分析法的这些不足。

一、　不考虑交互作用的正交试验的方差分析

利用正交表对试验结果进行方差分析的思想与步骤类似于两个因素全面试验中的方差分

析：先将数据（试验结果）的总偏差平方和分解为各因素以及误差的偏差平方和，然后求出 F 值，再应用 F 检验法。

若用正交表 $L_n(r^t)$ 安排试验，总的试验次数为 n，试验结果为 y_1，y_2，$\cdots$，y_n，则数据的总偏差平方和 S_T 为：

$$S_T = \sum_{i=1}^{n}(y_i - \bar{y})^2 = \sum_{i=1}^{n} y_i^2 - n\bar{y}^2 = \sum_{i=1}^{n} y_i^2 - \frac{T^2}{n}$$

其中，$\bar{y} = \dfrac{1}{n}\sum_{i=1}^{n} y_i$，$T = \sum_{i=1}^{n} y_i$

由一个因素的方差分析知道，因素 A 所引起的数据的偏差平方和（即组间平方和）为：

$$S_A = \sum_{i=1}^{r} n_i(\bar{y}_i - \bar{y})^2 = \sum_{i=1}^{r} n_i\bar{y}_i^2 - n\bar{y}^2 = \sum_{i=1}^{r} n_i\bar{y}_i^2 - \frac{T^2}{n}$$

其中，r 为因素 A 的水平数，$\bar{y}_i$ 为因素 A 的水平 A_i 所对应的试验结果的平均值。用正交表安排试验时，每一个因素的任一个水平的试验次数都是相等的。设因素 A 的每一个水平的试验次数为 s，则（记号 K_{ij}，$\bar{K}_{ij}$，R_j 与前节的含义相同）

$$n_i = s \quad,\quad n = rs \quad,\quad \bar{y}_i = \bar{K}_{iA} = \frac{1}{s}K_{iA}$$

于是，S_A 可表示为：

$$S_A = s\sum_{i=1}^{r}\bar{K}_{iA}^2 - \frac{1}{n}\left(\sum_{i=1}^{n} y_i\right)^2 = \frac{1}{s}\sum_{i=1}^{r} K_{iA}^2 - \frac{1}{n}\left(\sum_{i=1}^{n} y_i\right)^2 = \frac{r}{n}\sum_{i=1}^{r} K_{iA}^2 - \frac{T^2}{n}$$

若因素 A 安排在正交表的第 j 列上，记 $S_A = S_j$，且称 S_j 为第 j 列所引起的数据的偏差平方和（简称 S_j，为第 j 列平方和），于是有

$$S_j = \frac{r}{n}\sum_{i=1}^{r} K_{ij}^2 - \frac{1}{n}\left(\sum_{i=1}^{n} y_i\right)^2$$

特别地，对于 2 水平的正交试验，计算 S_j 的公式可简化为：

$$S_j = \frac{2}{n}(K_{1j}^2 + K_{2j}^2) - \frac{1}{n}(K_{1j} + K_{2j})^2 = \frac{1}{n}(K_{1j} - K_{2j})^2 = \frac{1}{n}R_j^3$$

若用正交表 $L_n(r^t)$ 安排试验，可以证明有如下平方和分解公式：

$$S_T = \sum_{j=1}^{t} S_j$$

也就是说，我们用正交表将总偏差平方和 S_T 分解为各列偏差平方和 S_j 之和，且
S_T 的自由度　$\nu_T = n - 1$；S_j 的自由度　$\nu_j = r - 1$。

[例8.6]　某食品添加剂合成工艺条件试验。某工厂在原有基础上要对某食品添加剂的合成条件做进一步的研究，目的在于提高其产率。试验考察的因素与水平为（不考虑交互作用）：

A：反应温度（℃）　　$A_1 = 300$，$A_2 = 320$；

B：反应时间（min）　$B_1 = 20$，$B_2 = 30$；

C：压力（atm）　　$C_1 = 200$，$C_2 = 250$（$1\,\text{atm} = 1.01 \times 10^5\,\text{Pa}$，下同）；

D：催化剂种类　　$D_1 = $ 甲，$D_2 = $ 乙；

E：NaOH 溶液用量（L）　$E_1 = 80$，$E_2 = 100$。

解：由于各因素皆为 2 水平，共有 5 个因素，可选用正交表 $L_8(2^7)$。表头设计、试验方案、试验结果及 K_{ij}，$\bar{K}_{ij}$，R_j 的计算结果见表 8 - 17。

表8-17 [例8.6] 的试验与计算表

试验号	A 1	B 2	3	C 4	D 5	E 6	空列 7	试验结果 y_i
1	1	1	1	1	1	1	1	$y_1 = 83.4$
2	1	1	1	2	2	2	2	$y_2 = 84.0$
3	1	2	2	1	1	2	2	$y_3 = 87.3$
4	1	2	2	2	2	1	1	$y_4 = 84.8$
5	2	1	2	1	2	1	2	$y_5 = 87.3$
6	2	1	2	2	1	2	1	$y_6 = 88.0$
7	2	2	1	1	2	2	1	$y_7 = 92.3$
8	2	2	1	2	1	1	2	$y_8 = 90.4$
K_{1j}	339.5	342.7	350.1	350.3	348.4	351.6	348.5	$T = 697.5$
K_{2j}	358.0	354.8	347.4	347.2	349.1	345.9	349.0	$\bar{y} = 87.2$
$\bar{K}_{1j}$	84.9	85.7	87.5	87.6	87.1	87.9	87.1	
$\bar{K}_{2j}$	89.5	88.7	86.9	86.8	87.3	86.5	87.3	
R_j	18.5	12.1	2.7	3.1	0.7	5.7	0.5	
S_j	42.781	18.301	0.911	1.201	0.061	4.061	0.031	$S_T = 67.349$

本例是用正交表 $L_8(2^7)$ 安排试验，于是有：

$$S_T = \sum_{i=1}^{8} y_i^2 - \frac{1}{8}\left(\sum_{i=1}^{8} y_i\right)^2 ; \quad S_j = \frac{1}{8}(K_{1j} - K_{2j})^2 = \frac{1}{8}R_j^2$$

各列的 S_j 计算结果见表8-17。

由正交表的平方和分解分式及本例的表头设计，得

$$S_T = S_A + S_B + S_C + S_D + S_E + S_3 + S_7$$

其中 S_3、S_7 均为空白列的偏差平方和。由于空白列的偏差平方和不是由任何因素所引起的，故是误差所引起的，因此误差平方和 S_e 为所有空白列的偏差平方和之总和，本例为

$$S_e = S_3 + S_7$$

且自由度有

$$\nu_e = \nu_3 + \nu_7$$

于是又有

$$S_T = S_A + S_B + S_C + S_D + S_E + S_e$$

要进行方差分析，还必须把试验结果 y_i 理解为随机变量 η_i（$i = 1, 2, \cdots, 8$），并假定它们服从正态分布。在无交互作用时，假定 η_1，η_2，$\cdots$，η_8 满足下面模型：

$$\eta_1 = \mu + a_1 + b_1 + c_1 + d_1 + e_1 + \varepsilon_1$$
$$\eta_2 = \mu + a_1 + b_1 + c_2 + d_2 + e_2 + \varepsilon_2$$
$$\eta_3 = \mu + a_1 + b_2 + c_1 + d_1 + e_2 + \varepsilon_3$$
$$\eta_4 = \mu + a_1 + b_2 + c_2 + d_2 + e_1 + \varepsilon_4$$
$$\eta_5 = \mu + a_2 + b_1 + c_1 + d_2 + e_1 + \varepsilon_5$$
$$\eta_6 = \mu + a_2 + b_1 + c_2 + d_1 + e_2 + \varepsilon_6$$

$$\eta_7 = \mu + a_2 + b_2 + c_1 + d_2 + e_2 + \varepsilon_7$$

$$\eta_8 = \mu + a_2 + b_2 + c_2 + d_1 + e_1 + \varepsilon_8$$

$$\sum_{i=1}^{2} a_i = \sum_{i=1}^{2} b_i = \sum_{i=1}^{2} c_i = \sum_{i=1}^{2} d_i = \sum_{i=1}^{2} e_i = 0$$

ε_1，ε_2，$\cdots$，ε_8 符合正态分布，从而 η_1，η_2，$\cdots$，η_8 相互独立。

其中 a_i，b_i，c_i，d_i，e_i 分别为因素的水平 A_i，B_i，C_i，D_i，E_i 的效应（$i=1$，2），它们与 μ 及 S^2 均是未知参数。

检验 A，B，C，D，E 各因素对试验结果有无显著影响，分别等价于下列假设：

$$H_A : a_1 = a_2 = 0, \quad H_B : b_1 = b_2 = 0,$$

$$H_C : c_1 = c_2 = 0, \quad H_D : d_1 = d_2 = 0,$$

$$H_E : e_1 = e_2 = 0。$$

下面做出显著性检验。

我们已指出有

$$S_T = S_A + S_B + S_C + S_D + S_E + S_e$$

还可以证明有下列结论：

（1）S_A，S_B，S_C，S_D，S_E，S_e 相互独立，且 $\dfrac{S_e}{S^2} \sim \chi^2 \ (\nu_e)$；

（2）当 H_A 成立时，$\dfrac{S_A}{S^2} \sim \chi^2 \ (\nu_A)$；

当 H_B 成立时，$\dfrac{S_B}{S^2} \sim \chi^2 \ (\nu_B)$；

当 H_C 成立时，$\dfrac{S_C}{S^2} \sim \chi^2 \ (\nu_C)$；

当 H_D 成立时，$\dfrac{S_D}{S^2} \sim \chi^2 \ (\nu_D)$；

当 H_E 成立时，$\dfrac{S_E}{S^2} \sim \chi^2 \ (\nu_E)$。

其中 ν_A 称为 S_A（或因素 A）的自由度。有

$$\nu_A = 因素 A 的水平数 - 1$$

同理，可知 ν_B，ν_C，ν_D，ν_E 的含义及计算公式。

ν_e 称为 S_e（或误差）的自由度，它的另一个计算公式为：

$$\nu_e = S_T - 各因素的自由度之和 = （n-1） - 各因素的自由度之和$$

由此得到检验 H_A 的统计量为

$$F_A = \frac{S_A / \nu_A}{S_e / \nu_e} = \frac{\overline{S}_A}{\overline{S}_e} \sim F(\nu_A, \nu_e)$$

其中，$\overline{S}_A = S_A / \nu_A$；$\overline{S}_e = S_e / \nu_e$。一般 $\overline{S}_j = S_j / \nu_j$ 称为第 j 列的均方和。

于是，对于给定的显著性水平 α，由样本值 y_1，y_2，$\cdots$，y_8 算出统计量 F 的观测值 F_A，那么检验假设 H_A 的法则为：

若 $F_A \geqslant F_{1-\alpha} \ (\nu_A, \nu_e)$，则拒绝 H_A，认为因素 A 对试验结果的影响是显著的；

若 $F_A < F_{1-\alpha} \ (\nu_A, \nu_e)$，则接受 H_A，认为因素 A 对试验结果的影响不显著。

类似可得到检验 H_B，H_C，H_D，H_E 的法则。

但是，有些因素对试验结果的影响明显地不显著，应该把这些因素所在列的 S_j 并入误差平方和 S_e 中。通常是比较 $\bar{S}_A$ 与 $\bar{S}_e$ 的大小，如果 $\bar{S}_A < \bar{S}_e$，就可以将 S_j 并入 S_e 中。如果有若干列皆如此，就把这些列的 S_j 全部加起来，将它们与 S_e 并在一起作为新的误差平方和 S_e^Δ，相应的自由度也并入 ν_e 成为 ν_e^Δ（注意，有时 S_e 异常小，此时甚至把满足 $\bar{S}_A > \bar{S}_e$ 但相对于其他一些列的偏差平方和来说小得多的少数一些列的 S_j 也并入误差平方和 S_e 中），然后再对其他因素用

$$F_{因} = \frac{S_{因}/\nu_{因}}{S_e^\Delta/\nu_e^\Delta} \sim F(\nu_{因}, \nu_e^\Delta)$$

来做检验。

若计算出的观测值 $F_{因} \geqslant F_{1-\alpha}(\nu_{因}, \nu_e^\Delta)$，则以显著性水平 α 推断此因素对试验结果的影响显著，否则推断此因素对试验结果的影响不显著。

在 [例 8.6] 中得到

$$S_e = S_3 + S_7 = 0.911 + 0.031 = 0.942$$

$$\nu_e = \nu_3 + \nu_7 = 1 + 1 = 2$$

$$\bar{S}_D = 0.061 < \frac{0.942}{2} = \bar{S}_e$$

于是
$$S_e^\Delta = S_e + S_D = 0.942 + 0.061 = 1.003$$

$$\nu_e^\Delta = \nu_e + \nu_D = 2 + 1 = 3$$

查 F 分布表得 $F_{1-0.01}(1, 3) = 34.12$；$F_{1-0.05}(1, 3) = 10.13$；$F_{1-0.10}(1, 3) = 4.54$。
因 $F_A = \dfrac{\bar{S}_A}{\bar{S}_e} = \dfrac{42.781/1}{1.003/3} = 128.1 > F_{1-0.01}(1, 3) = 34.12$

故因素 A 对试验结果的影响是高度显著的。

类似可得因素 B 的影响是高度显著的，而因素 E 的影响是显著的。对因素 C，由于

$$F_C = \frac{\bar{S}_C}{\bar{S}_e} = \frac{1.201/1}{1.003/3} = 3.6 < F_{1-0.10}(1, 3) = 4.54$$

故因素 C 对试验结果无显著影响。

将以上分析计算列成方差分析表（见表 8-18）。

表 8-18　　　　　　　　　　　　　　　　[例 8.6] 的方差分析表

方差来源	平方和 S_i	自由度 ν	均方和 $\bar{S}$	F 值	显著性
A	42.781	1	42.781	128.1	＊＊
B	18.301	1	18.301	54.8	＊＊
C	1.201	1	1.201	3.6	
D^Δ	0.061	1	0.061		
E	4.061	1	4.061	12.2	＊
e	0.942	2	0.471		
e^Δ	1.003	3	0.334		

下面来确定最优方案。

在无交互作用的情形下，对试验结果影响显著的因素应该选最好的水平，由于

$$K_{1A} < K_{2A}$$

故因素 A 的水平 A_2 比 A_1 好（在本例中，指标越大越好）。

类似可得因素 B 的水平 B_2 比 B_1 好；对于因素 E，水平 E_1 比 E_2 好。

对于作用不显著的因素，可根据提高效率、降低消耗、便于生产等多方面考虑任取一个水平。本例对作用不显著的因素 C、D，可选 C_1、D_1，故确定的最优工艺条件为 $A_2B_2E_1C_1D_1$，即温度 320℃、时间 30min、NaOH 溶液 80L，20MPa（200atm）及甲种催化剂。

我们计算得出的最优方案 $A_2B_2E_1C_1D_1$ 不包含在正交表排出的试验方案中，按正交表的安排在已做过的 8 个试验中，以第 7 号试验结果为最好，可将第 7 号试验方案与最优方案作对比验证试验。

二、 考虑交互作用的正交试验的方差分析

我们通过例子来说明。

[例8.7] 在油炸方便面生产中，主要原料质量与主要工艺参数对产品质量有影响，想通过试验确定有关因素的最优方案。试验要考察的因素与水平为：

A：改良剂种类 $A_1 = $ 甲，$A_2 = $ 乙；

B：油炸时间（s） $B_1 = 70$，$B_2 = 80$；

C：油炸温度（℃） $C_1 = 150$，$C_2 = 160$。

还要考察 3 个因素之间可能存在的一级交互作用 $A \times B$，$A \times C$，$B \times C$。

解： 选择正交表、表头设计、明确试验方案及进行试验等这些步骤都与前述类似，所得结果见表 8 - 19。

表 8 - 19　　　　　　　　　[例8.7] 的试验与计算表

试验号	A 1	B 2	A ×B 3	C 4	A ×C 5	B ×C 6	空列 7	复水时间/s
1	1（甲）	1（70）	1	1（150）	1	1	1	3.0
2	1	1	1	2（160）	2	2	2	3.5
3	1	2（80）	2	1	1	2	2	2.0
4	1	2	2	2	2	1	1	3.0
5	2	1	2	1	1	1	2	1.5
6	2（乙）	1	2	2	1	2	1	5.0
7	2	2	1	1	2	2	1	1.5
8	2	2	1	2	1	1	2	4.0
K_{1j}	−5	10	0	−40	20	−5	5	$T = -5$
K_{2j}	0	−15	−5	35	−25	0	−10	
S_j	3.125	78.125	3.125	703.125	253.125	3.125	28.125	$\bar{y} = -0.625$

为了便于计算，我们把试验结果进行了如下简化：

$$y_i = 10 \ (x_i - 3.0) \ (i = 1, 2, \cdots, 8)$$

由于数据经过线性变换后方差分析的结论不变，故对正交试验的方差分析也是如此。

利用简化数据 y_i（$i = 1$，2，$\cdots$，8）计算 K_{ij}、S_j，计算 K_{ij}、S_j 与第 j 列安排什么因素或什么交互作用无关，所以计算 K_{ij}、S_j 的公式与无交互作用的情形完全相同，具体计算结果见表 $8-19$。

下面对 ［例8.7］ 进行方差分析。

为了进行方差分析，我们把试验结果 y_i 理解为随机变量，并记作 η_i（$i = 1$，2，$\cdots$，8），假定它们满足下列模型：

$$\eta_1 = \mu + a_1 + b_1 + (ab)_{11} + c_1 + (ac)_{11} + (bc)_{11} + \varepsilon_1$$
$$\eta_2 = \mu + a_1 + b_1 + (ab)_{11} + c_2 + (ac)_{12} + (bc)_{12} + \varepsilon_2$$
$$\eta_3 = \mu + a_1 + b_2 + (ab)_{12} + c_1 + (ac)_{11} + (bc)_{21} + \varepsilon_3$$
$$\eta_4 = \mu + a_1 + b_2 + (ab)_{12} + c_2 + (ac)_{12} + (bc)_{22} + \varepsilon_4$$
$$\eta_5 = \mu + a_2 + b_1 + (ab)_{21} + c_1 + (ac)_{21} + (bc)_{11} + \varepsilon_5$$
$$\eta_6 = \mu + a_2 + b_1 + (ab)_{21} + c_2 + (ac)_{22} + (bc)_{12} + \varepsilon_6$$
$$\eta_7 = \mu + a_2 + b_2 + (ab)_{22} + c_1 + (ac)_{21} + (bc)_{21} + \varepsilon_7$$
$$\eta_8 = \mu + a_2 + b_2 + (ab)_{22} + c_2 + (ac)_{22} + (bc)_{12} + \varepsilon_8$$

$$\sum_{i=1}^{2} a_i = \sum_{i=1}^{2} b_i = \sum_{i=1}^{2} c_i = 0$$
$$\sum_{i=1}^{2} (ab)_{ij} = \sum_{j=1}^{2} (ab)_{ij} = \sum_{i=1}^{2} (ac)_{ij}$$
$$= \sum_{j=1}^{2} (ac)_{ij} = \sum_{i=1}^{2} (bc)_{ij} = \sum_{j=1}^{2} (bc)_{ij} = 0$$

ε_1，ε_2，$\cdots$，ε_8 符合正态分布（从而 η_1，η_2，$\cdots$，η_8 相互独立）。

其中，μ，a_i，b_i，c_i，$(ab)_{ij}$，$(ac)_{ij}$，$(bc)_{ij}$，S^2 均是未知参数。μ 称为理论总均值；a_i，b_i，c_i 分别为 A_i，B_i，C_i 的效应（$i = 1$，2），它们的（估计值）计算方法与无交互作用的情形相同；$(ab)_{ij}$，$(ac)_{ij}$，$(bc)_{ij}$ 分别表示 A_i 与 B_j、A_i 与 C_j、B_i 与 C_j 的交互效应，它们的（估计值）计算方法稍后再讨论。

检验因素 A，B，C 及交互作用 A×B，A×C，B×C 对试验结果有无显著影响，分别等价于对下列假设：

$$H_A : a_1 = a_2 = 0$$
$$H_B : b_1 = b_2 = 0$$
$$H_C : c_1 = c_2 = 0$$
$$H_{A \times B} : (ab)_{ij} = 0(i = 1,2 \; ; j = 1,2)$$
$$H_{A \times C} : (ac)_{ij} = 0(i = 1,2 \; ; j = 1,2)$$
$$H_{B \times C} : (bc)_{ij} = 0(i = 1,2 \; ; j = 1,2)$$

做显著性检验。

前面已指出，正交试验的总偏差平方和分解公式为 $S_T = \sum_{j=1}^{t} S_j$，对本例有

$$S_T = S_A + S_B + S_{A \times B} + S_{A \times C} + S_{B \times C} + S_e$$

其中，$S_A = S_1$，$S_B = S_2$，$S_C = S_4$

$$S_{A \times B} = S_3，S_{A \times C} = S_5，S_{B \times C} = S_6，S_e = S_7$$

而且有

$$\nu_A = \nu_B = \nu_C = \nu_{A \times B} = \nu_{A \times C} = \nu_{B \times C} = S_e = 1$$

还可以证明有下列结论：

（1）S_A，S_B，S_C，$S_{A \times B}$，$S_{A \times C}$，$S_{B \times C}$，S_e 相互独立，且 $\dfrac{S_e}{S^2} \sim \chi^2 (\nu_e)$。

（2）当 H_A 成立时，$\dfrac{S_A}{S^2} \sim \chi^2 (\nu_A)$；

当 H_B 成立时，$\dfrac{S_B}{S^2} \sim \chi^2 (\nu_B)$；

当 H_C 成立时，$\dfrac{S_C}{S^2} \sim \chi^2 (\nu_C)$；

当 $H_{A \times B}$ 成立时，$\dfrac{S_{A \times B}}{S^2} \sim \chi^2 (\nu_{A \times B})$；

当 $H_{A \times C}$ 成立时，$\dfrac{S_{A \times C}}{S^2} \sim \chi^2 (\nu_{A \times C})$；

当 $H_{B \times C}$ 成立时，$\dfrac{S_{B \times C}}{S^2} \sim \chi^2 (\nu_{B \times C})$。

由此得到检验假设 H_A 的统计量为

$$F_A = \frac{S_A / \nu_A}{S_e / \nu_e} = \frac{\bar{S}_A}{\bar{S}_e} \sim F(\nu_A, \nu_e)$$

于是，对于给定的显著性水平 α，由样本值 y_1，y_2，$\cdots$，y_8 计算得统计量的观测值 F_A，检验 H_A 的法则为：

若 $F_A \geqslant F_{1-\alpha} (\nu_A, \nu_e)$，则拒绝 H_A，认为在显著性水平 α 下，因素 A 对试验结果的影响是显著的；

若 $F_A < F_{1-\alpha} (\nu_A, \nu_e)$，则接受 H_A，认为在显著性水平 α 下，因素 A 对试验结果的影响不显著。

类似地可以得到检验其他假设（包括交互作用的假设）的法则。

但要注意，若有 $S_j < S_e$，则应该把这些 S_j 并入误差平方和 S_e 之中而成为 S_e^{Δ}，然后用

$$F_{因} = \frac{S_{因} / \nu_{因}}{S_e^{\Delta} / \nu_e^{\Delta}} \sim F(\nu_{因}, \nu_e^{\Delta})$$

去检验那些没有并入 S_e 之中的 S_j 的因素或交互作用的显著性（把交互作用看成因素）。

对于本例，有

$$\bar{S}_A = \frac{S_A}{\nu_A} = \frac{3.125}{1} < \frac{28.125}{1} = \frac{S_e}{\nu_e} = \bar{S}_e$$

$$S_{A \times B} = \frac{S_{A \times B}}{\nu_{A \times B}} = \frac{3.125}{1} < 28.125 = \bar{S}_e$$

$$S_{B \times C} = \frac{S_{A \times B}}{\nu_{A \times B}} = \frac{3.125}{1} < 28.125 = \bar{S}_e$$

故应该把 S_A，$S_{A \times B}$，$S_{B \times C}$ 并入 S_e 之中，得

$$S_e^{\Delta} = S_e + S_A + S_{A \times B} + S_{B \times C} = 28.125 + 3.125 + 3.125 + 3.125 = 37.500$$

而相应的自由度为 $\quad \nu_e^{\Delta} = \nu_e + \nu_A + \nu_{A \times B} + \nu_{B \times C} = 4$

剩下要检验的假设为 H_B，H_C，$H_{A \times C}$，于是

$$F_B = \frac{S_B/\nu_B}{S_e^\Delta/\nu_e^\Delta} = \frac{78.125/1}{37.500/4} = 8.33$$

$$F_C = \frac{S_C/\nu_C}{S_e^\Delta/\nu_e^\Delta} = \frac{703.125/1}{37.500/4} = 75.00$$

$$F_{A\times C} = \frac{S_{A\times C}/\nu_{A\times C}}{S_e^\Delta/\nu_e^\Delta} = \frac{253.125/1}{37.500/4} = 27.00$$

查 F 分布表，得 $F_{1-\alpha}$（$\nu_{因}$，ν_e^Δ）的值为

$$F_{1-0.01}\ (1，4)\ =21.2；\ F_{1-0.05}\ (1，4)\ =7.71$$

把 F_B，F_C，$F_{A\times B}$ 与查得的 $F_{1-\alpha}$（$\nu_{因}$，ν_e^Δ）值相比较，就可以得出各因素及各交互作用对试验结果影响是否显著的结论，见表 8-20。

表 8-20　　　　　　　　　　　［例8.7］的方差分析表

方差来源	平方和 S_i	自由度 ν	均方和 $\overline{S}$	F 值	显著性
A$^\Delta$	3.125	1	3.125		
B	78.125	1	78.125	8.33	*
C	703.125	1	703.125	75.00	* *
A×C	253.125	1	253.125	27.00	* *
(A×B)$^\Delta$	3.125	1	3.125		
(B×C)$^\Delta$	3.125	1	3.125		
e	28.125	1	28.125		
e$^\Delta$	37.500	4	9.375		

由此知因素 C 及交互作用 A×C 对试验结果的影响是高度显著的，而因素 B 的影响显著。

顺便指出，若用正交表 $L_n(r^t)$ 安排试验，对任意两个因素 A，B 的交互作用 A×B 的自由度有 $\nu_{A\times B} = \nu_A \times \nu_B =$（$r-1$）（$r-1$）。

每一列的自由度为（$r-1$），故此时任何两个因素的交互作用都要在正交表 L_n（r^t）上占用（$r-1$）列。例如，用 2 水平的正交表安排试验时，任何两个因素的交互作用占用（$2-1$）=1列；用 3 水平的正交表安排试验时，任何两个因素的交互作用占用（$3-1$）= 2 列。

下面考虑最优方案。

令 a_i，b_i，c_i 分别表示 A_i，B_i，C_i 的效应，它们的计算公式（称为水平效应公式）为：

$$a_i = \overline{K}_{iA} - \bar{y} = \frac{1}{n}(rK_{iA} - T)；$$

$$b_i = \overline{K}_{iB} - \bar{y} = \frac{1}{n}(rK_{iB} - T)；$$

$$c_i = \overline{K}_{iC} - \bar{y} = \frac{1}{n}(rK_{iC} - T)。$$

T 为指标总和。$[ab]_{ij}$ 表示 A_i 与 B_j 的水平组合对试验结果的联合效应（也称总效应），它等于 A_i 与 B_j 搭配条件下的均值与总均值之差。

用 $(ab)_{ij}$ 表示 A_i 与 B_j 的水平组合对试验结果的交互效应，简称为 A_i 与 B_j 的交互效应。

在有交互作用的两个因素方差分析模型时，得到

$$\mu_{ij} = \mu + \alpha_i + \beta_j + \gamma_{ij}, \quad 或写成 \mu_{ij} - \mu = \alpha_i + \beta_j + \gamma_{ij}$$

用我们现在的记号，这个式子就成为：

$$[ab]_{ij} = a_i + b_j + (ab)_{ij}$$

或改写成 $(ab)_{ij} = [ab]_{ij} - a_i - b_j$

可以用因素 A 与 B 的水平搭配表（也称 A 与 B 的二元表）来求出 $[ab]_{ij}$、a_i、b_j（如果只求 a_i，b_j，则用水平效应公式计算就很简单），从而易算得交互效应 $(ab)_{ij}$。

下面以因素 A，B 安排在表 $L_8 (2^7)$ 的第 1，2 列（从而 A×B 应占用第 3 列）为例，来说明用二元表计算 $[ab]_{ij}$，a_i，b_j 的方法（见表 8 −21）。

表 8 −21 二元表计算方法

	B_1	B_2	K_{iA}	a_i
A_1	$D_{11} = y_1 + y_2$	$D_{12} = y_3 + y_4$	$\sum_{j=1}^{2} D_{1j} = K_{1A}$	$\bar{K}_{1A} - \bar{y}$
A_2	$D_{21} = y_5 + y_6$	$D_{22} = y_7 + y_8$	$\sum_{j=1}^{2} D_{2j} = K_{2A}$	$\bar{K}_{2A} - \bar{y}$
K_{iB}	$\sum_{i=1}^{2} D_{i1} = K_{1B}$	$\sum_{i=1}^{2} D_{i2} = K_{2B}$	$T = \sum_{i=1}^{2} \sum_{j=1}^{2} D_{ij}$	
b_i	$\bar{K}_{1B} - \bar{y}$	$\bar{K}_{2B} - \bar{y}$		

表中 D_{ij} 为因素 A，B 取水平搭配 A_iB_j 时所对应的试验结果之和。因为 $[ab]_{ij}$ 等于 A_i 与 B_j 搭配条件下的均值与总均值之差（实际上这里计算出的是 $[ab]_{ij}$ 的估计量或估计值），于是有：

$$[ab]_{ij} = \bar{D}_{ij} - \bar{y} = \frac{1}{2} D_{ij} - \bar{y} = \frac{1}{8} (2^2 D_{ij} - T)$$

一般，若用表 $L_n(r^t)$ 安排试验，则

$$[ab]_{ij} = \bar{D}_{ij} - \bar{y} = \frac{1}{n} (r^2 D_{ij} - T)$$

其中，D_{ij} 为 A_iB_j 搭配条件下各试验结果之和，$\bar{D}_{ij}$ 则为其平均值。

在［例8.6］交互作用中只有 A×C 是显著的，我们通过因素 A 与 C 的水平搭配表（二元表）来求 $[ac]_{ij}$，a_i，c_j（见表 8 −22）。

表 8 −22 ［例8.7］的因素 A，C 的二元表

	C_1	C_2	K_{iA}	a_i
A_1	$D_{11} = y_1 + y_3 = 0 - 10 = -10$	$D_{12} = y_2 + y_4 = 5 + 0 = 5$	-5	-0.625
A_2	$D_{21} = y_5 + y_7 - 15 - 15 = -30$	$D_{22} = y_6 + y_8 = 20 + 10 = 30$	0	0.625
K_{iC}	-40	35	$T = -5$	
c_i	-9.375	9.375		

于是，A_i 与 C_j 的联合效应（总效应）为：

$$[ac]_{11} = \bar{D}_{11} - \bar{y} = \frac{-10}{2} - \frac{-5}{8} = -4.375; \quad [ac]_{12} = \bar{D}_{12} - \bar{y} = \frac{5}{2} - \frac{-5}{8} = 3.125;$$

$$[ac]_{21} = \bar{D}_{21} - \bar{y} = \frac{-30}{2} - \frac{-5}{8} = -14.375 ; \quad [ac]_{22} = \bar{D}_{22} - \bar{y} = \frac{30}{2} - \frac{-5}{8} = 15.625 。$$

再计算 A_i 与 C_j 的交互效应 $(ac)_{ij}$：

$$(ac)_{11} = [ac]_{11} - a_1 - c_1 = -4.375 - (-0.625) - (-9.375) = 5.625$$

$$(ac)_{12} = [ac]_{12} - a_1 - c_2 = 3.375 - (-0.625) - 9.375 = -5.625$$

$$(ac)_{21} = [ac]_{21} - a_2 - c_1 = -14.375 - 0.625 - (-9.375) = -5.625$$

$$(ac)_{22} = [ac]_{22} - a_2 - c_2 = 15.625 - 0.625 - 9.375 = 5.625$$

注意，由于有：

$$\sum_{i=1}^{2} (ac)_{ij} = 0, \sum_{j=1}^{2} (ac)_{ij} = 0$$

因此，在水平数 $r = 2$ 时，只须求出 $(ac)_{ij}$ 中的任一个，其他三个立即可以写出结果来。

下面讨论有交互作用时，确定最优方案的方法，此时，可按以下四种情况分别处理（假定指标越大越好）：

（1）若因素 A 及交互作用 A×B 的影响显著，但因素 B 的影响不显著。则计算

$$(ab)_{kl} = \max_{i,j} \{(ab)_{ij}\}, \quad a_u = \max_i \{a_i\} \text{ 及} (ab)_{uv} = \max_j \{(ab)_{uj}\}$$

若满足此条件的 $(ab)_{kl}$ 或 a_u 不止一个，则凡满足此条件的都要进行下面的计算与比较，从中找出最大值用以确定最优水平组合。

① 若 $(ab)_{kl} + a_k > a_u + (ab)_{uv}$，则优水平组合为 A_kB_l；

② 若 $(ab)_{kl} + a_k < a_u + (ab)_{uv}$，则优水平组合为 A_uB_v；

③ 若 $(ab)_{kl} + a_k = a_u + (ab)_{uv}$，则优水平组合取 A_kB_l 或 A_uB_v 都可以。

（2）若因素 B 及交互作用 A×B 的影响均显著，但因素 A 的影响不显著，这种情况实质上就是情况（1），所以只需把情况（1）后面讨论中的 A 与 B 互换且 a 与 b 互换，便得到情况（2）的结论。

（3）若交互作用 A×B 的影响显著，但因素 A，B 的影响均不显著，则选交互效应 $(ab)_{ij}$ 中最大者所对应的水平 A_iB_j 为优水平组合 [若 $(ab)_{ij}$ 中最大者不止一个，则其中任一个皆可]。

（4）若因素 A，B 及交互作用 A×B 的影响均显著，则选联合效应 $(ab)_{ij}$ 中最大者所对应的水平 A_iB_j 为优水平组合 [若 $(ab)_{ij}$ 中最大者不止一个，则其中任一个皆可]。

当然，如果交互作用 A×B 无显著影响，那就是属于无交互作用的情况，此时因素 A，B 各自单独选优水平。

如果讨论的问题是指标越小越好，那么把上述四种情况中的 $(ab)_{ij}$，$[ab]_{ij}$，a_i，b_j 中的"最大"改为"最小"，"max"改为"min"，"＞"改为"＜"，便可得到指标越小越好时的最优水平组合。

在 [例8.7] 中指标越小越好，由 [例8.7] 的方差分析知道，因素 C 及交互作用 A×C 的影响显著，但因素 A 的影响不显著，所以属于情况（1）。此时，有：

$$\min_{1 \le i,j \le 2} \{(ac)_{ij}\} = (ac)_{12} = (ac)_{21} = -5.625$$

$$\min_{1 \le i \le 2} \{c_i\} = c_1 = -9.375$$

$$\min_{1 \le i \le 2} \{(ac)_{i1}\} = (ac)_{21} = -5.625$$

又有

$$(ac)_{12} + c_2 = -5.625 + 9.375 = 3.750$$

$$(ac)_{21} + c_1 = -5.625 + (-9.375) = -15$$

$$(ac)_{21} + c_1 = c_1 + (ac)_{21} = -15$$

比较上面算得的三个数值，以 $c_1 + (ac)_{21}$ 为最小，因此，确定最优水平组合为 A_2C_1。

又由［例8.7］的方差分析表可以看出，因素 B 的影响显著，但交互作用 $A \times B$、$B \times C$ 的影响均不显著，故因素 B 单独选优水平。由于 $K_{1B} > K_{2B}$，因此因素 B 的优水平为 B_2。

综上所述，得到最优方案为 $A_2B_2C_1$，也就是正交表 $L_8(2^7)$ 的第7号试验方案。

三、　正交试验方差分析的注意问题

（1）由于进行 F 检验时，要用误差偏差平方和 S_e 及其自由度 ν_e，因此在进行方差分析时，选正交表时应该留出一定空列。当无空列时，应该进行重复试验。

（2）误差的自由度一般不应该小于2，ν_e 很小，F 检验灵敏度很低，有时即使因素对试验指标有影响，用 F 检验也判断不出来。

（3）为了增大 ν_e，提高 F 检验的灵敏度，在进行显著性检验之前，先把各个因素和交互作用的方差 $S_{因素}^2$、$S_{交}^2$ 与误差方差 S_e^2 进行比较，如果与误差方差的大小相近，说明该因素或交互作用对试验结果的影响微乎其微，其偏差平方和是由随机误差引起的，因此可以并入误差偏差平方和 S_e 中，通常把满足：$S_{因素}^2$（或 $S_{交}^2$）$\leqslant 2S_e^2$ 的那些因素或交互作用的偏差平方和，并入误差的偏差平方和 S_e 中，而得到新的误差偏差平方和 S_e^{∇}，相应的自由度也并入 ν_e 中，然后重新进行检验。

第六节　多指标问题及正交表在试验设计中的灵活运用

一、　多指标问题的处理

单指标试验：衡量试验效果的指标只有一个。

多指标试验：衡量试验效果的指标有多个。

多个指标之间又可能存在一定的矛盾，这时需要兼顾各个指标，寻找使得每个指标都尽可能好的生产条件。

（一）综合评分法

在对各个指标逐个测定后，按照由具体情况确定的原则，对各个指标综合评分，将各个指标综合为单指标。此方法关键在于评分的标准要合理。

（二）综合平衡法

（1）对各个指标进行分析，与单指标的分析方法完全一样，找出各个指标的最优生产条件。

（2）将各个指标的最优生产条件综合平衡，找出兼顾每个指标都尽可能好的条件。

二、　水平数不同的正交表的使用

（一）直接套用混合正交表

［例8.8］　某油炸膨化食品的体积与油温、物料含水量及油炸时间有关，为了确保产品质

量，提出工艺要求，现在通过正交试验设计寻求理想的工艺参数。

［例8.8］的因素水平见表8-23，试验结果与分析见表8-24。

表8-23 ［例8.8］ 因素水平表

水平	因素		
	油炸温度/℃	物料含水量/%	油炸时间/s
1	210	2.0	30
2	220	4.0	40
3	230		
4	240		

表8-24 ［例8.8］ 试验结果与分析表

试验号	油温/℃ 1	含水量/% 2	时间/s 3	空列 4	空列 5	体积/ ($cm^3/100g$)
1	1	1	1	1	1	210
2	1	2	2	2	2	208
3	2	1	1	2	2	215
4	2	2	2	1	1	230
5	3	1	2	1	2	251
6	3	2	1	2	1	247
7	4	1	2	2	1	238
8	4	2	1	1	2	230
$\bar{K}_{1j}$	209	228.5	225.5			
$\bar{K}_{2j}$	222.5	228.75	231.75			
$\bar{K}_{3j}$	249					
$\bar{K}_{4j}$	234					
R	40	0.25	6.25			
R'	25.46	0.355	8.875			

因素水平完全一样时，因素的主次关系完全由极差 R 的大小来决定。当水平数不完全一样时，直接比较是不行的，这是因为，若因素对指标有同等影响时，水平多的因素极差应大一些。因此，要用系数对极差进行折算。

折算后用 R' 的大小衡量因素的主次，R' 的计算公式为：

$$R' = dR\sqrt{r}$$

式中 R'——折算后的极差；

$\quad R$——因素的极差；

$\quad r$——该因素每个水平试验重复数；

$\quad d$——折算系数，与因素的水平数有关，其数值见表8-25。

表8-25				折算系数表						
水平数	m	2	3	4	5	6	7	8	9	10
折算系数	d	0.71	0.52	0.45	0.40	0.37	0.35	0.34	0.32	0.3

因此表8-24中的R'的折算如下：

$$R'_A = dR\sqrt{r} = 0.45 \times 40\sqrt{2} = 25.46$$

$$R'_B = dR\sqrt{r} = 0.71 \times 0.25\sqrt{4} = 0.355$$

$$R'_C = dR\sqrt{r} = 0.71 \times 6.25\sqrt{4} = 8.875$$

（二）并列法

对于有混合水平的问题，除了直接应用混合水平的正交表外，还可以将原来已知正交表加以适当的改造，得到新的混合水平的正交表。

（1）首先从$L_8(2^7)$中随机选两列，例如1、2列，两列同横行组成的8个数对，恰好4种不同搭配各出现两次，我们把每种搭配用一个数字来表示：

$$(1, 1) \rightarrow 1$$
$$(1, 2) \rightarrow 2$$
$$(2, 1) \rightarrow 3$$
$$(2, 2) \rightarrow 4$$

（2）于是1、2列合起来形成一个具有4水平的新列，再将1、2列的交互作用列第3列从正交表中除去，因为它已不能再安排任何因素，这样就等于将1、2、3列合并成新的一个4水平列。

显然，新的表$L_8(4 \times 2^4)$仍然是一张正交表，不难验证，它仍然具有正交表均衡分散、整齐可比的性质。

（1）任一列中各水平出现的次数相同（四水平列中，各水平出现两次，两水平列各水平出现四次）。

（2）任意两列中各横行的有序数对出现的次数相同（对于两个二水平列，显然满足）；对一列四水平，一列二水平，它们各横行的八种不同搭配（1，1）、（1，2）、（2，1）、（2，2）、（3，1）、（3，2）、（4，1）、（4，2）各出现一次。

[例8.9] 运动发酵单细胞菌是一种酒精生产菌，为了确定其发酵培养基的最佳配方，考察因素A、B、C、D对酒精浓度的影响，其中因素A取4水平，因素B、C、D均取二水平，还需要考察交互作用A×B、A×C。

显然这是一个$4^1 \times 2^3$因素的试验设计问题。

自由度计算如下：

$$\nu_A = 4 - 1 = 3$$
$$\nu_B = \nu_C = \nu_D = 2 - 1 = 1$$
$$\nu_{A \times B} = \nu_{A \times C} = (4 - 1) \times (2 - 1) = 3$$
$$\nu_{总} = 3 + 3 \times 1 + 2 \times 3 = 12$$

故可以选用$L_{16}(2^{15})$改造得到的$L_{16}(4^1 \times 2^{12})$混合正交表安排试验。

（三）拟水平法

拟水平法是将水平数少的因素纳入水平数多的正交表中的一种设计方法。

对［例8.1］的转化率试验，如果除已考虑的温度（A）、时间（B）、用碱量（C）外还要考虑搅拌速度（D）的影响，而电磁搅拌器只有快慢两档，即因素 D 只有两个水平，这是一项四因素的混合水平试验，如果套用现成的正交表，则以 $L_{18}(2^1 \times 3^7)$ 为宜，但由于人力物力所限，18 次试验太多了，能否用 $L_9(3^4)$ 来安排呢？这是可以的，解决的办法给搅拌速度凑足三个水平，这个凑足的水平称拟水平。我们让搅拌速度快的（或慢的）一档多重复一次，凑成三个水平。

S_T、S_A、S_B、S_C 的计算与原来相同，只是 S_D 的计算不同。此例我们可看到拟水平法有如下特点：

（1）每个水平的试验次数不一样。转化率的试验，D_1 的试验有 6 次，而 D_2 的试验只有 3 次。通常把预计比较好的水平试验次数多一些，预计比较差的水平试验次数少一些。

（2）自由度小于所在正交表的自由度，因此 D 占了 $L_9(3^4)$ 的第四列，但它的自由度 $\nu_D = 1$ 小于第四列的自由度 $\nu_D = 2$，就是说，D 虽然占了第四列，但没有占满，没有占满的地方就是试验误差。

还需作两点说明：

① 因素 D 由于和其他因素的水平数不同，用极差 R 来比较因素的主次是不恰当的。通过折算得到 R'，就可以进行比较。也可用方差分析法得到可靠的结果。

② 虽然拟水平法扩大了正交表的使用范围，但值得注意的是，正交表经拟水平改造后不再是一张正交表了，它失去了各因素的各水平之间的均衡搭配的性质，这是和并列法所不同的。

（四）混合水平有交互作用的正交设计

例如有一试验需要考虑 A、B、C、D 四个因素，其中 A 为四水平因素，B、C、D 都为二水平因素，还需要考虑它们的交互作用 A×B、A×C、B×C。试验安排：

$$\nu_{总} = (4-1) + 3(2-1) + 2(4-1)(2-1) + (2-1)(2-1) = 13$$

故选用 $L_{16}(2^{15})$ 正交表。

（1）将 $L_{16}(2^{15})$ 中的第 1、2、3 列改造为四水平的情况，得到 $L_{16}(4^1 \times 2^{12})$ 表。

（2）将 A 占 1、2、3 列，如果 B 放第 4 列，则由交互作用表知：1，4→5；2，4→6；3，4→7。于是 A×B 要占 5、6、7 三列。

（3）将 C 排在第 8 列，可以查得：1，8→9；2，8→10；3，8→11。于是 A×C 要占 9、10、11 三列。

（4）B 在第 4 列，C 在第 8 列，4，8→12，B×C 放 12 列。

（5）D 可以安排在剩余的任何一列，假如放在第 15 列。

三、 活动水平与组合因素法

（一）活动水平法

在多因素试验中，有时两因素和多因素直接存在着相互依存的关系。即一个因素的水平的选取将由另一因素的水平来决定，或者一因素水平的选取将随着另一因素水平的选取情况而变化，此时可采用活动水平法。

［例8.10］ 镀银工艺试验，试验目的：寻找好的镀银槽液配方和相应的工艺条件。因素有五个：

槽液配方：硝酸银用量，氰化钾（KCN）用量，硫代硫酸铵用量。

工艺条件：温度，电流密度。

硝酸银的用量预计比较两个水平：150g/L 和 100g/L。但是氰化钾的用量也取两个固定水平就不合适了。硝酸银多了，氰化钾也必须多，硝酸银少了氰化钾也要少。如果固定氰化钾的两个水平是 250g/L 和 160g/L，于是就会出现下面四种水平搭配（表 8 – 26）。

表 8 – 26　　　　　　　　　　　　　[例8.10] 的四种水平搭配

编号	$AgNO_3$/（g/L）	KCN/（g/L）
1	150	250
2	150	160
3	100	250
4	100	160

有实际经验的技术人员很快可断定 2、3 号的配比是不合适的。

这样选水平的方法就称为活动水平法，KCN 用量这个因素就称为活动水平的因素。

在本例中，电流密度也是一个活动水平的因素，它随温度的高低而变化。因素水平见表 8 – 27。

表 8 – 27　　　　　　　　　　　　　因素水平表

因素 水平	$AgNO_3$/ （g/L）	KCN 用量/（g/L）			硫代 硫酸铵/ （g/L）	电流密度			温度/℃
			$AgNO_3$：150	$AgNO_3$：100			40℃	50℃	
1	150	少	250	167	0	小	3A	5A	40
2	100	多	274	183	0.5	大	5A	7A	50

（二）组合因素法

在试验工作中，力求通过尽可能少的试验次数得到预期的效果。在用正交试验设计安排试验时，减少试验次数的有效方法就是把两个或两个以上的因素组合起来当作一个因素看待。组合成的这个因素称为组合因素，采用组合因素法时，安排试验和试验结果分析的方法同一般正交试验。

四、分割试验法

分割试验法又称为裂区法。

（一）分割试验的基本思想

在比较复杂的试验中，要经过好几道工序才能得出结果，这些工序重复起来难易不等。为了对这类试验进行设计，我们可以既按照工序的先后，又按照工序重复的难易程度，把因素区分为一级因素、二级因素、三级因素等。安排试验时，尽可能使重复困难的工序少做试验，而让重复容易的工序多做些试验。

（二）正交表的分组

观察每张正交表，可以发现正交表都按列的次序被分为若干组，其主要用途是能够用分割法来安排实验。注意研究正交表的分组，可以发现每一个组的水平数字变化是有规律的。例如 $L_8(2^7)$ 正交表，第 1 列为第 1 组，水平 1 和 2 分别连续出现 4 次；第 2、3 列为第 2 组，水平

1、2分别连续出现2次；其余为第3组，水平1和2按一定规律交替出现，是不连续的。此外还有一个重要规律，就是前一组连续出现的某种水平的试验号中，在下一组一定出现的几种水平数的试验号是相等的，例如，第1组1~4号试验连续出现第1水平，第2组1~4号试验中，水平1和2各出现2次（各在两个试验中）；第2组水平数1连续出现在1~2号试验中，水平数2连续出现在3~4号中，则第3组1~2号试验和3~4号试验中水平数1~2就各出现1次。因此我们可以将$L_8(2^7)$正交表划分为一些组，见表8-28。

表8-28　　　　　　　　　　$L_8(2^7)$正交表的分组

试验号	列号						
	1	2	3	4	5	6	7
1	1	1	1	1	1	1	1
2	1	1	1	2	2	2	2
3	1	2	2	1	1	2	2
4	1	2	2	2	2	1	1
5	2	1	2	1	2	1	2
6	2	1	2	2	1	2	1
7	2	2	1	1	2	2	1
8	2	2	1	2	1	1	2
组	第1组	第2组		第3组			

　　利用正交表的上述特性，我们可以按因素水平重复的难易程度，将考察的因素分类（次），第一类为重复困难的因素，称为一次因素；第二类为重复比较困难的因素，称为二次因素；第三类为重复比较容易的因素，称为三次因素。在表头设计时，把这些分类后的因素依次安排在正交表的不同组中，然后就可以用分割法进行试验。这样安排试验，就可以使得重复困难的因素减少重复次数，可以使一次因素少做成倍的试验，缩短试验周期，并且可以节约费用。下面介绍实例。

（三）分割试验法的应用

　　[例8.11]　微波法加工烧鸡的研究中，可以分为腌制、油炸上色、微波加热三道工序。为确定最优工艺条件，安排正交试验，试验因素水平见表8-29。要求考察A与E、B与E的交互作用，以成品的色泽、口感、质地等综合评定试验效果。

表8-29　　　　　　　　　　[例8.10]　试验因素水平

水平	因素					
	腌制方法 A	油炸温度/℃ B	上色液 C	油炸用油 D	加热时间/min E	功率级别 F
1	湿腌法	180	蜂蜜	豆油	6	6
2	干腌法	200	黄酒	菜油	10	8
3						10

本例为 3×2^5 试验，考察交互作用，所以总自由度为 $(3-1) + 5 \times (2-1) + 2 = 9$，因为因素的分次为 3，应该选择具有 4 个组的正交表，所以考虑选用 $L_{16}(2^{15})$ 正交表安排试验表 8-30。

表 8-30　　　　　　　　　　　　分割法试验方案及结果

因素 / 试验号	空列	A		B	C	D	空列 A×E	E		F		空列 B×E		空列	空列	结果
	1	2	3	4	5	6	7	8	9	10	11	12	13	14	15	
1	1	1	1	1	1	1	1	1	1	1	1	1	1	1	1	9.8
2	1	1	1	1	1	1	1	2	2	2	2	2	2	2	2	9.7
3	1	1	1	2	2	2	2	1	1	1	1	2	2	2	2	8.5
4	1	1	1	2	2	2	2	2	2	2	1	1	1	1	1	8.7
5	1	2	2	1	1	2	2	1	1	2	2	1	1	2	2	9.8
6	1	2	2	1	1	2	2	2	2	1	1	2	2	1	1	9.6
7	1	2	2	2	2	1	1	1	1	2	2	2	2	1	1	8.4
8	1	2	2	2	2	1	1	2	2	1	1	1	1	2	2	8.6
9	2	1	2	1	2	1	2	1	2	1	2	1	2	1	2	7.0
10	2	1	2	1	2	1	2	2	1	2	1	2	1	2	1	7.2
11	2	1	2	2	1	2	1	1	2	1	2	2	1	2	1	6.5
12	2	1	2	2	1	2	1	2	1	2	1	1	2	1	2	6.0
13	2	2	1	1	2	2	1	1	2	2	1	1	2	2	1	7.4
14	2	2	1	1	2	2	1	2	1	1	2	2	1	1	2	7.5
15	2	2	1	2	1	1	2	1	2	2	1	2	1	1	2	6.0
16	2	2	1	2	1	1	2	2	1	1	2	1	2	2	1	6.2
组	1	第2组		第3组						第4组						
因素分次		A		B，C，D						E，F						

按分割法的设计原则，可以分为以下 3 个步骤：

第 1 步：安排一次因素 A。把第 1 组和第 2 组合并，将 A 安排在第 2 列上，第 3 列用于估计一次误差。为了估计一次误差，安排完一次因素后，即使有空列，第 1 组和第 2 组都不能安排二次因素。

第 2 步：安排二次因素 B、C、D。将 B、C、D 依次安排在第 3 组的第 4、5、6 列中，第 7 列用于估计二次误差。

第 3 步：安排 3 次因素 E、F。把 E 安排在第 4 组的第 9 列上，则 A×E 在第 8 列，B×E 在第 13 列。F 为三水平因素，采用拟因素法安排在第 10、11 列上，第 10、11 列的交互作用列为第 1 列，所以第 1 列不能安排，第 12、14、15 用于估计三次误差。

本试验若按正常的正交试验设计法，需做 16 次独立试验，而采用分割法，可以缩短试验周期。下面我们分析一下：

第一道工序：对 A 因素（腌制方法），在 A_1 水平下做 2 次试验，在 A_2 水平下做 2 次试验，共 4 次试验，然后把 4 次试验后的样品分成两份（第一次分割），共分成 8 份，供第 2 步试验使用。

第二道工序：第 2 组中两次因素 B、C、D 的水平组合共有 8 种，按第一道工序试验后分成的 8 份样品，每份各进行一次试验，试验完成，每份对象再分成两份（第二次分割），就分成了 16 份，供第 3 步试验使用。

第三道工序：按三次因素 E、F 的水平组合，将第二道工序试验后又分成两半的 16 份样品，每份各进行一次试验。

试验结果分析采用方差分析法，其主要特点是对各次因素要分别用同次的误差来进行检验，因为被分割的试验对象的各次试验并不是完全独立进行的。本例第 3 列提供了一次误差，检验因素 A 的显著性；第 7 列提供了二次误差，可以用来检验因素 B、C、D 的显著性；第 12、14、15 列提供了三次误差，可以用来检验因素 E、F 和交互作用 $A \times E$、$B \times E$ 的显著性。

方差分析结果表明，因素 B 高度显著，交互作用 $B \times E$ 较显著，其他因素和交互作用均不显著。

[**例 8.12**] 有 A、B、C、D 四个因素，每个都有两个水平，A、B 是一级因素，它们没有交互作用，试验如何安排？

按分割法试验方案列成表 8-31，方差分析表见表 8-32。

表 8-31 分割法试验方案

因素（列号） 试验号	1 2 3 A B	4 5 6 7 C D	一级因素 随机化	二级因素 随机化	实际试验 号码
1	1 1 1	1 1 1 1	3	2	6
2	1 1 1	2 2 2 2		1	5
3	1 2 2	1 1 2 2	2	1	3
4	1 2 2	2 2 1 1		2	4
5	2 1 2	1 1 1 2	1	1	1
6	2 1 2	2 2 2 1		2	2
7	2 2 1	1 2 2 1	4	2	7
8	2 2 1	2 1 1 2		1	8

表 8-32 分割法试验方差分析表

方差来源	平方和	自由度
A	$S_A = S_1$	1
B	$S_B = S_2$	1
e_1	$S_{e_1} = S_3$	1
C	$S_C = S_4$	1
D	$S_D = S_6$	1
e_2	$S_{e_2} = S_6 + S_T$	2
总和	$S_T = \sum_{i=1}^{T} S_i$	7

做 F 检验时，一级因素用一级误差来检验，二级因素用二级误差来检验。

如果 S_{e1}/S_{e2} 不显著时，也可以将两项合并，作为共同的误差估计。

正交分割试验步骤：

（1）把因素分为一级、二级、……等。

（2）选择适当的正交表，把一级因素安排在第一组（或一、二组），二级因素安排在后面一组，依次类推，不同级的因素不可在同组。

（3）有些交互作用不可忽略，设计时要注意不要让它和因素混杂。

分割法交互作用规律：

（1）如果两个因素在不同组，则交互作用一定在两因素中的较高的一组。

（2）属于同一组的二因素的交互作用，其全部和一部分落在比它低的组中。

方差分析时先算出各列的平方和。

思考与习题

1. 什么叫正交设计？有何特点？

2. 简述正交试验设计的基本步骤。

3. 什么叫表头设计？进行表头设计应注意哪些问题？

4. 现有一提高炒青绿茶品质的研究，试验因素有茶园施肥 3 要素配合比例（A）和用量（D），鲜叶处理（B）和制茶工艺流程（C）4 个，各因素均取 3 水平，选用 L_9（3^4），重复 2 次，得试验方案和各处理的茶叶品质总分如下表，试做方差分析。

绿茶品质试验结果 L_9（3^4）

试验号	因素				品质综合分
	A	B	C	D	
1	1	1	1	1	78.5
2	1		2	2	77.0
3	1	3	3	3	78.0
4	2	1	2	3	80.5
5	2	2	3	1	78.0
6	2	3	1	2	78.5
7	3	1	3	2	78.5
8	3	2	1	3	76.5
9	3	3	2	1	79.0

5. 自溶酵母提取物是一种多用途食品配料。为探讨啤酒酵母的最适自溶条件，安排三因素三水平正交试验：温度（℃）A，pH B，加酶量（%）C。试验指标为自溶液中蛋白质含量（%）。试验方案及结果分析见下表。试对试验结果进行方差分析。

试验号	因素				试验结果 y_i/%
	A	B	C	空列	
1	1 (50)	1 (6.5)	1 (2.0)	1	6.25
2	1	2 (7.0)	2 (2.4)	2	4.97
3	1	3 (7.5)	3 (2.8)	3	4.54
4	2 (55)	1	2	3	7.53
5	2	2	3	1	5.54
6	2	3	1	2	5.5
7	3 (58)	1	3	2	11.4
8	3	2	1	3	10.9
9	3	3	2	1	8.95

第九章

均匀试验设计

教学目的与要求

1. 了解均匀试验设计的概念、特点；
2. 了解均匀试验设计的均匀性准则、均匀试验基本方法和应用；
3. 熟练掌握均匀试验设计表的选择和使用；
4. 学会均匀试验设计的数据分析，求得最佳试验结果。

第一节　均匀试验设计的概念与特点

均匀试验设计（Uniform design）就是只考虑试验点在试验范围内均匀分布的一种试验设计方法，是部分因子设计的主要方法之一，它适用于多因素、多水平的试验设计场合。试验次数等于因素的水平数，是大幅度减少试验次数的一种优良的试验设计方法。和正交试验设计相比，均匀设计给试验者更多的选择，从而有可能用较少的试验次数获得期望的结果。均匀设计也是电脑仿真试验设计（computer experiments）的重要方法之一，同时也是一种稳健试验设计（robust experimental design）。

20 世纪 70 年代以来，我国推广"正交设计"方法并取得丰硕的成果。然而当试验需考察的因素较多，且每个因素有较多的水平时，运用"正交设计"方法所需做的试验次数仍会较多，以至于难安排试验。设一个试验中有 m 个因素，它们各自取了 n 个水平。若用正交试验法来安排这一试验，欲估计某一因素的主效应，在方差分析模型中占 $n-1$ 个自由度，m 个因素共有 $m(n-1)$ 个自由度。如果进一步考虑任两个因素的交互作用，共有 C_2^m 个这样的交互作用，每个占 $(n-1)^2$ 个自由度。上述两项自由度之和为 $m(n-1)+\dfrac{1}{2}m(m-1)(n-1)^2$，若高阶交互作用可以忽略，其试验数必须大于 $m(n-1)+\dfrac{1}{2}m(m-1)(n-1)^2$。例如，在一个 5 因素 3 水平的试验中，试验数必须大于 $5\times2+\dfrac{1}{2}\times5\times4^2=50$。在多数试验中上述的主效应和二因素间的交互作用可能不同时显著，若试验前已有足够的证据可忽略某些主效应或交互效应，则试验数可以适当地减少。可惜，在许多试验中，试验者在试验前并不清楚哪些主效应和交互效应可以忽略，这时试验者似乎只好选择做 50 次试验以上的方案了，于是，在文献中强烈推荐使用二水平试验，这时 $m(n-1)+\frac{1}{2}m(m-1)(n-1)^2=m+\frac{1}{2}m(m-1)$。

当 m 增加时，其试验数增加的速度为 m^2 阶，对大多数试验可以接受。众所周知，二水平试验只能拟合响应和因素之间的二次多项式关系。当响应和因素之间的关系为高次多项式或非线性关系时，就需要更高水平的试验，这时方差分析模型要求的试验次数使试验者望而止步。

具体的例子是 1978 年原七机部在进行某项产品的试验设计时，须考虑 5 因素 31 水平，且要求试验次数不能超过 50 次。5 因素 31 水平可能的试验次数多达 2800 多万次，为研究其数学模型曾试用国外的方法，长时间得不到理想的结果，而运用"正交设计"方法，5 因素 31 水平的试验次数为 $31^2=961$。为解决该难题，我国著名的数理统计专家方开泰与数论专家王元合作，将数论理论成功地应用于试验设计问题中，创立了一种全新的试验设计方法——"均匀设计试验法"，运用该方法于上述的 5 因素 31 水平的试验问题，仅做 31 次试验，其效果便接近于 2800 多万次的试验，成功地解决了该难题。

多年来，我国数学界在数论的理论研究与应用研究两方面都卓有成效，"均匀设计"方法的创立就是其中一个例子。10 多年来，"均匀设计"方法已广泛应用于国内的军工、化工、医药、食品等领域，并取得显著的成效。在国际上"均匀设计"也已得到承认和应用，引起了国际数学界的重视。本章介绍均匀试验设计的思想、方法及数学处理。

第二节　均匀设计的思想

正交设计法是从全面试验中挑选部分试验点进行试验，它在挑选试验点时有两个特点，即"均匀分散，整齐可比"。"均匀分散"使试验点具有代表性，"整齐可比"便于试验的数据分析。然而，为了照顾"整齐可比"，试验点就不能充分地"均匀分散"，且试验点的数目就会比较多（试验次数随水平数的平方而增加）。"均匀设计"方法的思路是去掉"整齐可比"的要求，通过提高试验点"均匀分散"的程度，使试验点具有更好的代表性，使得能用较少的试验获得较多的信息。

均匀设计沿用近 30 年来发展起来的"回归设计"方法，运用控制论中的"黑箱"思想，把整个过程看作一个"黑箱"，把参与试验的因素 x_1，x_2，$\cdots$，x_n 通过运用均匀设计法安排试验，作为系统的输入参数，而把实验指标（结果）Y 作为输出参数，如图 9-1 所示。

图 9-1　试验因素（输入）与试验指标（输出）系统

在数学上可把输出参数 Y 与输入参数 x_i（$i = 1$，2，$\cdots$，n）的关系用函数式表示为

$$Y = f(x_1, x_2, \cdots, x_n) \tag{9-1}$$

函数的模型对不同的系统可根据理论或凭经验进行假设，然后根据试验结果运用回归分析等方法确定模型中的系数，具体计算可使用国内外现已广泛流行的统计软件 SAS、Minitab、Mathematics、MATLAB、SPSS 等在计算机上进行。

不同系统的函数模型的形式及复杂程度可能相差很大，线性模型是最简单也是较常用的一种，但在现实中往往有其局限性，尤其当输入参数取值范围较大时，正如几何中曲线在局部可用直线段近似表示，在较大范围内直线段表示就会有较大的偏差。当线性模型假设失效时，可以考虑多项式模型（2 次的或更高次的），还可以考虑非多项式模型。任何模型假设都必须通过试验进行检验和评价以确定取舍。利用建立的回归模型，可估计各因素的主效应和交互效应，还可进行预测、预报等。

第三节　均匀设计表

与正交试验设计相似，均匀设计也是利用一种表格来安排试验的，这种表格称为均匀设计表。均匀设计表是根据数论在多维数值积分中的应用原理构造的，它分为等水平和混合水平两种。

一、　等水平均匀设计表

均匀设计和正交设计相似，也是通过一套精心设计的表来进行试验设计的。附表 5 给出了 16 个等水平均匀设计表和相应的使用表。每一个均匀设计表有一个代号 $U_n(n^m)$ 或 $U_n^*(n^m)$，其中"U"表示均匀设计，下标"n"表示要做 n 次试验，括号"n"表示每个因素有 n 个水平（试验时水平数可以小于试验次数，但必须能被试验次数整除），"m"表示该表有 m 个因素（列）。U 的右上角加"＊"和不加"＊"代表两种不同类型的均匀设计表。表 9 - 1 和表 9 - 3 分别为均匀表 $U_7(7^4)$ 和 $U_7^*(7^4)$。通常加"＊"的均匀设计表有更好的均匀性，应优先选用。

表 9 - 1　　　　　　　　　　　　　　$U_7(7^4)$

试验号	1	2	3	4
1	1	2	3	6
2	2	4	6	5
3	3	6	2	4
4	4	1	5	3
5	5	3	1	2
6	6	5	4	1
7	7	7	7	7

每个均匀设计表都附有一个使用表，它指示我们如何从设计表中选用适当的列，以及由这些列所组成的试验方案的均匀度。表 9 - 2 所示是 $U_7(7^4)$ 的使用表。它告诉我们，若有两个

因素，应选用 1，3 两列来安排试验；若有三个因素，应选用 1，2，3 三列，...，最后 1 列 D 表示刻划均匀度的偏差（discrepancy），偏差值越小，表示均匀度越好。若有两个因素，若选用 $U_7(7^4)$ 的 1，3 列，其偏差 $D = 0.2398$，选用 $U_7^*(7^4)$ 的 1，3 列，相应偏差 $D = 0.1582$（见表 9 - 4），后者较小，应优先择用。有关 D 的定义和计算将在后面介绍。可见当 U_n 表和 U_n^* 表能满足试验设计时，应优先使用 U_n^* 表。

表 9 - 2 $U_7(7^4)$ 的使用表

因素数 s	列 号	D
2	1 3	0.2398
3	1 2 3	0.3721
4	1 2 3 4	0.4760

表 9 - 3 $U_7^*(7^4)$

试验号	1	2	3	4
1	1	3	5	7
2	2	6	2	6
3	3	1	7	5
4	4	4	4	4
5	5	7	1	3
6	6	2	6	2
7	7	5	3	1

表 9 - 4 $U_7^*(7^4)$ 的使用表

因素数 s	列 号	D
2	1 3	0.1582
3	2 3 4	0.2132

均匀设计有其独特的布（试验）点方式，其特点表现在：

（1）每个因素的每个水平做一次且仅做一次试验。

（2）任两个因素的试验点点在平面的格子点上，每行每列有且仅有一个试验点。如表 9 - 5 所示的 $U_7(7^6)$ 的第一列和第三列点成图 9 - 2。

表 9 - 5 $U_7(7^6)$

试验号	1	2	3	4	5	6
1	1	2	3	4	5	6
2	2	4	6	1	3	5
3	3	6	2	5	1	4
4	4	1	5	2	6	3
5	5	3	1	6	4	2
6	6	5	4	3	2	1
7	7	7	7	7	7	7

性质（1）和（2）反映了试验安排的"均衡性"，即对各因素，每个因素的每个水平一视同仁。

（3）均匀设计表任两列组成的试验方案一般并不等价。例如用 $U_7(7^6)$ 的1，3和1，6列分别画图，得图9-2和图9-3。我们看到，图9-2的点散布比较均匀，而图9-3的点散布并不均匀。均匀设计表的这一性质和正交表有很大的不同，因此，每个均匀设计表必须有一个附加的使用表（见表9-6）。

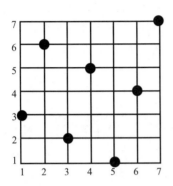

图9-2 均匀分布1，3列

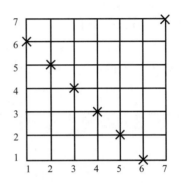

图9-3 不均匀分布1，6列

表9-6 $U_7(7^6)$ 使用表

因素数 s	列　号	D
2	1　3	0.2398
3	1　2　3	0.3721
4	1　2　3　6	0.4760

（4）当因素的水平数增加时，试验数按水平数的增加量在增加。如当水平数从9水平增加到10水平时，试验数 n 也从9增加到10。而正交设计当水平增加时，试验数按水平数的平方的比例在增加。当水平数从9到10时，试验数将从81增加到100。由于这个特点，使均匀设计更便于使用。

二、 混合水平的均匀设计表

均匀设计表适用于等水平试验，但是在具体试验中，很难保证不同因素的水平数相等，直接利用等水平均匀设计表就有困难。

为了适应实际情况的千变万化，在应用均匀设计时，需要灵活加以应用。不少作者有许多巧妙的应用和建议，很值得参考。如① 均匀设计与调优方法共用；② 分组试验；③ 拟水平法。本节仅介绍拟水平法在均匀设计法中的应用。若在一个试验中，有两个因素 A 和 B 为三水平，一个因素 C 为二水平。分别记它们的水平为 A_1，A_2，A_3，B_1，B_2，B_3，C_1，C_2。这个试验可以用正交表 $L_{18}(2 \times 3^7)$ 来安排，这等价于全面试验，并且不可能找到比 L_{18} 更小的正交表来安排这个试验。是否可以用均匀设计来安排这个试验呢？直接运用是有困难的，这就要运用拟水平的技术。若我们选用均匀设计表 $U_6^*(6^4)$，按使用表的推荐用1，2，3前3列。若将 A

和 B 放在前两列，C 放在第 3 列，并将前两列的水平合并：$\{1, 2\} \Rightarrow 1$，$\{3, 4\} \Rightarrow 2$，$\{5, 6\} \Rightarrow 3$。同时将第 3 列水平合并为二水平：$\{1, 2, 3\} \Rightarrow 1$，$\{4, 5, 6\} \Rightarrow 2$，于是得设计表（见表 9 – 7）。这是一个混合水平的设计表 $U_6(3^2 \times 2^1)$。这个表有很好的均衡性，例如，A 列和 C 列，B 列和 C 列的二因素设计正好组成它们的全面试验方案，A 列和 B 列的二因素设计中没有重复试验。可惜的是并不是每一次做拟水平设计都能这么好。例如我们要安排一个二因素（A，B）五水平和一因素（C）二水平的试验。这项试验若用正交设计，可用 L_{50} 表，但试验次数太多。若用均匀设计来安排，可用 $U_{10}^*(10^{10})$。由使用表指示选用 1，5，7 三列。对 1，5 列采用水平合并 $\{1, 2\} \Rightarrow 1$，…，$\{9, 10\} \Rightarrow 5$；对 7 列采用水平合并 $\{1, 2, 3, 4, 5\} \Rightarrow 1$，$\{6, 7, 8, 9, 10\} \Rightarrow 2$，于是得表 9 – 8 的方案。这个方案中 A 和 C 的两列，有两个（2，2），但没有（2，1）；有两个（4，1），但没有（4，2），因此均衡性不好。

表 9 – 7　　　　　　　　　　拟水平设计 $U_6(3^2 \times 2^1)$

序号	A	B	C
1	(1) 1	(2) 1	(3) 1
2	(2) 1	(4) 2	(6) 2
3	(3) 2	(6) 3	(2) 1
4	(4) 2	(1) 1	(5) 2
5	(5) 3	(3) 2	(1) 1
6	(6) 3	(5) 3	(3) 2

表 9 – 8　　　　　　　　　　拟水平设计 $U_{10}(5^2 \times 2^1)$

序号	A	B	C
1	(1) 1	(5) 3	(7) 2
2	(2) 1	(10) 5	(3) 1
3	(3) 2	(4) 2	(10) 2
4	(4) 2	(9) 5	(6) 2
5	(5) 3	(3) 2	(2) 1
6	(6) 3	(8) 4	(9) 2
7	(7) 4	(2) 1	(5) 1
8	(8) 4	(7) 4	(1) 1
9	(9) 5	(1) 1	(8) 2
10	(10) 5	(6) 3	(4) 1

若选用 $U_{10}^*(10^{10})$ 的 1，2，5 三列，用同样的拟水平技术，便可获得表 9 – 9 列举的 $U_{10}(5^2 \times 2^1)$ 表，它有较好的均衡性。由于 $U_{10}^*(10^{10})$ 表有 10 列，我们希望从中选择三列，由该三列生成的混合水平表 $U_{10}(5^2 \times 2^1)$ 既有好的均衡性，又使偏差尽可能地小。经过计算发现，表 9 – 9 给出的表具有偏差 $D = 0.3925$，达到了最小。

表 9 – 9   拟水平设计 $U_{10}(5^2 \times 2^1)$

序号	A	B	C
1	(1) 1	(2) 1	(5) 1
2	(2) 1	(4) 2	(10) 2
3	(3) 2	(6) 3	(4) 1
4	(4) 2	(8) 4	(9) 2
5	(5) 3	(10) 5	(3) 1
6	(6) 3	(1) 1	(8) 2
7	(7) 4	(3) 2	(2) 1
8	(8) 4	(5) 3	(7) 2
9	(9) 5	(7) 4	(1) 1
10	(10) 5	(9) 5	(6) 2

本书附录给出了一批用拟水平技术而生成的混合水平的均匀设计表。

第四节　均匀性准则

我们曾指出均匀设计在使用时由于选择的列不同，试验的效果也大不相同，于是建议读者按使用表的推荐去选列，那么使用表又是如何产生的呢？设我们要从均匀设计表 $U_n(n^m)$ 中选出 s 列，则可能的选择有 C_s^m 种可能，我们要从中选择一个最好的，这里必须对"好"和"坏"有明确的含义，表 $U_n(n^m)$ 是由它的生成向量 $h = (h_1, \cdots, h_m)$ 所唯一确定的，选择 s 列，本质上就是从 h 中选择 s 个 $h_1, \cdots, h_m$，由这 s 个数生成的均匀设计表为 $U_m(h_1, \cdots, h_i)$，这是一个 $n \times s$ 矩阵。它的每一行是 s 维空间 R^s 中的一个点，故 n 行对应 R^s 中的 n 个点，若这 n 个点在试验范围内均匀，则试验效果好，否则试验效果不好。因此，比较两个均匀设计表 $U_n(h_{i1}, \cdots, h_{is})$ 和 $U_n(h_{j1}, \cdots, h_{js})$ 的好坏等价于比较由它们所对应的两组点集的均匀性。于是我们必须给出均匀性度量。

度量均匀性准则很多，其中偏差（discrepancy）是使用历史最久，为公众所广泛接受的准则，我们先给出它的定义。

定义 1　设 $U_n(n^m)$ 是一个均匀设计表，若把它的每一行看成 m 维空间的一个点，则 $U_n(n^m)$ 给出了 n 个试验点，这些点的坐标由 $\{1, 2, \cdots, n\}$ 组成，用线性变换将 $\{1, \cdots, n\}$ 均匀地变到 $(0, 1)$ 之间如下：

$$i \longrightarrow \frac{2i-1}{2n}, \ i = 1, 2, \cdots, n$$

若用 q_{ki} 表示 $U_n(n^m)$ 中的元素，则上面的变换等价于令

$$x_{ki} = \frac{2q_{ki}-1}{2n} \quad i = 1, \cdots, m; \ k = 1, \cdots, n$$

$$x_k = (x_{k1}, \cdots, x_{km}) \quad k = 1, \cdots, n \tag{9-2}$$

于是 n 个试验点变换成 $[0, 1]^m = C^m$ 中的 n 个点：$x_1, \cdots, x_n$。考虑原 n 个试验点的均匀性，等价于考核 $x_1, \cdots, x_n$ 在 C^m 的均匀性。

定义 2 设 $x_1, \cdots, x_n$ 为 C^m 中的 n 个点，任一向量 $x = (x_1, \cdots, x_m) \in C^m$，记 $\nu(x) = x_1, \cdots, x_m$ 为矩形 $[0, x]$ 的体积，n_x 为 $x_1, \cdots, x_n$ 中落入 $[0, x]$ 的点数，则

$$D(x_1, \cdots, x_n) = \sup_{x \subset C^m} \left| \frac{n_x}{n} - \nu(x) \right| \tag{9-3}$$

称为点集 $\{x_1, \cdots, x_n\}$ 在 C^m 中的偏差（discrepancy）。

为什么偏差可以用于度量点集散布的均匀性呢？若 n 个点 $x_1, \cdots, x_n$ 在 C^m 中散布均匀，则 n_x/n 表示有多少比例的点落在矩形 $[0, x]$ 中，它应当和该矩形的体积 $V(x)$ 相差不会太远。

如果用统计学的语言来解释偏差，令

$$F_n(x) = \frac{1}{n} \sum_{k=1}^{k} I\{x_k \leqslant x\} \tag{9-4}$$

表示 $\{x_1, \cdots, x_n\}$ 的经验分布函数，式中 $I\{\cdot\}$ 为示性函数，再令 $F(x)$ 为 C^m 上均匀分布的分布函数，于是式（9-3）定义的偏差可表示为：

$$D(x_1, \cdots, x_n) = \sup_{x \subset C^m} |F_k(x) - F(x)| \tag{9-5}$$

偏差实际上就是在分布拟合检验中的 Kolmogorov–Smirnov 统计量，它给出了经验和理论分布之间的偏差。

在 C^m 中任给 n 个点 $x_1, \cdots, x_n$，如何计算它们的偏差对均匀设计表的构造十分重要。长期以来，一直没有人给出一个实用的算法。当方开泰在 1978 年提出均匀设计时，只好把偏差展开成级数，取其首项，给出近似偏差的准则。此方法方便计算，但有时会有大的偏差，而且只适用于好格子点法构造的均匀设计，不能计算正交设计等其他方法所产生的试验点的偏差。最近 Bundschuh 和朱尧辰给出了计算偏差的算法，当因素数不太多时，他们的算法可以精确地求出任何点集的偏差。

设我们要从均匀设计表 $U_n(n^m)$ 中选出 s 列，使其相应的均匀设计有最小的偏差。当 m 和 s 较大时，由 m 列中取出 s 列的数目有 C_s^m 之多，要比较这么多组点集的均匀性，工作量很大，于是需要有简化计算和近似求解的方法，这里仅仅介绍利用整数的同余幂来产生 $h_1, \cdots, h_i$ 的办法。

令 a 为小于 n 的整数，且 $a, a^2 (\mod n), \ldots, a^t (\mod n)$ 互不相同，$a^{t+1} = 1 (\mod n)$，则称 a 对 n 的次数为 t，例如

$$2^1 = 2, \ 2^2 = 4, \ 2^3 = 3, \ 2^4 = 1 \qquad (\mod 5)$$

则 2 对 5 的次数为 3，又如

$$3^1 = 3, \ 3^2 = 9, \ 3^3 = 5, \ 3^4 = 4, \ 3^5 = 1 \qquad (\mod 9)$$

表示 3 对 9 的次数为 4，一般若

$$(a^0, \ a, \ \cdots, \ a^{s-1}) \ (\mod n) \tag{9-6}$$

a 对 n 的次数大于或等于 $s-1$，且 $(a, n) = 1$，则可用作为生成向量，故 a 称为均匀设计的生成元。然后在一切可能的 a（最多 $n-1$ 个）中去比较相应试验点的均匀性，工作量则大大减少。理论和实践证明，这种方法获得的均匀设计使用表仍能保证设计的均匀性。于是，给定 n 和 s，只要求得最优的 a，便可获得生成向量，从而获得相应的均匀设计表。

表 9-10 对奇数 n（$5 \leqslant n \leqslant 31$，$n=37$）给出了 U_n 表的生成元及其相应均匀设计的偏差，同时对偶数 n（$6 \leqslant n \leqslant 30$）给出了 U_n^* 表的生成元和相应的偏差。类似地，对奇数 n，我们也获得 U_n^* 表的生成向量和相应均匀设计表的偏差（见表 9-11）。

表 9-10　　　　　　　　　　U_n 和 U_n^* 的生成元和相应设计的偏差

n	2	3	4	5	6	7
5	2 (0.3100)	2 (0.4570)				
6	3 (0.1875)	3 (0.2656)	3 (0.2990)			
7	3 (0.2398)	3 (0.3721)	3 (0.4760)			
8	4 (0.1445)	4 (0.2000)	2 (0.2709)			
9	4 (0.1944)	4 (0.3102)	2 (0.4066)			
10	7 (0.1125)	7 (0.1681)	5 (0.2236)	5 (0.2414)	7 (0.2994)	
11	7 (0.1634)	7 (0.2649)	7 (0.3528)	7 (0.4286)	7 (0.4942)	
12	5 (0.1163)	6 (0.1838)	6 (0.2233)	4 (0.2272)	6 (0.2670)	6 (0.2768)
13	5 (0.1405)	6 (0.2308)	6 (0.3107)	6 (0.3814)	6 (0.4439)	6 (0.4992)
14	11 (0.0957)	7 (0.1455)	7 (0.2091)			
15	11 (0.1233)	7 (0.2043)	7 (0.2772)			
16	10 (0.0908)	5 (0.1262)	5 (0.1705)	5 (0.2070)	10 (0.2518)	2 (0.2769)
17	11 (0.1099)	10 (0.1832)	10 (0.2501)	10 (0.3111)	10 (0.3667)	10 (0.4174)
18	8 (0.0779)	9 (0.1394)	9 (0.1754)	4 (0.2047)	3 (0.2245)	9 (0.2247)
19	8 (0.0990)	8 (0.1660)	14 (0.2277)	14 (0.2845)	14 (0.3368)	14 (0.3850)
20	13 (0.0947)	5 (0.1363)	10 (0.1915)	10 (0.2012)	10 (0.2010)	
21	13 (0.0947)	10 (0.1581)	10 (0.2089)	10 (0.2620)	10 (0.3113)	
22	9 (0.0677)	17 (0.1108)	17 (0.1392)	17 (0.1827)	17 (0.1930)	11 (0.2195)
23	17 (0.0827)	15 (0.1397)	17 (0.1930)	11 (0.2428)	17 (0.2893)	11 (0.3328)
24	11 (0.0586)	6 (0.1031)	6 (0.1441)	12 (0.1758)	12 (0.2064)	12 (0.2198)
25	11 (0.0764)	11 (0.1294)	11 (0.1793)	11 (0.2261)	4 (0.2701)	9 (0.3115)
26	16 (0.0588)	10 (0.1136)	5 (0.1311)	5 (0.1683)	16 (0.1828)	5 (0.1967)
27	20 (0.0710)	20 (0.1205)	20 (0.1673)	20 (0.2115)	16 (0.2533)	16 (0.2927)
28	18 (0.0545)	7 (0.0935)	7 (0.1074)	16 (0.1381)	7 (0.1578)	7 (0.1550)
29	23 (0.0663)	9 (0.1128)	7 (0.1596)	16 (0.1987)	16 (0.2384)	16 (0.2760)
30	22 (0.0519)	22 (0.0888)	18 (0.1325)	18 (0.1465)	18 (0.1621)	11 (0.1924)
31	14 (0.0622)	12 (0.1060)	22 (0.1477)	12 (0.1874)	12 (0.2251)	22 (0.2611)
32	17 (0.0524)	23 (0.0931)	17 (0.1255)	7 (0.1599)	7 (0.1929)	7 (0.2245)

表 9 – 11　　　　　奇数 n 的 U_n^* 表的生成向量和相应设计的偏差

n	s	生成向量	D	$p\%$
7	2	(1, 5)	0.1582	34.03
	3	(3, 5, 7)	0.2132	42.70
9	2	(1, 3)	0.1574	19.03
	3	(3, 7, 9)	0.1980	36.17
11	2	(1, 5)	0.1136	30.39
	3	(5, 7, 11)	0.2307	12.91
13	2	(1, 9)	0.0962	31.53
	3	(1, 9, 11)	0.1442	37.52
	4	(1, 5, 9, 11)	0.2076	33.18
15	2	(1, 7)	0.0833	32.44
	3	(1, 5, 13)	0.1361	33.38
	4	(1, 5, 9, 13)	0.1511	45.49
	5	(5, 7, 9, 11, 15)	0.2090	24.60
17	2	(1, 7)	0.0856	22.11
	3	(1, 7, 13)	0.1331	27.35
	4	(7, 11, 13, 17)	0.1785	28.63
19	2	(1, 9)	0.0755	23.74
	3	(1, 3, 11)	0.1372	17.35
	4	(1, 3, 7, 11)	0.1807	20.64
	5	(7, 9, 11, 13, 19)	0.1897	33.32
21	2	(1, 13)	0.0679	28.30
	3	(1, 7, 9)	0.1121	29.10
	4	(1, 5, 7, 13)	0.1381	33.89
	5	(1, 9, 13, 17, 19)	0.1759	32.86
23	2	(1, 17)	0.0638	29.62
	3	(11, 17, 19)	0.1029	26.34
	4	(1, 7, 13, 19)	0.1310	32.12
	5	(11, 13, 17, 19, 23)	0.1691	30.35
25	2	(1, 11)	0.0588	23.04
	3	(3, 5, 25)	0.0975	24.65
	4	(5, 7, 9, 25)	0.1210	32.52
	5	(11, 15, 17, 19, 21)	0.1532	32.24
27	2	(1, 11)	0.0600	15.49
	3	(1, 9, 15)	0.1009	16.27
	4	(1, 11, 15, 25)	0.1189	28.93
	5	(5, 13, 17, 19, 27)	0.1378	34.85

续表

n	s	生成向量	D	$p\%$
29	2	(1, 19)	0.0520	16.27
	3	(1, 17, 19)	0.0914	18.97
	4	(1, 17, 19, 23)	0.1050	34.21
	5	(13, 17, 19, 23, 2)	0.1730	12.93
31	2	(1, 9)	0.0554	10.93
	3	(1, 9, 19)	0.0908	14.34
	4	(3, 13, 21, 27)	0.1100	25.52
	5	(5, 9, 11, 17, 19)	0.1431	23.64

（1）对奇数 n，U_n^* 表比 U_n 表有更好的均匀性，例如 $n=15$，$s=4$ 时，$U_{15}(15^4)$ 的偏差为 $D=0.2772$，而 $U_{15}^*(15^4)$ 的偏差为 $D=0.1511$，后者比前者相对降低了

$$\frac{0.2772 - 0.1511}{0.2772} \times 100\% = 45.49\%$$

表 9-11 中 $p\%$ 一列给出了所有情形偏差降低的百分比。为了直观起见，我们将表 9-10 和表 9-11 的偏差点成图 9-4，我们按 $s=2$，3，4，5 分成四个图，图中"+"表示奇数 n 的 U_n 表的偏差，"*"表示偶数 U_n^* 表的偏差，"0"为奇数 n 的 U_n^* 表的偏差（对图例符号的说明）。由四个图中也明显看到 U_n^* 表有更好的均匀性。

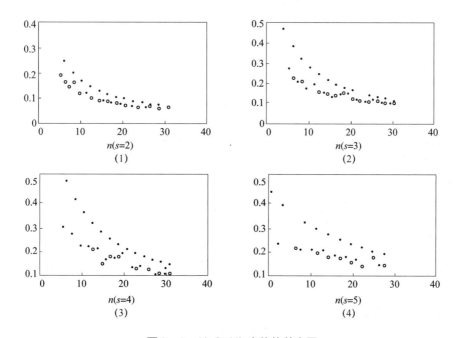

图 9-4 U_n 和 U_n^* 表的偏差点图

●为 U_n　○为 U_n^*

（2）若 n 固定，当 s 增大时，U_n 表（或 U_n^* 表）的偏差也随之增大。若 s 固定，U_n 表的偏差随 n 的增大而减小。而 U_n^* 表的偏差一般也随 n 的增大而减少，但有少数例外，其原因是

它们的 U_{n+1} 表的可能列数 $E(n+1)$ 不太多，由其中选择 s 的可能组合也不多，从而最小偏差相对偏大。

（3）表 9 – 10 列举的 U_n^* 和 U_n 是由生成元方法生成的，其生成向量具有表 9 – 6 的结构，而表 9 – 10 的 U_n^* 是考虑从 U_{n+1} 表中选出 s 列的一切可能的组合，所以生成向量中不一定包含 1，当然也不具有表 9 – 6 的结构。

值得指出的是，均匀性度量的方法很多，最初王元、方开泰提出了近似偏差（discrepancy）的均匀性准则，利用这个准则，他们给出了 $n \leqslant 31$ 的使用表。丁元利用最优试验设计理论中的 A – 最优和 D – 最优准则，给出了相应的使用表，类似于丁元的思想，张学中用设计矩阵的条件数作为均匀性指标，并且对 $n \leqslant 31$ 及 $n = 53$ 用多种准则给出了使用表，蒋声和陈瑞琛从几何的观点提出了体积距离的度量。方开泰和郑胡灵也是从几何的角度建议用最大对称差的条件来度量均匀性，并提出均匀性度量必须要满足的条件。方开泰和张金廷总结归纳了各种均匀性准则，系统地讨论了它们的关系和比较它们的优劣，最终推荐了由设计矩阵所诱导矩阵的特征的方差作为均匀性标准，并且也给出了 $n \leqslant 31$ 的使用表。

第五节　均匀试验设计的基本方法

均匀试验设计的基本步骤与正交试验设计一样，也包括试验方案设计与试验结果分析两部分。

一、　试验方案设计

（1）明确试验目的，确定试验指标。如果试验要考察多个指标，还要将多个指标进行综合分析。

（2）选因素。根据实际经验和专业知识，挑选出对试验指标影响较大的因素。

（3）确定因素的水平。结合试验条件和以往的实践经验，先确定因素的取值的范围，然后在这个范围内取适当的水平。由于 U_n 奇数表的最后一行，各个因素的最大水平数相通，如果各个因素的水平序号与水平的实际数值的大小顺序一致，则会出现所有因素的高（低）水平相遇的情况，如果是化学反应，则会出现因反应太剧烈而无法控制的现象，或者反应太慢，得不到试验结果。为了避免这种情况，可以随机排列因素的水平序号，另外使用 U_n^* 均匀表。

（4）选择均匀设计表。选择均匀设计表是均匀设计很关键的一步，应根据欲研究的因素数和试验次数来选择。均匀设计试验结果没有整齐可比性，试验结果不能用方差分析，须采用多元回归分析法，找出描述多个因素（x_1，x_2，$\cdots$，x_m）与响应值 Y 之间统计关系的回归方程。若各个因素与响应值 Y 之间的关系是线性的，多元回归方程为：

$$Y = \beta_0 + \beta_1 X_1 + \beta_2 X_2 + \cdots + \beta_m X_m \tag{9-7}$$

要求出这 m 个回归系数（β_0 可由 m 个回归系数求出）就要 m 个方程，为了对求得的方程进行检验还要增加一次试验，共需 $m + 1$ 次试验，应该选择试验次数大于或等于 $m + 1$ 的均匀设计表。

当回归为非线性时，或因素间存在交互作用时，可回归为多元高次方程。如因素与响应值为二次关系时，回归方程为：

$$y = \beta_0 + \sum_{i=1}^m \beta_i x_i + \sum_{i=1,j=1}^T \beta_T x_i x_j + \sum_{i=1}^m \beta_i x_i^2 \qquad (9-8)$$

$$T = \frac{m(m-1)}{2}$$

式中，$x_i x_j$ 反映因素间的交互效应，x_i^2 反映因素的二次项的影响，回归方程的系数总计

为：

$$k = 2m + \frac{m(m-1)}{2} \qquad (9-9)$$

也就是说，为了求得二次项和交互作用项，必须选用试验次数大于回归方程系数总数的均匀设计表。例如，考察三个因素时，若各个因素与响应值均为线性关系，回归方程系数与因素个数相同，$m=3$，可选用试验次数为 5 的 $U_5(5^4)$ 表安排试验。若各个因素的二次项对响应值也有影响，回归方程的系数是因素的两倍，即 $m=6$，所以选用 $U_7(7^4)$ 表来安排试验。如果因素之间的交互作用也考虑，回归分析系数按式（9-9）计算 $m=9$，所以应选用 $U_{10}(10^{10})$ 表来安排试验。由此可见，因素的多少和因素的方次大小直接影响试验工作量。为了能够尽量减少试验次数，在安排试验前，应该用专业知识判断一下各个因素对响应值影响的大致情况，各个因素之间是否存在交互作用，删去影响不显著的和影响小的交互作用项和二次项，以便减少回归方程的项数，从而减少试验次数。

（5）进行表头设计。根据试的因素数和该均匀设计表对应的使用表，将各个因素安排在均匀表的相应列中，如果是混合水平均匀表，则可省去表头设计这一步。需要指出的是，均匀表中的空列，既不能安排交互作用，也不能用来估计误差，所以在分析试验结果时不用列出。

有时均匀设计表的水平数多于设置的水平数，例如 $U_{12}(12^{11})$ 的水平数为 12，而因素只要设置 6 个水平就足够了，这时可以采用拟水平的方法安排试验，将设置的每个水平重复一次排入均匀表中。

（6）明确试验方案，进行试验。

二、 试验结果分析

由于均匀表没有整齐可比性，所以试验结果的分析不能用方差分析法，而通常采用直接分析法和回归分析法。

1. 直接分析法

如果试验目的只是为了寻找一个可行的试验方案或确定适宜的试验范围，就可以采用此法。直接对试验所得到的结果进行对比分析，从中挑选出试验指标最好的试验点。由于均匀试验设计的点分布均匀，用上述方法找到的试验点一般离最佳试验点也不会很远，所以该法是一个非常有效的方法。

2. 最小二乘回归分析法

均匀试验结果的分析最好采用回归分析法，通常回归分析是最小二乘，通过分析可以得到如下几点：

① 得到反映各个试验因素与试验指标关系的回归方程。

② 根据标准回归系数绝对值大小或显著水平 P 值的大小，得到试验因素对试验指标影响的主次顺序和影响的显著性程度。

③ 根据方程的极值点得到最优工艺条件。

3. 偏最小二乘（Partial least - squares）回归分析方法

传统的回归分析基于最小二乘的多元线性回归、逐步回归分析方法。但是，从实际操作、应用来看，有几个问题：一是分析时，多数自变量是组合变量，它们之间存在有严重的多重共线性，这会使得分析结果很不稳定，以致有时某个因素是否选入对回归方程产生很大的影响，使建模者左右为难；二是选中的自变量，有时与我们所希望的有较大的出入，从专业知识方面认为是重要的变量往往落选，特别是有时单相关非常显著的变量落选，使我们很难信服地接受这样的"最优"回归模型；三是所建立的回归方程模型，有的因素的回归系数符号反常，这与专业背景不符合；四是在配方均匀设计试验并考查外界影响因素时，配方成分是不能随意去掉的。

偏最小二乘法可以有效地克服目前回归建模的许多实际问题，如上面提到的样本容量小于变量个数时进行回归建模，以及多个因变量对多个自变量的同时回归分析等一般最小二乘回归分析方法无法解决的问题。

4. 验证试验

试验结果经过回归分析得到了最佳工艺条件，按此最佳工艺条件进行一次试验，用于验证试验结果的优劣以及与回归方程模型之间的差异，若验证结果明显高于试验值，优化达到了一定目的。但是如果与回归方程模型之间差异显著，继续进行模型的优化，直到满意为止。

第六节　均匀试验设计的应用

均匀试验设计自从问世以来广泛应用于食品、生物工程、医药、化工、建筑、国防等各个领域，为广大科技工作者带来了新的试验设计技术，提高了工作效率，降低了工作强度，而且在未来的日子里将会发挥更大的作用。所以本节重点介绍以计算机处理软件为出发点的应用例子，不是按领域来介绍，因为基本的原理是相同的，重点突出其数据处理方面的应用。

一、　DPS 软件处理的应用

均匀设计法优化芥菜多糖提取工艺的研究：

在芥菜多糖提取工艺研究中，考察 4 个因素：超声波提取时间 X_1，料液比 X_2，超声波功率 X_3，超声波后热水提取时间 X_4 对提取多糖的影响，采用 $U_{12}^*(12^{10})$ 均匀设计表，其试验方案和结果如表 9 - 12 所示。

表 9 - 12　　　　　　　　均匀设计法优化芥菜多糖提取工艺结果

试验号	因素				多糖提取率/%
	X_1 超声波提取时间/min	X_2 料液比/（g/mL）	X_3 超声波功率/W	X_4 超声波后热水提取时间/min	
1	5 （1）	1:35 （6）	400 （8）	100 （10）	8.816
2	10 （2）	1:65 （12）	150 （3）	70 （7）	13.364
3	15 （3）	1:30 （5）	550 （11）	40 （4）	9.679

续表

| 试验号 | 因素 | | | | 多糖提取率/% |
	X_1 超声波提取时间/min	X_2 料液比/（g/mL）	X_3 超声波功率/W	X_4 超声波后热水提取时间/min	
4	20 （4）	1:60 （11）	300 （6）	10 （1）	10.109
5	25 （5）	1:25 （4）	50 （1）	110 （11）	8.252
6	30 （6）	1:55 （10）	450 （9）	80 （8）	10.593
7	35 （7）	1:20 （3）	200 （4）	50 （5）	8.317
8	40 （8）	1:50 （9）	600 （12）	20 （2）	8.369
9	45 （9）	1:15 （2）	350 （7）	120 （12）	7.488
10	50 （10）	1:45 （8）	100 （2）	90 （9）	11.524
11	55 （11）	1:10 （1）	500 （10）	60 （6）	9.61
12	60 （12）	1:40 （7）	250 （5）	30 （3）	9.181

1. 直观分析法

从表 9 – 12 试验数据可以看出，第 2 号试验的多糖提取率 13.364% 为最大，所以以第 2 号试验所对应的条件为较优的提取条件：超声波提取时间 X_1：10min，料液比 X_2：1:65（g:mL），超声波功率 X_3：150W，超声波后热水提取时间 X_4：70min。

2. 回归分析法

将实验结果经 DPS（Data Processing System）软件数据处理系统二次多项式逐步回归分析，并对该模型进行显著性检验，结果见表 9 – 13。

表 9 – 13　　　　　　　　　用二次多项式逐步回归法处理的数据结果

因素	偏相关	t 检验	显著水平 P
X_3	0.78939	2.22717	0.08989
X_2^2	0.98809	11.12411	3.7E – 4
X_3^2	0.85834	2.89756	0.04423
X_4^2	– 0.97582	7.7329	0.00151
$X_1 X_3$	– 0.83775	2.65727	0.05655
$X_1 X_4$	0.87076	3.06728	0.03739
$X_2 X_3$	– 0.98932	11.75446	3E – 4
$X_2 X_4$	0.97921	8.36168	0.00112

得回归方程：

$$Y = 7.6006 + 0.003747X_3 + 5.0313 \times 10^{-5} X_2^2 + 7.3520 \times 10^{-6} X_3^2 - 2.2565 \times 10^{-4} X_4^2$$
$$- 4.8402 \times 10^{-5} X_1 X_3 + 2.8076 \times 10^{-4} X_1 X_4 - 4.5293 \times 10^{-5} X_2 \times X_3 + 1.3422 \times 10^{-4} X_2 X_4$$

相关系数 $R = 0.99757$，F 值 $= 77.0129$，显著水平 $P = 0.0022$，剩余标准差 $S = 0.21773$，说明该方程能很好地拟合超声波辅助提取芥菜多糖的过程。

从表 9-13 各变量显著性检验 P 值的大小，可以知道对芥菜多糖提取率影响的大小为：$X_2X_3 > X_2^2 > X_2X_4 > X_4^2 > X_1X_4 > X_3^2 > X_1X_3 > X_3$。从回归的结果可知，因素之间存在交互作用，如果用单因素法是很难得到一个较优方案的，所以均匀设计法是一种很好的寻优方案。

从回归方程可以求得最佳参数为：超声波提取总时间为 60min，料液比为 1:65（g:mL），超声波功率为 50W，超声波作用后的热水提取时间为 120min。

验证试验：将均匀设计实验结果用 DPS 软件进行二次多项式逐步回归，得出的超声波辅助提取的优化条件进行验证试验，在此优化条件下的芥菜多糖提取率为 14.973%，比均匀实验中的 12 组实验结果都高，说明这优化结果对实验有一定的指导意义。但是与回归模型的预测值 16.246% 还有一定的误差，相对误差为 8.502%。

二、 SAS 软件处理的应用

均匀设计法优化分光光度法测定抗坏血酸的试验条件：

确定本实验中的影响因素为所加入的 Fe^{3+} 溶液、磺基水杨酸溶液（SS）、缓冲溶液的用量以及显色时间共 4 个影响因素（X_1，X_2，X_3，X_4）。针对这 4 个影响因素，每个因素安排 18 个水平，4 因素的取值范围分别为 Fe^{3+} 溶液的用量：0.75~5.00mL；SS 溶液的用量：

0.20~4.45mL；缓冲溶液的用量：4.00~14.20mL；显色时间：15~100min。选定均匀设计表 $U_{18}^*(18^{11})$。考察指标为吸光度（Y），结果见表 9-14。

表 9-14　　　　　　　　　分光光度法测定抗坏血酸的试验条件优化

试验号	X_1	X_2	X_3	X_4	Y
1	(1) 0.75	(5) 1.20	(7) 7.60	(9) 55	0.249
2	(2) 1.00	(10) 2.45	(14) 11.80	(18) 100	0.310
3	(3) 1.25	(15) 3.70	(2) 4.60	(8) 50	0.369
4	(4) 1.50	(1) 0.20	(9) 8.80	(17) 95	0.486
5	(5) 1.75	(6) 1.45	(16) 13.00	(7) 45	0.576
6	(6) 2.00	(11) 2.70	(4) 5.80	(16) 90	0.622
7	(7) 2.25	(16) 3.95	(11) 10.00	(6) 40	0.708
8	(8) 2.50	(2) 0.45	(18) 14.20	(15) 85	0.790
9	(9) 2.75	(7) 1.70	(6) 7.00	(5) 35	0.854
10	(10) 3.00	(12) 2.95	(13) 11.20	(14) 80	0.810
11	(11) 3.25	(17) 4.20	(1) 4.00	(4) 30	0.858
12	(12) 3.50	(3) 0.70	(8) 8.20	(13) 75	0.837
13	(13) 3.75	(8) 1.95	(15) 12.40	(3) 25	0.842
14	(14) 4.00	(13) 3.20	(3) 5.20	(12) 70	0.866
15	(15) 4.25	(18) 4.45	(10) 9.40	(2) 20	0.871
16	(16) 4.50	(4) 0.95	(17) 13.60	(11) 65	0.852
17	(17) 4.75	(9) 2.20	(5) 6.40	(1) 15	0.842
18	(18) 5.00	(14) 3.45	(12) 10.60	(10) 60	0.849

应用 SAS 软件对表 9 – 14 测定结果进行分析，筛选变量，结果表明，Fe^{3+} 溶液用量为主要影响因素，SS 溶液用量为次要因素，缓冲溶液用量和显色时间对测定结果无显著性影响，各因素间相互作用很小。应用 SAS 软件计算稳定点及二次响应回归的最大值，分析结果如图 9 – 5 所示。

Canonical Analysis of Response Surface Critical Value		
Factor	Coded	Uncoded
X_1	0.538897	4.020156
X_2	0.678334	3.766460
Predicted value at stationary point		0.889669
Eigenvectors		
Eigenvalues	X_1	X_2
– 0.009420	0.065844	0.997830
– 0.300412	0.997830	– 0.065844
Stationary point is a maximum.		

图 9 – 5 分析结果

结果表明，当 Fe^{3+} 溶液用量为 4.02mL，SS 溶液用量为 3.77mL 时，预测吸光度可达最大值 0.8897。回归方程：

$$Y = -0.0863 + 0.5008X_1 - 0.0162X_2 - 0.0662X_1^2 + 0.0085X_1X_2 - 0.0024X_2^2$$

本实验确定 Fe^{3+} 溶液用量为 4.00mL，SS 溶液用量为 3.80mL，缓冲溶液用量为 10.00mL，显色时间为 40min。在此实验条件下进行验证试验，测定体系的吸光度，其值为 0.884，与预测值 0.8897 很接近，说明模型与优化条件合适。

三、 Mathematics 软件处理的应用

微波处理提取海藻糖：

采用物理和化学结合的办法来提取海藻糖，先用微波处理，后用溶剂来提取。考察的因素是 X_1 微波时间（min），X_2 提取体积（mL），X_3 提取时间（min）和 X_4 提取温度（℃）。针对这 4 个影响因素，每个因素安排 6 个水平，4 因素的取值范围分别为微波时间 2 ~ 5min，提取体积：10 ~ 50mL，提取时间：10 ~ 60min，提取温度：0 ~ 100℃。选定均匀设计表 $U_6^*(6^4)$。考察指标为海藻糖含量（Y），结果见表 9 – 15。

表 9 – 15 $U_6^*(6^4)$ 均匀试验提取海藻糖结果

试验号	微波时间/min	体积/mL	提取时间/min	提取温度/℃	海藻糖含量/(mg/g)
1	2 (1)	40 (2)	30 (3)	100 (6)	160
2	2.5 (2)	20 (4)	60 (6)	80 (5)	270
3	3 (3)	10 (6)	20 (2)	60 (4)	390
4	4 (4)	50 (1)	50 (5)	40 (3)	60
5	4.5 (5)	30 (3)	10 (1)	20 (2)	150
6	5 (6)	15 (5)	40 (4)	0 (1)	150

采用 Mathematica 4.0 软件处理如图 9－6 所示。

按一元线性方程回归，得到四个因素的影响都不显著，因此考虑将删去最不显著的单因素（提取体积，提取温度）。然后继续进行回归分析得到如下方程 $Y = 864.15 - 139.26X_1 - 0.019X_3^2 - 0.103X_2X_4$，微波时间是最显著的影响因素，提取体积与提取温度有显著的交互影响，提取时间影响不显著。在试验范围内，微波时间和提取时间取下限，提取体积和温度也取其下限（因为从方程看出，当两者取值越小时，海藻糖含量越大）。因此优化条件为：微波作用 2min，提取体积为 10mL，提取温度 20℃，溶剂提取时间为 10min。方程模型相关系数 $R = 0.98349$，F 值 = 39.7134，显著水平 $P = 0.0246$，其预测值海藻糖含量为 568mg/g，大大地高于 6 次试验值。经过验证试验，即在上述优化的条件下，进行一次试验，其测定值为 526mg/g，说明优化的效果十分明显，与模型的相对误差为 7.68%。

四、 MATLAB 软件处理的应用

均匀试验优化异亮氨酸发酵条件：

采用 6 因素 10 水平 10 组试验的方式 $[U_{10}^*(10^8)$ 均匀表$]$，考察了葡萄糖（X_1）、$(NH_4)_2SO_4$（X_2）、KH_2PO_4（X_3）、生物素 VH（X_4）、维生素 B_1（X_5）、甲硫氨酸（X_6）对产异亮氨酸的影响，各个因素的水平数（g/100mL）见表 9－16。均匀实验结果见表 9－17。

```
In[10]:= << Statistics`LinearRegression`

In[11]:= data = {{2, 40, 30, 100, 160}, {2.5, 20, 60, 80, 270},
        {3, 10, 20, 60, 390}, {4, 50, 50, 40, 60}, {4.5, 30, 10, 20, 150},
        {5, 15, 40, 0, 150}};

In[14]:= (regress = Regress[data, {1, x1, x2 * x4, x3^2}, {x1, x2, x3, x4}];
        Chop[regress, 10^{-6}])

Out[14]= {ParameterTable →
```

	Estimate	SE	TStat	PValue
1	864.145	62.2333	13.8856	0.00514648
x1	-139.26	13.3008	-10.4701	0.00899926
x2 x4	-0.102829	0.0108552	-9.47278	0.0109612
x3²	-0.0192866	0.00799599	-2.41203	0.137343

RSquared → 0.98349, AdjustedRSquared → 0.958726,

EstimatedVariance → 554.179, ANOVATable →

	DF	SumOfSq	MeanSq	FRatio	PValue
Model	3	66025.	22008.3	39.7134	0.0246622
Error	2	1108.36	554.179		
Total	5	67133.3			

图 9 －6　采用 Mathematica 4.0 软件处理结果

表 9 – 16　　　　　　　　　　　　　　因素的水平数

水平	1	2	3	4	5	6	7	8	9	10
X_1	10	11	12	13	14	15	16	17	18	19
X_2	1.0	1.5	2.0	2.5	3.0	3.5	4.0	4.5	5.0	5.5
X_3	0.10	0.15	0.20	0.25	0.30	0.35	0.40	0.45	0.50	0.55
X_4	6	8	10	12	14	16	18	20	22	24
X_5	0.1	0.2	0.3	0.4	0.5	0.6	0.7	0.8	0.9	1.0
X_6	1	2	3	4	5	6	7	8	9	10

表 9 – 17　　　　　　　　　　　　　$U_{10}^*(10^8)$ 均匀试验结果

因素	X_1	X_2	X_3	X_4	X_5	X_6	产酸率/（g/L）
1	1	2	3	5	7	10	6.33
2	2	4	6	10	3	9	6.18
3	3	6	9	4	10	8	4.36
4	4	8	1	9	6	7	2.18
5	5	10	4	3	2	6	2.55
6	6	1	7	8	9	5	9.45
7	7	3	10	2	5	4	11.64
8	8	5	2	7	1	3	13.09
9	9	7	5	1	8	2	2.18
10	10	9	8	6	4	1	1.45

应用 MATLAB 软件中的逐步回归分析可知，剔除 KH_2PO_4、甲硫氨酸两个非显著性影响因素，以剩余 4 因素回归获得如下方程：

$$Y = -41.697 + 6.607X_1 + 1.644X_2 + 1.103X_4 - 7.532X_5 - 0.217X_1^2 - 0.672X_2^2 - 0.039X_4^2 + 0.514X_5^2$$

此方程回归结果如表 9 – 18 所示，其相关系数 $R = 0.99$，总体显著性检验值 $F = 7047 > F_{0.05}(8,1) = 239$，rmse（剩余标准差）$= 0.053$，因此方程可信度高。

表 9 – 18　　　　　　　　　　　　　　回归结果

变量	β	X_1	X_2	X_4	X_5	X_1^2	X_2^2	X_4^2	X_5^2
回归系数	-41.7	6.607	1.644	1.103	-7.532	-0.217	-0.672	-0.039	0.514
F 值	—	0.0075	8.5230	0.1014	0.3234	0.0002	9.2840	0.0653	0.1321

由表 9 – 18 中各变量影响显著性检验值 F 可排出各因素对产酸的影响大小顺序为：$X_2 > X_5 > X_4 > X_1$，根据 MATLAB 中 rstool 命令的交互式画面可直接找出极值，结合实际取 $X_1 = 16$，$X_2 = 1.25$，$X_4 = 14$，$X_5 = 0.1$，$X_3 = 0.15$，$X_6 = 2$，预测产酸为 16.52g/L。在优化的发酵培养基基础上进行验证试验，测定得到的产酸为 15.1g/L，与模型的相对误差为 8.86%。

五、 偏最小二乘回归分析技术的应用

张承恩在研究维生素 D_3 合成过程中，对其中的一步光化学反应，采用均匀设计技术设计了一套试验 4 个影响因素、7 个处理水平的试验方案，做了 7 批试验，考察了 2 个指标和 1 个复合指标，采用 $U_7(7^4)$ 均匀设计表，其试验处理及结果如表 9 - 19 所示。

表 9 - 19　　　　　　　　　　　　　$U_7(7^4)$ 均匀设计试验结果

X_1 投料量	X_2 某溶剂量	X_3 反应时间	X_4 反应温度	Y_1 转化率	Y_2 精制率	Y_3 收率
30 （1）	405 （2）	1.5 （3）	47.5 （6）	76.7	52.2	40.0
40 （2）	435 （4）	3.0 （6）	45.0 （5）	84.3	53.4	45.0
50 （3）	465 （6）	1.0 （1）	42.5 （4）	65.6	38.7	25.4
60 （4）	390 （1）	2.5 （5）	40.0 （3）	69.3	37.1	25.7
70 （5）	420 （3）	0.5 （1）	37.5 （2）	38.6	46.3	20.0
80 （6）	450 （5）	2.0 （4）	35.0 （1）	58.1	34.4	20.0
90 （7）	480 （7）	3.5 （7）	50.0 （7）	59.3	37.3	22.1

在该试验中，有 4 个处理因素，如果建立完整的二次多项式回归方程，需要 15 个处理组合，但这里只有 7 个处理组合，因此只能应用逐步回归分析法，选出较"重要"的因素或变量组合建立回归方程。对这 3 个产出指标，也只能分别建立 3 个回归方程。如果应用逐步回归分析方法进行建模，就有可能因引入或剔除变量的临界值不同，不同的建模人员建立的方程会有很大的差异，并给模型的整体优化，寻求最好的工艺条件等实际应用带来困难。

根据该试验结果，唐启义应用偏最小二乘回归分析方法，借助于其编制的偏最小二乘回归分析程序进行分析。分析时参考 PRESS 统计量和误差统计量的下降趋势，选择潜变量个数，一般认为是根据偏最小二乘分析程序的提示进行。不过，根据 DPS 软件用户应用 PLS 回归建模所反馈的信息，认为应同时考虑各个效应的标准回归系数，即要与实际的专业背景相吻合。

选择有关参数并确认后，我们即可得到模型效应及因变量权数、模型效应负荷量、各自变量对各个因变量作用的标准回归系数等结果。例如表 9 - 20 列出了各个自变量主效应的标准回归系数（其他结果在此略去）。从表 9 - 20 可以看出，各个自变量对 3 个因变量的主效应是相同的，但自变量 X_1 和 X_2 对因变量的主效应为负，而 X_3 和 X_4 对因变量的主效应为正。

表 9 - 20　　　　　　　　各个自变量对各个因变量主效应的标准回归系数

考察指标	X_1	X_2	X_3	X_4
Y_1	- 0.32017	- 0.05775	0.25902	0.29784
Y_2	- 0.36651	- 0.13511	0.01560	0.29441
Y_3	- 0.40514	- 0.11299	0.16486	0.35029

最后，我们根据偏最小二乘回归分析，同时考虑 3 个因变量的优化，得到如下二次多项式回归模型：

$Y_1 = -220.7351 - 2.0870X_1 - 0.1579X_2 + 54.4213X_3 + 15.1891X_4 + 0.007466X_1^2 + 0.000508X_2^2 - 3.1747X_3^2 - 0.1055X_4^2 + 0.002536X_1X_2 + 0.01375X_1X_3 - 0.003724X_1X_4 - 0.03386X_2X_3 - 0.009298X_2X_4 - 0.5714X_3X_4$

$Y_2 = -629.4643 - 0.4055X_1 + 2.6433X_2 - 33.2815X_3 + 6.8048X_4 + 0.004211X_1^2$
$\quad - 0.003051X_2^2 + 2.01072X_3^2 - 0.05955X_4^2 + 0.000400X_1X_2 - 0.09135X_1X_3$
$\quad - 0.005254X_1X_4 + 0.048726X_2X_3 - 0.003350X_2X_4 + 0.2267X_3X_4$

$Y_3 = -593.0145 - 1.1637X_1 + 1.9208X_2 - 2.8398X_3 + 11.3205X_4 + 0.006231X_1^2$
$\quad - 0.002085X_2^2 + 0.2154X_3^2 - 0.08792X_4^2 + 0.001344X_1X_2 - 0.06298X_1X_3$
$\quad - 0.005448X_1X_4 + 0.02289X_2X_3 - 0.006306X_2X_4 - 0.06272X_3X_4$

这 3 个二次多项式回归模型的拟合效果，可从误差平方和看出（见表 9-21）。表 9-21 中显示出提取不同潜变量个数时数据标准化后模型误差平方和和 PRESS 统计量下降情况，并可得到相应组分时的模型拟合的决定系数 R^2。从决定系数可以看出，提取 3 个组分（潜变量）时，各个回归模型的拟合程度都较好。

表 9-21　　　　　　　　　数据标准化后模型误差平方和及决定系数

潜变量个数	误差平方和			决定系数 R^2			PRESS 统计量		
	Y_1	Y_2	Y_3	Y_1	Y_2	Y_3	Y_1	Y_2	Y_3
1	2.81833	3.54253	2.08920	0.53028	0.40958	0.65180	4.26100	5.40944	4.27302
2	1.42179	2.82031	0.62936	0.76303	0.52995	0.89511	3.55193	5.29229	3.08667
3	0.89157	0.24953	0.38381	0.85140	0.95841	0.93603	4.03162	4.99766	2.82919

对各个模型优化得到的各个自变量的优化值分别为：$X_1 = 30.0000$，$X_2 = 418.2546$，$X_3 = 3.5000$，$X_4 = 47.2173$，综合指标的最优目标函数为 144.97。这时，各个因变量的最优目标函数值 $Y_1 = 80.17$，$Y_2 = 61.30$，$Y_3 = 48.69$。

第七节　含有定性因素的均匀设计

一、定性因素与定量因素的区别

在各种试验中，通常考虑的因素是定量的，连续变化的，称为连续变量。但有许多情况不是这样，试验中出现的因素是定性的，其改变可能是无联系的，仅是几个孤立的状态，也称状态因素。如催化剂、培养基、食品添加剂的种类、地域、仪器等。均匀设计能否处理含有定性因素的试验，迄今为止在文献中尚未多见。本节将系统讨论如何用均匀设计来安排含有定性因素的试验，以及如何进行数据分析。

均匀设计的数据分析主要依靠回归分析的帮助。在回归分析中，若含有定性变量，已有成熟的处理方法。借助于这些方法，均匀设计可以方便地处理定性因素。处理定性因素的常见的办法是将其定量化。将一个定性因素变换成一个或多个虚拟变量。处理含有虚拟变量的回归模型有别于只有连续变量的回归模型。

[**例9.1**]　考虑播种量（单位面积所用的种子数量）对秋后作物产量的影响，这是个连续变化的定量因素。设其有 3 个水平：80，90，100kg。各有 2 个重复的 6 个试验产量结果为 1795，1805，1896，1904，1992 和 2008kg。该试验设计的水平组成的向量自然是（1 1 2 2 3 3）′。若产量随播种量线性变化，其分析时的回归方程为：

$$Y = c + \beta X + \varepsilon \tag{9-10}$$

即：

$$
\begin{bmatrix} 1795 \\ 1805 \\ 1896 \\ 1904 \\ 1992 \\ 2008 \end{bmatrix} = \begin{bmatrix} 1 & 80 \\ 1 & 80 \\ 1 & 90 \\ 1 & 90 \\ 1 & 100 \\ 1 & 100 \end{bmatrix} \begin{bmatrix} c \\ \beta \end{bmatrix} + \begin{bmatrix} \epsilon_1 \\ \epsilon_2 \\ \epsilon_3 \\ \epsilon_4 \\ \epsilon_5 \\ \epsilon_6 \end{bmatrix} \tag{9-11}
$$

解得：$c = 1000$，$\beta = 10$，$R = 0.9974$，$F = 761.9$（很显著）。产量的拟合值为

$$Y_1 = Y_2 = 10 \times 80 + 1000 = 1800$$

$$Y_3 = Y_4 = 10 \times 90 + 1000 = 1900$$

$$Y_5 = Y_6 = 10 \times 100 + 1000 = 2000$$

[**例9.2**]　现在改为考察 3 个种子品种：优 8、优 9、优 10 号，它们是通过不同杂交手段培育出来的 3 个优良品种，它们之间没有连续变化的数字背景。用与上述讨论的试验相同的方法和条件进行种植试验，保持其他情况相同。每品种 2 次重复的 6 个试验产量结果若亦为 1795，1805，1896，1904，1992 和 2008 斤（注：1 斤 = 500g）。这时有：

$$Y \mid A_1 = 1800,$$

$$Y \mid A_2 = 1900,$$

$$Y \mid A_2 = 2000,$$

这里 A_1 为优 8 号种子，A_2 为优 9 号种子，A_3 为优 10 号种子。显然列不出如式（9-10）那样的方程。但是如想用相似的回归方法进行分析也是可以办到的，下面就介绍其方法。

显然 6 次试验设计的水平列向量为（1 1 2 2 3 3）′。对应的状态变量为（A_1 A_1 A_2 A_2 A_3 A_3）′。实质上我们可以认为它们对应着 3 个特征变量（1 1 0 0 0 0）′、（0 0 1 1 0 0）′ 和（0 0 0 0 1 1）′。分别称为 6 次试验状态 A_1，A_2，A_3 的特征向量，也称为虚拟变量或伪变量。用 Z_1，Z_2，Z_3 标记。显然有

$$Z_1 + Z_2 + Z_3 = 1$$

$$Z_i Z_j = 0 \quad (i \neq j, \ i, \ j = 1, \ 2, \ 3)$$

$$Z_i^2 = Z_i \quad (i = 1, \ 2, \ 3) \tag{9-12}$$

因此这 3 个虚拟变量中只有两个是线性独立的。考虑如下回归方程：

$$Y = c + \alpha_1 Z_1 + \alpha_2 Z_2 + \varepsilon \tag{9-13}$$

$$\begin{pmatrix} 1795 \\ 1805 \\ 1896 \\ 1904 \\ 1992 \\ 2008 \end{pmatrix} = \begin{pmatrix} 1 & 1 & 0 \\ 1 & 1 & 0 \\ 1 & 0 & 1 \\ 1 & 0 & 1 \\ 1 & 0 & 0 \\ 1 & 0 & 0 \end{pmatrix} \begin{pmatrix} c \\ \alpha_1 \\ \alpha_2 \end{pmatrix} + \begin{pmatrix} \epsilon_1 \\ \epsilon_2 \\ \epsilon_3 \\ \epsilon_4 \\ \epsilon_5 \\ \epsilon_6 \end{pmatrix} \tag{9-14}$$

解得：$\hat{c} = 2000$，$\alpha_1 = -200$，$\alpha_2 = -100$，$r = 0.9974$，$F = 285.7$（回归方程很显著）。这时的拟合值为

$$Y_1 = Y_2 = 2000 - 200 + 0 = 1800$$

$$Y_3 = Y_4 = 2000 + 0 - 100 = 1900$$

$$Y_5 = Y_6 = 2000 + 0 + 0 = 2000$$

通过上例看到状态变化的定性因素与连续变化的定量因素的区别。若某定性变量有 d 个水平，它可以用通常因素水平的安排法进行设计。但在分析时，它不是对应 1 个连续变量，而是对应 $(d-1)$ 个相对独立的特征变量组，即虚拟变量或伪变量。这样就导出了含有定性状态因素均匀设计分析的特殊性。

二、 混合因素均匀设计

首先考虑既有连续变量又有定性变量的均匀设计及其数据分析。

[例 9.3] 考虑三种养猪饲料 C_1，C_2，C_3 对猪生长的效果。测得在饲养三个月后的增加重量（Y），同时也记录了猪的初始重量（X），其数据见表 9-22。

表 9-22　　　　　　　　猪的初始重量和饲养三个月后增加的重量

C_1		C_2		C_3	
X	Y	X	Y	X	Y
15	85	17	97	22	89
13	83	16	90	24	91
12	76	18	95	23	95
12	80	21	103	25	100
14	84	19	99	30	105
17	90	18	94	32	100

通常做法是将三种饲料的数据分别作线性回归，得：

$$\left. \begin{array}{l} C_1 : Y = 51.4159 + 2.2832X, \quad s^2 = 3.4548 \\ C_2 : Y = 53.8764 + 2.3371X, \quad s^2 = 4.5787 \\ C_3 : Y = 48.5528 + 1.9146X, \quad s^2 = 8.6839 \end{array} \right\} \tag{9-15}$$

从另外的角度，表 9-22 的数据也可以看作是一个用 $U_{18}(18^3)$ 做的试验，表 9-23 的第 1 列对应猪的初始重量。第 2 列对应 3 种饲料 C_1，C_2，C_3。按前面指出的方法，其试验状态对应着 3 个状态特征向量 Z_1，Z_2，Z_3，如表 9-24 所示。

表9-23 猪饲料作用的均匀试验表 U_{18} (18^3)

表9-24 猪饲料状态特征向量表 Z_1、 Z_2、 Z_3

1	2	Z_1	Z_2	Z_3
1	1	1	0	0
2	1	1	0	0
3	1	1	0	0
4	1	1	0	0
5	1	1	0	0
6	1	1	0	0
7	2	0	1	0
8	2	0	1	0
9	2	0	1	0
10	2	0	1	0
11	2	0	1	0
12	2	0	1	0
13	3	0	0	1
14	3	0	0	1
15	3	0	0	1
16	3	0	0	1
17	3	0	0	1
18	3	0	0	1

我们取 Z_1、 Z_2。建立回归模型（仅考虑主效应时）：

$$Y = \beta_0 + \beta_1 X + r_1 Z_1 + r_2 Z_2 + \varepsilon \tag{9-16}$$

即：

$$
\begin{pmatrix} 85 \\ 83 \\ 76 \\ 80 \\ 84 \\ 90 \\ 97 \\ 90 \\ 95 \\ 103 \\ 99 \\ 94 \\ 89 \\ 91 \\ 95 \\ 100 \\ 105 \\ 110 \end{pmatrix}
=
\begin{pmatrix}
1 & 15 & 1 & 0 \\
1 & 13 & 1 & 0 \\
1 & 12 & 1 & 0 \\
1 & 12 & 1 & 0 \\
1 & 14 & 1 & 0 \\
1 & 17 & 1 & 0 \\
1 & 17 & 0 & 1 \\
1 & 16 & 0 & 1 \\
1 & 18 & 0 & 1 \\
1 & 21 & 0 & 1 \\
1 & 19 & 0 & 1 \\
1 & 18 & 0 & 1 \\
1 & 22 & 0 & 0 \\
1 & 24 & 0 & 0 \\
1 & 23 & 0 & 0 \\
1 & 25 & 0 & 0 \\
1 & 30 & 0 & 0 \\
1 & 32 & 0 & 0
\end{pmatrix}
\begin{pmatrix} \beta_0 \\ \beta_1 \\ r_1 \\ r_2 \end{pmatrix}
+
\begin{pmatrix} \epsilon_1 \\ \epsilon_2 \\ \epsilon_3 \\ \epsilon_4 \\ \epsilon_5 \\ \epsilon_6 \\ \epsilon_7 \\ \epsilon_8 \\ \epsilon_9 \\ \epsilon_{10} \\ \epsilon_{11} \\ \epsilon_{12} \\ \epsilon_{13} \\ \epsilon_{14} \\ \epsilon_{15} \\ \epsilon_{16} \\ \epsilon_{17} \\ \epsilon_{18} \end{pmatrix}
\tag{9-17}
$$

解得：$\beta_0 = 45.584$，$\beta = 2.0288$，$r_1 = 9.3506$，$r_2 = 13.8924$，$R = 0.9741$，$s^2 = 5.0408$，$F = 86.62$（很显著）。回归方程为：

$$Y = 45.584 + 2.0288X + 9.3506Z_1 + 13.0924Z_2,\tag{9-18}$$

或

$$Y = \begin{cases} 54.9347 + 2.0288X，若用饲料 C_1; \\ 59.4765 + 2.0288X，若用饲料 C_2; \\ 45.5840 + 2.0288X，若用饲料 C_3。 \end{cases}\tag{9-19}$$

回归方程（9-19）的方差分析表的计算与通常的线性模型方法相似，有关的结果列于表 9-25 中，我们看到方程（9-19）十分显著，变量 X、Z_1 和 Z_2 也都十分显著。

表 9-25 　　　　　　　　　　　模型（9-18）的方差分析

自变量	回归系数	标准差	t	P
常数项	45.584	5.505	8.28	0.000
X	2.0288	0.2088	9.72	0.000
Z_1	9.351	2.882	3.28	0.005
Z_2	13.892	2.087	6.66	0.000

三、 全是定性因素的均匀设计

[**例 9.4**] 考虑有一个 3 状态 A_1、A_2、A_3 和两个 2 状态 B_1、B_2 以及 C_1、C_2 之定性因素的均匀设计。它们是 3 个因素混合水平的均匀设计。我们从 $U_6(3 \times 2^3)$ 中选 3 列。第 1 列对应 A 因素之 A_1、A_2、A_3。第 2 列对应 B 因素之 B_1、B_2，第 3 列对应 C 因素之 C_1、C_2。设计安排的 6 个试验见表 9-26。Y 列为实验结果。

表 9-26 　　　　　　　　　　　　均匀试验结果

A	B	C	Y
A_1	B_1	C_1	592
A_2	B_2	C_1	646
A_3	B_2	C_2	550
A_2	B_1	C_2	501
A_3	B_1	C_1	608
A_1	B_2	C_2	532

A 状态因素对应 3 个特征变量 Z_{11}、Z_{12}、Z_{13}，我们选其中 2 个 Z_{11}、Z_{12}。B 状态因素对应 2 个特征变量 Z_{21}、Z_{22}，我们选 Z_{21}。C 状态因素对应 2 个特征变量 Z_{31}、Z_{32}，我们取 Z_{31}。这时可列出含有 4 个虚拟变量的回归方程为：

$$Y = \beta_0 + \beta_{11}Z_{11} + \beta_{12}Z_{12} + \beta_{21}Z_{21} + \beta_{31}Z_{31} + \varepsilon\tag{9-20}$$

$$
\begin{pmatrix} 592 \\ 646 \\ 550 \\ 501 \\ 608 \\ 532 \end{pmatrix} = \begin{pmatrix} 1 & 1 & 0 & 1 & 1 \\ 1 & 0 & 1 & 0 & 1 \\ 1 & 0 & 0 & 0 & 0 \\ 1 & 0 & 1 & 1 & 0 \\ 1 & 0 & 0 & 1 & 1 \\ 1 & 1 & 0 & 0 & 0 \end{pmatrix} \begin{pmatrix} \beta_0 \\ \beta_{11} \\ \beta_{12} \\ \beta_{21} \\ \beta_{31} \end{pmatrix} + \begin{pmatrix} \epsilon_1 \\ \epsilon_2 \\ \epsilon_3 \\ \epsilon_4 \\ \epsilon_5 \\ \epsilon_6 \end{pmatrix} \tag{9-21}
$$

解得：$\beta_0 = 549.5$，$\beta_{11} = -17$，$\beta_{12} = -5.5$，$\beta_{21} = -43$，$\beta_{31} = 102$，$R^2 = 1.0$，$F = 3573.6$（非常显著）。

我们用如下的方法预测最大值与最大值点，即最佳状态组合。记第 i 个因素有 d_i 个状态。此时令 $U_i = \max (\beta_{i1}, \beta_{i2}, \cdots, \beta_{i, d_{i-1}})$。若 $U_i = \beta_{ik} > 0$，则第 d_i 状态的最佳状态为 k；若 $U_i \leqslant 0$，则最佳状态为 d_i。对本例

$$U_1 = \max (\beta_{11}, \beta_{12}) = -5.5 \quad 取 i = 3$$
$$U_2 = \beta_{21} = -43, \quad 取 j = 2$$
$$U_3 = \beta_{31} = 102, \quad 取 k = 1$$

最佳状态组合为（A_3，B_2，C_1），此处的估值为：

$$Y_m = \beta_0 + 0 + 0 + \beta_{31} = 549.5 + 102 = 651.5$$

四、 混合型因素混合型水平的均匀设计

最后我们综述一般情况下的做法。设试验中既有定量型连续变化因素，又有定性型状态变化因素。假设有 k 个因素是可连续变化的（X_1，$\cdots$，X_k）；又有 t 个定性因素是状态变化的（G_1，$\cdots$，G_t），这 k 个因素可化为 k 个连续变量，其水平数分别为 l_1，$\cdots$，l_k。这 t 个定性因素分别有 d_1，$\cdots$，d_t 个状态。

我们从混合型均匀设计表中选出带有 $s = k + t$ 列的 U_n $(l_1 \times \cdots \times l_k \times d_1 \times \cdots \times d_t)$ 表。这里要求：

$$n \geqslant k + d + 1, \quad 其中 d = \sum_{i=1}^{t} (d_i - 1) \tag{9-22}$$

为了给误差留下自由度，式（9-22）中的 n 最好不取等号。表中前 k 列对应 k 个连续变量，表中后 t 列可安排定性因素。安排 n 个试验，得到 n 个结果 Y_1，Y_2，$\cdots$，Y_n。

为了分析，首先要将定性因素之状态，依照［例9.2］的方法，将第 i 个因素分别化成 $(d_i - 1)$ 个相对独立的 n 维虚拟特征变量 Z_{i1}，Z_{i2}，$\cdots$，Z_{id_i-1}。将这总共 $d = \sum_{i=1}^{t} (d_i - 1)$ 个虚拟特征变量与相应的 k 个连续变量 X_1，$\cdots$，X_k 一起进行分析。为了保证主效应不蜕化，要对混合型均匀设计表进行挑选。

首先，它们的一阶主效应，即考察如下的回归方程：

$$Y = \alpha_0 + \sum_{j=1}^{k} \alpha_j X_j + \sum_{i=1}^{t} \sum_{j=1}^{d_i-1} \beta_{ij} Z_{ij} + \varepsilon \tag{9-23}$$

解出回归系数，找出最佳状态组合，并算出最大估计值。

然后再考虑一些交互效应，和一些连续变量的高次效应。显然最多可考虑的附加效应数为 m 个，这里 $m \leqslant n - (k + d - 2)$。

值得指出的是，由于 $Z_{ij}^2 = Z_{ij}$，因此无需考虑虚拟特征变量的高阶效应，只考虑连续变量的高次效应即可。又因为 $Z_{i1j_1} Z_{i2j_2} = 0$，$j_1 \neq j_2$ 时。因此也无法考虑状态因素内的虚拟特征变量间的交互效应。只有 $i_1 \neq i_2$ 时，才有可能使 $Z_{i1j_1} Z_{i2j_2} \neq 0$，即其交互效应需考虑。此外，不要忘记考虑连续变量与虚拟变量的交互效应。至于三个以上的虚拟特征变量间的交互效应项 $Z_{i1j_1} Z_{i2j_2} Z_{i3j_3} \neq 0$ 的可能性就更少了。

第八节　均匀试验设计特别注意的几个问题

1. 试验次数为奇数时的均匀试验设计表的问题

均匀试验设计表中，所有试验次数的奇数的表的最后一行，各因素都是高水平，各个因素的数值可能都是最大值或最小值。如果不注意这个问题，在某些试验中，比如在化学反应试验中，可能会出现反应十分剧烈、反应速度特别快，以至于根本无法进行正常操作，甚至会发生意外。也可能出现反应太慢，甚至不起反应而得不到试验结果。避免发生这些情况的对策之一是：在因素水平表排列顺序不变的条件下，将均匀设计表中某些列从上到下的水平号码做适当的调整。也就是将原来最后一个水平与第一个水平衔接起来，组成一个封闭圈，然后从任意一处开始定为第一水平，按原方向或相反方向，排出第二水平、第三水平。对策之二是改变因素水平的排列顺序。

2. 选用的均匀设计表的试验次数应大于回归模型中回归系数的个数

因为均匀试验设计的试验结果必须用回归分析的方法来处理，所以选用均匀设计表时应考虑处理试验结果时将使用的回归模型。回归模型的一般形式为：

$$Y = \beta_0 + \sum_{i=1}^{m} \beta_i X_i + \sum_{i=1, j=1}^{T} \beta_T X_i X_j + \sum_{i=1}^{m} \beta_i X_i^2 \tag{9-24}$$

因为一般很难确定式（9-24）中的哪些项应予考虑，哪些项可以不予考虑。取舍的决定一旦发生错误，其不良后果一般是比较严重的。所以，科学的方法是采用逐步回归的方法来进行回归，在计算机程序中自动地根据回归系数的显著性检验结果来决定每一项的取舍问题。

3. 采用偏最小二乘法

当实际工作中，确实遇到没有办法达到如上面提到的试验次数要大于进行回归建模时的方程个数，以及多个因变量对多个自变量的同时回归分析等一般最小二乘回归分析方法无法解决的问题的时候，可以采用偏最小二乘法。

第九节　配方均匀设计

配方设计在化工、材料工业、食品、低温超导等领域是非常重要的工具，例如，在混凝土配方中，包含有水泥、砂、石子、水等，它们在混凝土中的比例决定了混凝土的质量。在试验设计中，水泥、砂、石子、水等称为配方中的成分（ingredient），决定诸成分的比例的方法，称为混料设计（design of experimrnts with mixture）。又例如在复合果汁饮料配方研究中，苹果浊汁、橙汁、红枣汁、菊花汁等四种汁液不同配方会产生不同品质和风味的饮料。因此配方设计显得特别重要。

设在一个配方中有 s 个成分 X_1，$\cdots$，X_s，则一个混料是区域

$$T^s = \{ (X_1, X_2, \cdots, X_s): X_j \geqslant 0, j = 1, 2, \cdots, s; X_1 + X_2 + \cdots + X_s = 1 \}$$

上的一个点，混料试验设计是在 T^s 上选择有代表性的 n 个点，通过试验和统计建模，找到一个"最好"的配方。

由于成分间有约束条件 $X_1 + X_2 + \cdots + X_3 = 1$，使混料设计大大难于前面所讨论的 s 个因素无约束的情形。若 s 个成分中有一两个因素占统治地位，例如蛋糕的配方中，面粉和水的比例很大，而牛乳、糖、鸡蛋、巧克力等的比例很小，若试验的目的只需要决定牛乳、糖、鸡蛋和巧克力的比例，可将它们看成无约束的因素进行试验设计，最后由面粉和水来"填补"，使之成为 100% 的完整配入。这种考虑在实际的试验设计中广为流传，其原因是方法简单。但是，有相当多的混料试验中，不能用这种方法。为此，文献中发展了许多方法来进行试验设计，如 Sheffe 提出的单纯形格子点设计、单纯形重心设计，Cornell 提出的轴设计等。Cornell（1990）对各种方法作了详细的介绍，这里就不介绍了。

本节重点介绍均匀设计在混料中的应用。王元、方开泰（1990）提出了混料均匀设计，其思想是将 n 个试验点（n 种不同的配方）均匀地分布在 T^s 上，采用的是逆变换方法。若在单位立方体 $C^{s-1} = [0,1]^{s-1}$ 上有一个均匀设计｜$C_k = [C_{k1}, \cdots, C_{k(s-1)}]: k = 1, \cdots, n$｜。然后通过变换生成 T^s 上的 n 个点，理论上可以阐明，这 n 个点在 T^s 上是散布均匀的。具体的算法如下：

（1）设 $U_n(n^{s-1})$ 为一个均匀设计表，其中的元素记为 u_{ij}；

（2）令 $C_{ki} = \dfrac{u_{ki} - 0.5}{n}$ $i = 1, \cdots, s-1; k = 1, \cdots, n$ （9－25）

则｜$C_k = (C_{k1}, \cdots, C_{k(s-1)}): k = 1, \cdots, n$｜为 C^{s-1} 上的一个均匀散布的点集。

（3）计算

$$\begin{aligned} X_{ki} &= [1 - C_{ki}^{\frac{1}{s-i}}] \prod_{j=1}^{i-1} C_{kj}^{\frac{1}{s-j}} \\ X_{ks} &\prod_{j=1}^{s-1} C_{kj}^{\frac{1}{s-j}} \end{aligned} \qquad i = 1, \cdots, s-1 \qquad (9-26)$$

则 $X_k = (X_{k1}, \cdots, X_{ks}): k = 1, \cdots, n$ 为 T^s 上的一个混料均匀设计。

[例 9.5] 给出 $n = 11$，$s = 3$ 的混料均匀设计。

表 9－27 的前两列是一个 $U_{11}(11^2)$，接下来两列 C_1、C_2 为 $[0, 1]^2$ 上的均匀设计，由于 $s = 3$，式（9－26）变为很简单的形式：

$$\begin{aligned} X_{k1} &= 1 - \sqrt{C_{k1}} \\ X_{k2} &= \sqrt{C_{k1}}(1 - C_{k2}) \qquad k = 1, \cdots, n \\ X_{k3} &= \sqrt{C_{k1}} C_{k2} \end{aligned} \qquad (9-27)$$

计算结果列在表 9－27 的最后三列。

表9-27 $n = 11$，$s = 3$ 的混料均匀设计

$U_{11}(11^2)$		C_1	C_2	X_1	X_2	X_3
1	4	1/22	7/22	0.787	0.145	0.0678
2	9	3/22	17/22	0.631	0.0839	0.285
3	7	5/22	13/22	0.523	0.195	0.282
4	1	7/22	1/22	0.436	0.538	0.256
5	11	9/22	21/22	0.360	0.029	0.611
6	3	11/22	5/22	0.293	0.546	0.161
7	6	13/22	11/22	0.231	0.384	0.385
8	8	15/22	15/22	0.174	0.263	0.563
9	2	17/22	3/22	0.121	0.759	0.120
10	10	19/22	19/22	0.071	0.127	0.802
11	5	21/22	9/22	0.023	0.577	0.400

由于 T^3 是一个正三角形，其边长为 $\sqrt{2}$，图9-7给出了上述均匀设计的点图，我们看到它们在三角形内分布地相当均匀。

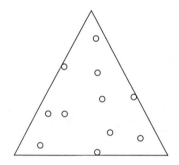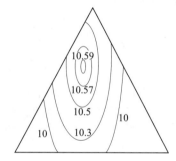

图9-7　混料均匀设计的点图和等高线图

[**例9.6**]　给出 $n = 7$，$s = 4$ 的混料均匀设计。

表9-28 $U_7(7^4)$ 均匀试验表

实验号	列　号		
	1	2	3
1	1	2	3
2	2	4	6
3	3	6	2
4	4	1	5
5	5	3	1
6	6	5	4
7	7	7	7

根据均匀表 $U_7(7^4)$，那么：$i=1$ 时，在第 1 号实验中，$u_{11}=1$，$u_{21}=2$，$u_{31}=3$，$n=7$，所以根据式（9-25），得：

$$C_{11}=(u_{11}-0.5)/n=1/14=0.071$$
$$C_{21}=(u_{21}-0.5)/n=3/14=0.214$$
$$C_{31}=(u_{31}-0.5)/n=5/14=0.357$$

同理将 2 至 7 号试验中 C_{ki} 一一进行计算。

然后将 $\{C_{ki}\}$ 转换成 $\{X_{ki}\}$，按式（9-26），当 $s=3$ 时，式（9-26）可以简化为以下形式：

$$X_{1i}=1-\sqrt[3]{C_{1i}}$$
$$X_{2i}=\sqrt[3]{C_{1i}}(1-\sqrt{C_{2i}})$$
$$X_{3i}=\sqrt[3]{C_{1i}}\sqrt{C_{2i}}(1-C_{3i})$$
$$X_{4i}=\sqrt[3]{C_{1i}}\sqrt{C_{2i}}C_{3i}$$

那么，在第 1 号实验中：

$$X_{11}=1-\sqrt[3]{C_{11}}=1-\sqrt[3]{0.071}=1-0.414=0.586$$
$$X_{21}=\sqrt[3]{C_{11}}(1-\sqrt{C_{21}})=0.414\times(1-0.462)=0.223$$
$$X_{31}=\sqrt[3]{C_{11}}\sqrt{C_{21}}(1-C_{31})=0.414\times0.462\times(1-0.357)=0.123$$
$$X_{41}=\sqrt[3]{C_{11}}\sqrt{C_{21}}C_{31}=0.414\times0.462\times0.357=0.068$$

其中 $X_{11}+X_{21}+X_{31}+X_{41}=0.586+0.223+0.123+0.068=1.000$

然后将 2 至 7 号试验中 X_{ki} 一一进行计算。

C_{ki}、X_{ki} 计算结果及配方设计实验表生成过程见表 9-29。

表9-29　　　　　　　　　　　配方设计实验表生成过程表

试验号	1	2	3	C_1	C_2	C_3	X_1	X_2	X_3	X_4
1	1	2	3	0.071	0.214	0.357	0.586	0.223	0.123	0.068
2	2	4	6	0.214	0.500	0.786	0.402	0.175	0.090	0.332
3	3	6	2	0.357	0.786	0.214	0.291	0.080	0.494	0.134
4	4	1	5	0.500	0.071	0.643	0.206	0.582	0.076	0.136
5	5	3	1	0.643	0.357	0.071	0.137	0.348	0.479	0.037
6	6	5	4	0.786	0.643	0.500	0.077	0.183	0.370	0.370
7	7	7	7	0.929	0.929	0.929	0.025	0.035	0.067	0.873

思考与习题

1. 均匀试验设计有些什么特点？与正交试验比较优势在哪里？

2. 什么是等水平、混合水平和定性因素的均匀试验？

3. 在发酵生产肌苷中，培养基由葡萄糖、酵母粉、玉米浆、尿素、硫酸铵、磷酸氢二钠、氯化钾、硫酸镁和碳酸钙等成分组成。由于培养基成分较多，不便运用正交试验，因此采用均匀试验来确定最佳培养基配方。

（1）请按均匀试验的步骤，列出试验指标、试验因素和最少试验次数及选择的均匀试验表。

（2）如果仅仅考虑以葡萄糖、酵母粉、玉米浆、尿素、硫酸铵5个因素，范围分别为8.5%~13%，1.5%~2.4%，0.55%~1.00%，0.25%~0.70%，1.0%~1.45%。试验10次，试验结果见下表，求最佳培养基组成、因素影响的主次关系以及影响的显著性。

均匀试验方案及结果

试验方案						试验结果/%
试验号	葡萄糖/%	尿素/%	酵母粉/%	硫酸铵/%	玉米浆/%	
1	8.5	0.30	1.7	1.20	0.85	20.87
2	9	0.40	2.0	1.45	0.65	17.15
3	9.5	0.50	2.3	1.15	1.00	21.09
4	10	0.60	1.5	1.40	0.80	23.60
5	10.5	0.70	1.8	1.10	0.60	23.48
6	11	0.25	2.1	1.35	0.95	23.40
7	11.5	0.35	2.4	1.05	0.75	17.87
8	12	0.45	1.6	1.30	0.55	26.17
9	12.5	0.55	1.9	1.00	0.90	26.79
10	13	0.65	2.2	1.25	0.70	14.80

第十章

回归正交设计

教学目的与要求

    1. 掌握一次回归正交设计及统计分析方法；

    2. 掌握二次回归正交组合设计及统计分析方法。

    第五章讲述的回归与相关分析，由于试验未曾设计，只能对数据作被动的处理与分析，因而在计算和回归方程的统计性质上都存在一些问题。随着生产的发展，特别是寻求最佳食品工艺和配方、寻求有效成分提取最佳途径以及建立各种生产过程数学模型的需要，人们越来越要求以较少的试验建立计算比较简单、精度较高、统计性质较好的回归方程。为此，人们研究了把试验的安排、数据的处理和回归方程的精度统一起来的回归分析方法，这便是 20 世纪 50 年代初以来发展起来的回归设计与分析这一数理统计分支的内容。回归设计的内容十分丰富，本章主要讲述回归正交设计（Orthogonal Regression Design）。

第一节　一次回归正交设计

    回归正交设计，是把正交试验设计、回归数据处理和回归精度统一起来的回归设计与分析方法。一次回归正交设计是利用回归正交设计原理建立随机变量 y 关于 p 个自变量 X_1，X_2，$\cdots$，X_p 的一元回归方程：

$$\hat{y} = b_0 + b_1 x_1 + b_2 x_2 + \cdots + b_p x_p \tag{10 - 1}$$

或带有交互项 $X_i X_j$ 的回归方程：

$$\hat{y} = b_0 + \sum_{j=1}^{p} b_j x_j + \sum_{k=1}^{p-1} \sum_{j=k+1}^{p} b_{kj} x_k x_j \tag{10 - 2}$$

的回归设计与分析方法。

    1. 一次回归正交表

    一次回归正交设计表主要是把二水平正交表中的"1"和"2"分别改为"$+1$"和"-1"

而得到的，这种变换称为"正交性"变换。通过这样的变换可以明显地看出正交表的正交性，即任意两列对应元素乘积之和等于零，任一列的和均为零，例如正交表$L_4(2^3)$经过这样的变换就可得到如表 10 – 1 的二因素一次回归正交设计表。

表 10 – 1 二因素一次回归正交设计表

正交表 $L_4(2^3)$				回归正交设计表			
试验号	1	2	3	试验号	1	2	3
1	1	1	1	1	-1	-1	-1
2	1	2	2	2	-1	1	1
3	2	1	2	3	1	-1	1
4	2	2	1	4	1	1	-1

一次回归正交试验设计是按照一次回归正交表来安排试验的，显然，上述两种正交表之间并无本质的差别，按回归正交表安排的试验自然具有正交试验设计的特点。而且这时用最小二乘法求偏回归系数的正则方程组的系数矩阵为对角阵，不但能使回归系数的计算简便，而且还能使回归系数间不存在相关性。

2. 一次回归正交设计与分析

一次回归正交设计与分析的步骤为：

（1）根据试验目的选择 p 个与研究指标 y（响应变量）有关的因素（或称因子）X_j，确定 X_j 的变化范围，用 X_{1j} 和 X_{2j} 分别表示 X_j 的下限和上限，并分别称为因素的下水平和上水平。

（2）编码 编码的目的就是要把实际试验水平 X_{0j}、X_{1j} 和 X_{2j} 进行"正交性"变换，以便获得一次回归正交表。因素 X_j 的零水平，就是其下水平 X_{1j} 和上水平 X_{2j} 的中点水平［也称作该因素的基准水平（CK）］，即：

$$X_{0j} = \frac{1}{2}(X_{1j} + X_{2j})$$

$$\Delta_j = \frac{X_{2j} - X_{1j}}{2} \qquad j = 1, 2, \cdots, p \tag{10 – 3}$$

Δ_j 称为 X_j 的区间。

所谓编码，就是把 X_j 的各水平变为 Z_j 的各水平，即对 X_j 做线性变换：

$$\Delta_{kj} = \frac{X_{kj} - X_{0j}}{\Delta_j} \qquad k = 0, 1, 2; j = 1, 2, \cdots, p \tag{10 – 4}$$

通过编码，将 X_{1j}、X_{0j} 和 X_{2j} 分别变为 -1、0 和 1，即 $Z_{1j} = -1$，$Z_{0j} = 0$，$Z_{2j} = 1$。一般称 X_j 为自然变量，Z_j 为规范变量。

编码结果可表示成表 10 – 2 的因子水平编码表。

一次回归正文设计直接建立的一次多元回归方程为：

$$\hat{y} = b_0 + b_1 Z_1 + b_2 Z_2 + \cdots + b_p Z_p \tag{10 – 5}$$

或：

$$\hat{b} = b_0 + \sum_{j=1}^{p} b_j Z_j + \sum_{k=1}^{p-1} \sum_{j=k+1}^{p} b_{kj} Z_k Z_f \tag{10 – 6}$$

表 10 -2 因素水平编码表

规范变量 Z_{kj}	自然变量 X_{kj}			
	X_1	X_2	...	X_p
下水平（-1）	X_{11}	X_{12}	...	X_{1p}
上水平（1）	X_{21}	X_{22}	...	X_{2p}
变化区间（1）	Δ_1	Δ_2	...	Δ_p
零水平（0）	X_{01}	X_{02}	...	X_{0p}

（3）构成试验方案　根据因素的多少及是否考虑因素间的交互作用来选择合适的二水平正交表，按表头安排试验并实施，以获得 y 的观察值。如安排两个因素，考虑交互作用与否均选用 $L_4(2^3)$。如安排三个因素，若不考虑交互作用可选用 $L_4(2^3)$；若考虑交互作用，可选用 $L_8(2^7)$。上述试验安排仅是基本试验点，为了把回归方程建立得更好（如考虑失拟问题），还必须安排零水平试验点（最少两个）。

例如，若考虑三因素 X_1、X_2、X_3，并考虑它们的交互作用 X_1X_2、X_1X_3、X_2X_3，可选用 $L_8(2^7)$ 进行试验设计并加上两个零水平试验。若 $L_8(2^7)$ 中第 1、第 2 和第 4 列分别安排 X_1、X_2 和 X_3，则第 3、第 5、第 6 列分别为交互作用 X_1X_2、X_1X_3 和 X_2X_3 列，第 7 列为三因子交互作用 $X_1X_2X_3$ 列（不考虑）。这样 $L_8(2^7)$ 经过编码变为三因素一次回归正交（表 10 -3）。

表 10 -3 三因素一次回归正交分析资料表

试验号	Z_0	Z_1	Z_2	Z_3	Z_1Z_2	Z_1Z_3	Z_2Z_3	y
1	1	1	1	1	1	1	1	y_1
2	1	1	1	-1	1	-1	-1	y_2
3	1	1	-1	1	-1	1	-1	y_3
4	1	1	-1	-1	-1	-1	1	y_4
5	1	-1	1	1	-1	-1	1	y_5
6	1	-1	1	-1	-1	1	-1	y_6
7	1	-1	-1	1	1	-1	-1	y_7
8	1	-1	-1	-1	1	1	1	y_8
9	1	0	0	0	0	0	0	y_9
10	1	0	0	0	0	0	0	y_{10}

（4）参数的最小二乘估计　分两种情况讨论：

① 不加零水平试验点的参数估计：如果选用的正交表只有 n 个试验点，那么就有 y_1，y_2，…，y_{n-1}，y_n 等 n 个观察值，如表 10 -3，选用的正交表为 $L_8(2^7)$，则 $n=8$。

回归正交表中 Z_0，Z_1，Z_2，…，Z_{p-1}，Z_p 各列元素组成的矩阵（不包括两个零水平试验）称为设计阵（或结构阵），记作 Z，如表 10 -3 中的设计阵为：

$$Z = \begin{vmatrix} 1 & 1 & 1 & -1 & 1 & -1 & -1 \\ 1 & 1 & -1 & 1 & -1 & 1 & -1 \\ 1 & 1 & -1 & -1 & -1 & -1 & 1 \\ 1 & -1 & 1 & 1 & -1 & -1 & 1 \\ 1 & -1 & 1 & -1 & -1 & 1 & -1 \\ 1 & -1 & -1 & 1 & 1 & -1 & -1 \\ 1 & -1 & -1 & -1 & 1 & 1 & 1 \end{vmatrix}$$

Z 中除第 1 列外，其他各列满足正交性，即各列之和为 0，任两列对应元素之积的和为 0，设矩阵

$$A = Z^T Z = \begin{bmatrix} n & & & \\ & n & & 0 \\ & & \ddots & \\ 0 & & & n \end{bmatrix} = diag\,(n,n,\cdots,n) \tag{10-7}$$

$$y = (y_1,y_2,\cdots,y_n)^T, b = (b_0,b_1,b_2,\cdots,b_{p-1})^T$$
$$Z^T y = (B_0,B_1,B_2,\cdots,B_{p-1p})^T \tag{10-8}$$

则可证明估计回归参数的最小二乘方程组为：

$$Ab = B \tag{10-9}$$

由于

$$A^{-1} = diag\left\{ \frac{1}{n},\ \frac{1}{n},\ \cdots,\ \frac{1}{n} \right\}$$

所以

$$\begin{cases} b_0 = \dfrac{B_0}{n}, & B_0 = \sum\limits_{i=1}^{n} y_i \\[2mm] b_j = \dfrac{B_j}{n}, & B_j = \sum\limits_{i=1}^{n} Z_{ij} y_i \quad (j = 1,\ 2,\ \cdots,\ p) \\[2mm] b_{kj} = \dfrac{B_{kj}}{n}, & b_{kj} = \sum\limits_{i=1}^{n} (Z_k Z_j)_i y_i \quad (j > k;\ k = 1,\ 2,\ \cdots,\ p-1) \end{cases} \tag{10-10}$$

其中，Z_{ij} 表示 Z_j 列各元素，$(Z_k Z_j)_i$ 表示 $Z_k Z_j$ 列各元素。

顺便说明，在引入交互作用项后，回归方程不再是线性的，但交互作用项 $Z_k Z_j (j > k)$ 的回归系数的计算和检验完全同线性项 Z_j 一样，这是因为交互作用同其他因素一样，正好占了正交表上的一列，正交表中任两列都具有正交性。

② 加零水平试验点的参数估计：如果在试验中加了 m 个零水平试验点，除 b_0 外，其他各回归系数的估计均不变。而

$$b_0 = \frac{1}{n+m} \sum_{i=1}^{n+m} y_i \tag{10-11}$$

（5）回归方程及偏回归系数的方差分析 由于一次回归正交设计具有正交性，因而消除了各偏回归系数间的相关性。各因素的偏回归平方和或回归的方差贡献为：

$$\begin{cases} U_j = b_j B_j = n b_j^2 = \dfrac{B_j^2}{n} \\[2mm] U_{kj} = b_{kj} B_{kj} = n b_{kj}^2 = \dfrac{B_{kj}^2}{n} \end{cases} \tag{10-12}$$

它们分别与 b_j 和 b_{kj} 的平方成正比，即 b_j 和 b_{kj} 的绝对值越大，U_j 和 U_{kj} 也就越大。也就是说，

在用正交设计所求得的回归方程中，每一个回归系数的绝对值大小都刻画了对应因素的作用大小。由于经过无量纲的编码变换后，所有因素的取值都是 1 和 −1，它们在所研究的区域内是"平等的"，因而使得所求的回归系数不受因素的单位和取值的影响，而直接反映了该因素作用的大小。回归系数的符号直接反映了因素对响应的影响是正还是负。

由于偏回归系数间不相关，因而总回归平方和等于各回归平方和之和：

$$U = \sum_{j=1}^{p} U_j + \sum_{j=1}^{p-1} \sum_{k=j+1}^{p} U_{kl} \tag{10-13}$$

故剩余平方和 Q_{el} 为：

$$Q_{\text{el}} = L_{yy} - U \tag{10-14}$$

其中：

$$SS_{\text{T}} = L_{yy} = \sum_{i=1}^{n} y_i^2 - \frac{1}{n} \Big[\sum_{i=1}^{n} y_i \Big]^2$$

回归方程与各偏回归系数的方差分析见表 10−4。

表 10−4　　　　　　　　　　一次回归正交设计的方差分析表

变异来源	自由度 ν	平方和 SS	均方 MS	F
Z_1	1	U_1	U_1	U_1/MS_e
Z_2	1	U_2	U_2	U_2/MS_e
…	…	…	…	…
Z_p	1	U_p	U_p	U_p/MS_e
Z_1Z_2	1	U_{12}	U_{12}	U_{12}/MS_e
Z_1Z_3	1	U_{13}	U_{13}	U_{13}/MS_e
…	…	…	…	…
$Z_{p-1}Z_p$	1	U_{p-1p}	U_{p-1p}	U_{p-1p}/MS_e
回归	$\nu_{\text{u}} = p(p+1)/2$	U	$MS_{\text{u}} = U/\nu_{\text{u}}$	MS_{u}/MS_e
剩余	$\nu_{\text{el}} = n - [p(p+1)/2] - 1$	Q_{el}	$MS_e = Q_{\text{el}}/\nu_{\text{el}}$	
总变异	$n-1$	SS_{T}		

如果不考虑交互作用时，把交互作用项不列进去就是了，这时 $\nu_{\text{u}} = p$，$\nu_{\text{el}} = n - p - 1$。实际上在做试验时，我们往往根据分析只考虑其中的几个交互作用。要特别注意的是，无论我们是否考虑交互作用，或只考虑几个交互作用都不影响前面 p 个偏回归系数 b_j 的计算，更不必增加或重做试验。

求出各 F 值，查 F 临界值表，以检验回归方程和偏回归系数所达到的显著水平。经偏回归系数显著性检验不显著的变量（无论是因素项或交互项），可一起全部从回归方程中剔除，不需要重新建回归方程（即不需要重新计算保留项的偏回归系数）。在对回归方程进行显著性检验时，把这些变量的偏回归平方和加到剩余平方和中，自由度 ν_{el} 也做相应的增加。

上述回归方程和各偏回归系数的方差分析，没有考虑零水平点的试验。如果做了 m 个零水平点的试验，在回归分析中仅改变 b_0 [式（10−11）] 而不改变其他各偏回归系数。然而，在做了 m 个零水平试验的一次回归正交分析中应增加一个拟合度检验（也称失拟性或拟合不足检验）。

（6）拟合度检验（失拟性或拟合不足检验） 对回归方程显著性的检验，只说明相对于剩余均方来说，自变量部分在回归中的影响与否。这时，即使回归方程显著，只说明回归方程在试验点上与试验结果拟合得好，但不能保证在整个研究区域内部，回归方程与实测值同样也拟合得好，即不能保证所取的回归模型是最好的。为了检验一次回归在所研究区域内部的拟合情况，我们安排了 m（$m \geqslant 2$）个零水平点试验，这样就得到了 $n+m$ 个 y 的观察值（见表 10 - 3，$m = 2$）。在这种情况下，总平方和 SS_T 变为：

$$SS_T = l_{yy} = \sum_{i=1}^{m+n} (y_i - \bar{y})^2 = \sum_{i=1}^{m+n} y_i^2 - \frac{1}{m+n} \left[\sum_{i=1}^{m+n} y_i \right]^2 \tag{10 - 15}$$

误差平方和 Q_e 为 m 个零水平点观察值的平方和：

$$Q_e = \sum_{i=1}^{m} (y_{0i} - \bar{y_0})^2 = \sum y_{0i}^2 - \frac{1}{m} \left[\sum_{i=1}^{m} y_{0i} \right]^2 \tag{10 - 16}$$

由上述知，除常数项 b_0 外，各因子的偏回归系数与零水平点观察值无关，因而回归平方和仍为 U，故失拟平方和 Q_{Lf} 为：

$$Q_{Lf} = L_{yy} - U - Q_e \tag{10 - 17}$$

在考虑零水平点情况下，

$$\nu_T = m + n - 1, \quad \nu_U = \frac{p(p+1)}{2}, \quad \nu_e = m - 1, \quad \nu_{Lf} = n - \frac{p(p+1)}{2}$$

这样，就可用

$$F_0 = \frac{Q_{Lf}/\nu_{Lf}}{Q_e/\nu_e} \sim F(\nu_{Lf}, \nu_e) \tag{10 - 18}$$

来进行拟合度检验了。当 F 不显著时，说明 Q_{Lf} 是由随机误差造成的，这时

$$Q_剩 = Q_{Lf} + Q_e = Q_{e2}, \nu_剩 = \nu_{Lf} + \nu_e = \nu_{e2}$$

用

$$F = \frac{U/\nu_U}{Q_{e2}/\nu_{e2}} \sim F(\nu_U, \nu_{e2}) \tag{10 - 19}$$

来检验回归方程，若显著，则说明回归方程是显著的，而且拟合得好；如果 F_0 显著，F 也显著，则表明尽管回归方程显著，但拟合不好，还有其他因素的影响，需进一步改进回归模型。

[例 10.1] 为了研究小麦高产栽培技术，选择影响小麦产量的三个主要因素：水分状况、肥料和密度，试验指标为 y（单位：$kg/0.067hm^2$），试进行一次回归正交试验并分析。

一次回归正交试验与分析如下：

（1）确定因素水平编码表 因素水平编码表见表 10 - 5。

表 10 - 5　　　　　　　　　　　因素水平编码表

水平	因素		
	水分状况 $X_1/(\%)^*$	追氮肥量 X_2 /（kg/0.067hm²）	密度 X_3 /（万株/0.067hm²）
上水平（+1）	95	40	65
下水平（-1）	75	20	45
零水平（CK）	85	30	55
变化区间（Δ_j）	10	10	10

注：* 为全生长期土壤湿度占田间持水量。

各因素编码是按式（10-4）进行的，如选择了水分状况 X_1 的上、下水平为 95 和 75，则 $X_{01} = (95 + 75)/2 = 85$，$\Delta_1 = (95 - 75)/2 = 10$。当 $X_{21} = 95$ 时，对应的 $Z = (95 - 85)/10 = 1$；$X_{11} = 75$ 时，对应的 $Z = (75 - 85)/10 = -1$。

（2）形成试验方案并实施，建立一次回归正交分析资料表　要求考察三个因素及两因素间的交互作用，并且需对失拟性进行检验，因而选择了 $L_8(2^7)$，并进行两个零水平点试验，实施结果资料如表 10-6 所示。

表 10-6　　　　　　　　　　三因素一次回归正交分析资料表

试验号	因素			
	水分状况 Z_1	施肥量 Z_2	密度 Z_3	小区产量 y
1	1 (95)	1 (40)	1 (65)	2.1
2	1	1	-1 (45)	2.3
3	1	-1 (20)	1	3.3
4	1	-1	-1	4.0
5	-1 (75)	1	1	5.0
6	-1	1	-1	5.6
7	-1	-1	1	6.9
8	-1	-1	-1	7.8
9	0 (85)	0 (30)	0 (55)	4.5
10	0	0	0	4.3

（3）计算　参数估计及回归平方和计算见表 10-7。

表 10-7　　　　　　　　　　参数估计及回归平方和计算结果

	Z_0	Z_1	Z_2	Z_3	Z_1Z_2	Z_1Z_3	Z_2Z_3	y
1	1	1	1	1	1	1	1	2.1
2	1	1	1	-1	1	-1	-1	2.3
3	1	1	-1	1	-1	1	-1	3.3
4	1	1	-1	-1	-1	-1	1	4.0
5	1	-1	1	1	-1	-1	1	5.0
6	1	-1	1	-1	-1	1	-1	5.6
7	1	-1	-1	1	1	-1	-1	6.9
8	1	-1	-1	-1	1	1	1	7.8
B_j 和 B_{kj}	37	-13.6	-7	-2.4	1.2	0.6	0.8	
b_j 和 b_{kj}	4.63	-1.7	-0.88	-0.3	0.15	0.075	0.1	
B_j^2 和 B_{kj}^2		184.96	49	5.76	1.44	0.36	0.64	
U_j 和 U_{kj}		23.12	6.13	0.72	0.18	0.045	0.08	

由表 10 - 7 看出，我们仅用 $L_8(2^7)$ 的 8 个试验点进行回归计算，设置零水平点试验仅仅为了拟合度检验。表 10 - 7 所示的最后 4 行数据是按式（10 - 10）和式（10 - 12）计算的。如：

$$B_0 = \sum_{i=1}^{8} y_i = 2.1 + 2.3 + \cdots + 7.8 = 37.0 \qquad b_0 = \frac{B_0}{N}$$

$$B_1 = \sum_{i=1}^{8} Z_{1i}y_i = (2.1 + 2.3 + 3.3 + 4.0) - (5.0 + 5.6 + 6.9 + 7.8) = -13.6$$

$$B_{12} = \sum_{i=1}^{8} (Z_1 Z_2)_i y_i = 2.1 + 2.3 - 3.3 - 4.0 - 5.0 - 5.6 + 6.9 + 7.8 = 1.2$$

$$b_1 = \frac{B_1}{N} = \frac{-13.6}{8} = -1.7 \qquad b_{12} = \frac{B_{12}}{N} = \frac{1.2}{8} = 0.15$$

$$U_1 = \frac{B_1^2}{N} = \frac{(-13.6)^2}{8} = 23.12 \qquad U_{12} = \frac{B_{12}^2}{N} = \frac{1.2^2}{8} = 0.18$$

（4）方差分析与拟合度检验 由于交互作用的影响都很小，这里我们不考虑交互作用的影响，故把这几列的偏差平方和全计入剩余中，可得：

$$SS_T = L_{yy} = \sum_{i=1}^{8} y_i^2 - \frac{1}{8} \left(\sum_{i=1}^{8} y_i \right)^2 = 30.28$$

$$U = 23.12 + 6.13 + 0.72 = 29.97$$

$$Q_{el} = L_{yy} - U = 30.28 - 29.97 = 0.31$$

方差分析表见表 10 - 8（未计入零水平点）。

表 10 - 8 方差分析表

变异来源	偏差平方和	自由度	均方	F 值	显著性
Z_1	23.12	1	23.12	289.0	＊＊
Z_2	6.13	1	6.13	76.6	＊＊
Z_3	0.72	1	0.72	9.0	＊
回归（$Z_1 + Z_2 + Z_3$）	29.97	3	9.99	124.9	＊＊
剩余	0.31	4	0.08		
总和	30.28	7			

$$F_{0.05}(1,4) = 7.71 \qquad F_{0.01}(1,4) = 21.2 \qquad F_{0.01}(3,4) = 16.69$$

结果表明，水分状况和肥料对产量的影响是极显著的，密度也有显著影响，而且三个因素与产量之间的回归方程式是极显著的。

拟合度检验：由式（10 - 15）～式（10 - 18）得：

$$SS_T = L_{yy} = \sum_{i=1}^{10} y_i^2 - \frac{1}{10} \left(\sum_{i=1}^{10} y_i \right)^2 = 240.14 - \frac{1}{10} \times 45.8^2 = 30.376$$

$$\nu_T = 10 - 1 = 9$$

$$Q_e = \left(4.5 - \frac{4.5 + 4.3}{2} \right)^2 + \left(4.3 - \frac{4.5 + 4.3}{2} \right)^2 = 0.02, \ \nu_e = 2 - 1 = 1$$

$$Q_{e2} = L_{yy} - U = 30.376 - 29.97 = 0.406, \ \nu_{e2} = 10 - 1 - 3 = 6$$

$$Q_{Lf} = Q_{e2} - Q_e = 0.406 - 0.02 = 0.386, \ \nu_{Lf} = \nu_{e2} - \nu_e = 6 - 1 = 5$$

$$F = \frac{0.386/5}{0.02/1} = 3.86 \ll F_{0.1}(5,1) = 57.24$$

结果表明：回归模型与实际情况拟合得较好。

在给试验数据拟合一个回归模型时，最好使用能合适地描述这些数据的最低次的模型。如果 F 很大，就要重新考虑我们假设的模型，这就是回归试验设计的一个好处。

（5）回归方程及其讨论　由上面讨论可得：

$$\hat{y} = 4.63 - 1.7Z_1 - 0.88Z_2 - 0.3Z_3$$

式中，Z_j 是各因素的编码值。为了使用方便，将规范变量 Z_j 用自然变量 X_j 表示，由式（10 - 4）得：

$$Z_1 = \frac{X_1 - 85}{10} \qquad Z_2 = \frac{X_2 - 30}{10} \qquad Z_3 = \frac{X_3 - 55}{10}$$

并代入回归方程，得：

$$\hat{y} = 4.63 - 1.7\left(\frac{X_1 - 85}{10}\right) - 0.88\left(\frac{X_2 - 30}{10}\right) - 0.3\left(\frac{X_3 - 55}{10}\right)$$

$$= 23.37 - 0.170X_1 - 0.088X_2 - 0.03X_3$$

从所得回归方程可以看出，三个因素均是下水平最好（回归系数皆为负），随着各因素由下水平上升到上水平时，各因素起相反作用，即引起减产。这说明：水分太多，施肥过多，种植过密都会对产量起抑制作用，并看出，水分状况对产量影响最大。

第二节　最速上升法

试验者总希望通过回归方法来进行最优控制，或寻找最佳工艺条件。若不是在最优区域内建立的回归方程，就不能用来寻找最佳工作条件，因为超出试验所在范围，回归方程可能并非仍是一次关系。所以进行最优控制或确定最优生产运行条件时，首先必须寻找各变量变化的最优区域。一次回归正交设计不仅是二次或更高次回归设计的基础，而且由于它计算简便，又消除了回归系数间的相关性，所以当试验的区域远离实际的最优点时，通常在变量变化的一个小区域内先用一次模型来近似拟合真实曲面，一旦最优点的区域被找到，就可以用更精细的模型，例如，用二次模型分析确定最优点的位置。下面介绍快速而有效地进入最优点所在邻近区域的最速上升法。

由微积分学知道，多元函数 $y = f(x_1, x_2, \cdots, x_p)$ 在点 $(x_{01}, x_{02}\cdots, x_{0p})$ 处变化率最大的方向为：

$$\left(\frac{\partial y}{\partial x_1}, \frac{\partial y}{\partial x_2}, \cdots, \frac{\partial y}{\partial x_p}\right) \tag{10 - 20}$$

这个方向称为函数在该点的最速上升方向，亦称为梯度方向，其中各分量的值为：

$$\left.\frac{\partial y}{\partial x_j}\right|x_j = x_{0j}$$

对于由 n 个观察点所确定的回归方程式（10 - 1）

$$\hat{y} = b_0 + b_1x_1 + b_2x_2 + \cdots + b_px_p$$

来讲，最速上升方向为 $(b_1, b_2, \cdots, b_p)$，显然，若 $e > 0$，则方向 $(eb_1, eb_2, \cdots, eb_p)$ 仍是最速上升方向。回归方程式（10 - 1）描述的是 y 关于 $x_1, x_2, \ldots, x_p$ 在 $(p + 1)$ 维空间上的

一个响应平面。每给一个 $\hat{y}_i$ 就会得到一条等值线 $\hat{y}_i = b_0 + b_1 x_1 + b_2 x_2 + \cdots + b_p x_p$。即在这条直线上的 $\hat{y}$ 值都等于 $\hat{y}_i$；不同的等值线是互相平行的，$\hat{y} = b_0 + b_1 x_1 + b_2 x_2$ 的等值线如图 10-1 所示。从几何意义来讲，回归方程式（10-1）的最速上升方向就是其等值线的法线方向，即与等值线垂直的方向。

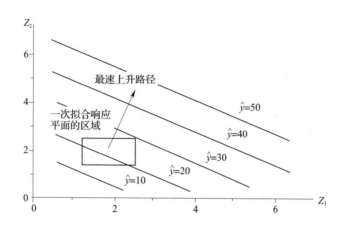

图 10-1　一次回归的等值线与最速上升路径

　　回归方程式（10-1）仅适用于原来 n 个观察点 $(y_i，x_{i1}，x_{i2}，\cdots，x_{ip})$ 的区域（x_{i1}，x_{i2}，$\cdots$，x_{ip}），$i = 1，2，\cdots，n$，区域中心为 $(\bar{x_1}，\bar{x_2}，\cdots，\bar{x_p})$；对于一次回归正交设计来讲，在 Z_1，Z_2，$\cdots$，Z_p 空间中，区域中心就是原点（$0，0，\cdots，0$）即 x_1，x_2，$\cdots x_p$ 的零水平点。最优控制要求的回归方程必须在最优区域内建立。如果把原 n 个试验点的变化范围称为原区域的话，那么将如何从原区域出发来寻找最优区域呢？最速上升方向为我们提供了寻找最优区域的最佳路径，它可以按如下步骤进行：

　　（1）选择适当的各自然变量 x_j 的零水平（x_{01}，x_{02}，$\cdots$，x_{0p}）和相对较窄的变化区间（Δ_1，Δ_2，$\cdots$，Δ_p），用一次回归正交设计安排一组部分实施试验，求出一次回归的各偏回归系数 b_1，b_2，$\cdots$，b_p，并检验是显著的。

　　（2）沿着最速上升方向取 m 个新试验点，形成最速上升法试验计划，其自然变量的坐标为：

$$(x_{01} + ke\Delta_1 b_1，x_{02} + ke\Delta_2 b_2，\cdots，x_{0p} + ke\Delta_p b_p) \tag{10-21}$$

其中 $k = 1，2，\cdots，m$，这 m 个试验点是沿同一方向上进行的。至于 m 等于多少，要看观察值 y 是否朝我们所期望的方向变化而定，即合适了就继续做下去，否则就停止。

　　m 个新试验点的规范变量坐为：

$$(keb_1，keb_2，\cdots，keb_p)，k = 1,2,\cdots,m \tag{10-22}$$

　　我们把式（10-21）中的 $\Delta_j b_j$ 称为 x_j 的最速上升试验的步长，记为 Δx_j，即 $\Delta x_j = \Delta_j b_j$，把 $\Delta Z_j = b_j$ 称为 Z_j 的步长，$j = 1，2，\cdots，p$。其中 $e > 0$，是为了调整步长变化，保证最速上升方向中的最大分量方向，或者方便于自然变量取值（如自然变量中有的要求取整数）。e 确定后，式（10-21）和式（10-22）就变成了可实施的最速上升法试验计划，如果 b_j 中 b_1 绝对值最大，为了保证这个方向就取 $e = \dfrac{1}{|b_1|}$。

则式（10-21）和式（10-22）分别为

$$\left(x_{01} + k\Delta_1 \frac{b_1}{|b_l|},\ x_{02} + k\Delta_2 \frac{b_2}{|b_l|},\ \cdots,\ x_{0p} + k\Delta_p \frac{b_p}{|b_l|} \right) \tag{10-23}$$

和

$$\left(k\frac{b_1}{|b_l|},\ k\frac{b_2}{|b_l|},\ \cdots,\ k\frac{b_p}{|b_l|} \right) = (k\Delta x_1,\ k\Delta Z_2,\ \cdots,\ k\Delta Z_p) \tag{10-24}$$

其中 $k = 1,\ 2,\ \cdots,\ m$，$\Delta x_j = \Delta_j \dfrac{b_j}{|b_l|}$、$\Delta Z_j = \dfrac{b_j}{|b_l|}$ 分别为 x_j 和 Z_j 的实施步长，自然有 $\Delta x_j = \Delta_j \Delta Z_j$。

（3）假如第 $m-1$ 个试验点上，y 的值是我们所期望的方向，而在第 m 个试验点上的 y 值发生了相反的变化，就将第 $m-1$ 个试验点作为新的起点（零水平点），重复上述步骤 1、2、3。这种重复直到满足研究要求为止，下面我们用实例说明最速上升法过程。

[**例 10.2**]　一位化学工程师要确定化工产品收率最大的运行条件。影响收率的两个可控变量是：反应时间和反应温度。工程师当前使用的运行条件是反应时间为 35min，温度为 155°F，收率约为 40%。因为此区域不可能包含最优值，故他用一次模型拟合并用最速上升法寻找最优区域。

（1）初步一次回归正交试验与分析　因素水平编码表及试验结果分析表分别见表10-9和表10-10，其中增加了 5 个零水平点的试验。

表 10-9　　　　　　　　　化工产品收率运行条件两因素水平编码表

规范变量	自然变量 x_{kj}	
	x_1/min	$x_2/°\text{F}$
下水平（-1）	30	150
上水平（1）	40	160
变化区间 Δ_f	5	5
零水平（0）	35	155

表 10-10　　　　　　　　　　一次回归正交试验结果分析表

试验号	Z_0	Z_1	Z_2	$Z_1 Z_2$	响应 y
1	1	1	1	1	41.5
2	1	1	-1	-1	40.9
3	1	-1	1	-1	40
4	1	-1	-1	1	39.3
5	1	0	0	0	40.3
6	1	0	0	0	40.5
7	1	0	0	0	40.7
8	1	0	0	0	40.2
9	1	0	0	0	40.6
$B_j B_{kj}$	364	3.1	1.3	-0.1	
$b_j b_{kj}$	40.444	0.775	0.325	-0.025	
$B_j^2 B_{kj}^2$		9.61	1.69	0.01	
$U_j U_{kj}$		2.4025	0.4225	0.0025	

由上述分析得到规范变量表示的回归模型（U_{12}太小，略去Z_1Z_2）。

$$\hat{y} = 40.444 + 0.775Z_1 + 0.325Z_2$$

这个方程考虑了 5 个零水平点试验，不过它们仅影响 b_0，而不影响 b_1 和 b_2。

为了对回归方程进行显著性检验和拟合度检验，先计算各种平方和：

总平方和	$SS_T = L_{yy} = \sum_{i=1}^{9} y_i^2 - \frac{1}{9} \left(\sum_{i=1}^{9} y_i \right) = 3.0022$	$\nu_T = 8$
误差平方和	$Q_e = \sum_{i=5}^{9} y_i - \frac{1}{5} \left(\sum_{i=5}^{9} y_i \right)^2 = 0.1720$	$\nu_e = 4$
回归平方和	$U = U_1 + U_2 = 2.4025 + 0.4225 = 2.8250$	$\nu_U = 2$
剩余平方和	$Q_{e2} = L_{yy} - U = 3.0022 - 2.8250$	$\nu_{e_2} = 2$
失拟平方和	$Q_{Lf} = Q_{e2} - Q_e = 0.1772 - 0.1720 = 0.0052$	$\nu_{Lf} = 2$

方差分析见表 10 – 11。

表 10 – 11　　　　　　　　　　　　　方差分析表

变异来源	平方和	自由度	均方	F	F_α
Z_1	2.4025	1	2.4025	81.44	$F_{0.01}$ (1，6) = 13.75
Z_2	0.4225	1	0.4225	14.32	
回归（$Z_1 + Z_2$）	2.825	2	1.4125	47.88	$F_{0.01}$ (2，6) = 10.92
剩余	0.1772	6	0.0295		
失拟	0.0052	2	0.0026	0.0605	$F_{0.1}$ (2，4) = 4.32
误差	0.172	4	0.0430		
总和	3.0022	8			

综上，我们没有理由怀疑一次模型 $\hat{y} = 40.444 + 0.775Z_1 + 0.325Z_2$ 的适合性，回归方程和回归系数的检验都是显著的。

当失拟不显著时，S^2 可用 MS_{e2} 或 MS_e 估计（对于本例，$\hat{S}^2 = 0.0430$ 或 $\hat{S}^2 = 0.0295$）。

（2）确定最速上升法试验方案并实施　首先，由回归方程确定的最速上升方向为：

$$(b_1, b_2) = (0.775, 0.325)$$

为确保 b_l 的最大方向，得 z_j 的步长为：$\Delta Z_1 = b_1/b_l = 1$，$\Delta Z_2 = b_2/b_l = 0.42$，从而获得 x_j 的步长为 $\Delta x_1 = \Delta_1 \Delta Z_1 = 5$，$\Delta x_2 = \Delta_2 \Delta Z_2 = 2.1 \approx 2$。由此形成 12 个试验点的最速上升法试验方案及实施结果如表 10 – 12 所示。

表 10 – 12　　　　　　　　　　最速上升试验方案及实施结果

步长	规范变量		自然变量		响应
	Z_1	Z_2	x_1	x_2	y
原点	0	0	35	155	
Δ	1	0.42	5	2	
原点 + Δ	1	0.42	40	157	41

续表

步长	规范变量		自然变量		响应
	Z_1	Z_2	x_1	x_2	y
原点 $+2\Delta$	2	0.82	45	159	42.9
原点 $+3\Delta$	3	1.26	50	161	47.1
原点 $+4\Delta$	4	1.68	55	163	49.7
原点 $+5\Delta$	5	2.1	60	165	53.8
原点 $+6\Delta$	6	2.52	65	167	59.9
原点 $+7\Delta$	7	2.94	70	169	65
原点 $+8\Delta$	8	3.36	75	171	70.4
原点 $+9\Delta$	9	3.78	80	173	77.6
原点 $+10\Delta$	10	4.2	85	175	80.3
原点 $+11\Delta$	11	4.62	90	179	76.2
原点 $+12\Delta$	12	5.04	95	181	75.1

由表 10 - 12 中数据看出，一直到第 10 步所观察到的响应都是增加的，这以后每一步收率都是减少的（图 10 - 2）。

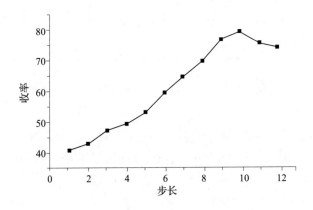

图 10 - 2 最速上升路径上的收率与步长关系

（3）建立新的零水平（选在响应最好的试验点），重复（1）、（2）步骤。

对 ［例 10.1］ 的另一个一次模型应该选在 $x_{01} = 85$，$x_{02} = 175$ 附近拟合，试验的区域对 x_1 和 x_2 分别为 ［80，90］ 和 ［170，180］，于是，规范变量为：

$$Z_1 = \frac{x_1 - 85}{5} \qquad Z_2 = \frac{x_2 - 175}{5}$$

再做一次回归正交试验，结果分析如表 10 - 13 所示。

表 10 - 13　　　　　　[例 10.2] 另一个回归正交试验结果分析

	Z_0	Z_1	Z_2	$Z_1 Z_2$	响应 y
1	1	1 (90)	1 (180)	1	79.5
2	1	1	-1 (170)	-1	78
3	1	-1 (80)	-1	1	77
4	1	-1	1	1	76.5
5	1	0 (85)	0 (175)	0	79.9
6	1	0	0	0	80.3
7	1	0	0	0	80
8	1	0	0	0	7907
9	1	0	0	0	79.8
$B_j B_{kj}$	710.7	4	2	1	
$b_j b_{kj}$	78.97	1	0.5	0.25	
$B_j^2 B_{kj}^2$		16	4	1	
$U_j U_{kj}$		4	1	0.25	

方差分析各种平方和计算如下：

$$\left(k \frac{b_1}{|b_l|}, \ k \frac{b_2}{|b_l|}, \ \cdots, \ k \frac{b_p}{|b_l|} \right) = (k\Delta x_1, k\Delta Z_2, \cdots, k\Delta Z_p) \qquad \nu_T = 8$$

$$U = U_1 + U_2 + U_3 = 5.2500, \qquad \nu_U = 3$$

$$Q_e = \sum_{i=1}^{9} y_i^2 - \frac{1}{5} \left(\sum_{i=5}^{9} y_i \right)^2 = 0.2120 \quad \nu_e = 4$$

$$Q_{e2} = SS_T - U = 10.8700 \qquad \nu_{e2} = 5$$

$$Q_{Lf} = Q_{e2} - Q_e = 10.6580 \qquad \nu_{Lf} = 1$$

拟合度检验：

$$F = \frac{Q_{Lf}/\nu_{Lf}}{Q_e/\nu_e} = \frac{10.658}{0.0530} = 201.09$$

其中，$F_{0.01}(1, 4) = 21.20$。

检验结果表明，一次回归是不合适的，即拟合不足是极为显著的，需用二次回归进行拟合。事实上：

$$F_{12} = \frac{U_{12}}{Q_e/4} = \frac{0.2500}{0.0530} = 4.72 > F_{0.1}(1, 4) = 4.54$$

此外，利用现有资料检验二次项（b_j^2）效应就会发现，二次项效应是极显著的（这里不再介绍了），也就是说，反应曲面不是平面而是弯曲的面，进一步说明了上述利用最速上升法寻找最优点的努力已接近最优点，为此，必须先用二次回归来进行拟合研究，我们将不在这里探讨。

第三节　二次回归正交设计

在应用一次回归模型描述某个实际问题时，如果经统计检验发现一次回归方程不适合，就需要用二次或更高次方程来描述。

一、数学模型

当有 p 个变量时，二次回归方程的一般形式为（也称二次模型）：

$$\hat{y} = b_0 + \sum_{j=1}^{p} b_j x_j + \sum_{k=1}^{p-1} \sum_{j=k+1}^{p} b_{kj} x_k x_j + \sum_{j=i}^{p} b_{jj} x_j^2 \tag{10-25}$$

要获得这样 p 个变量的二次回归方程式，就需要确定 $q = 1 + p + C_p^2 + p = C_{p+2}^2$ 个系数，因而试验次数就至少不能小于 q；同时，为计算出二次回归方程的系数，每个变量至少要取 3 个水平，因而要做的试验次数就多。比如要考虑 4 个因素，每个因素 3 个水平，各种搭配组合都做（称全因素试验，或全实施）时，就需做 $3^4 = 81$ 个试验，而回归方程的待定系数为 $C_{4+2}^2 = 15$ 个，这样，剩余的自由度太多（在此，剩余自由度 $\nu = 81 - 1 - 15 = 65$），也就是说，如果设计不合理，要做的试验就很多。倘若 5 个因素就要做 $3^5 = 243$ 个试验，确定的系数仅为 $C_{5+2}^2 = 21$ 个，剩余自由度 $\nu = 243 - 1 - 21 = 221$。这么多的试验很难实施（比如在农业试验中，各试验要求尽可能一样的环境条件，常使试验者无法满足），因此必须进行试验设计。有很多设计可用于拟合二次模型，下面我们着重介绍二次回归正交设计，它是一种组合设计。

二、二次回归正交组合设计

1. 组合设计

组合设计，一般是在一次回归设计的组合点（各试验点）的基础上再增加特定的一些试验点，把它们组合起来形成试验方案，为了使用方便，有现成的表供选择用。

例如在一次回归设计中，二因素的 4 个试验是在因子空间——正方形平面区域的四个顶点上进行的，三因素的 8 个试验是在因子空间——正方体的八个顶点上进行的，而在组合设计中，对二因素再加 5 个特定的试验点，共 9 个［图 10-3（1）］；对三因素再加 7 个特定的试验点，共 15 个［图 10-3（2）］，组合起来形成试验计划。

从图 10-3 不难看出，一般 p 个因素组合设计的 n 个试验都是由三部分组合而成：

$$n = m_c + 2p + m_0 \tag{10-26}$$

其中 m_c 为图中方实点所示的二水平全因素试验的试验次数 2^p，这是一次回归正交设计的所有试验点，也称全实施情况。对于因素较多的试验，如 $p > 4$，也可采用部分实施计划，即 $m_c = 2^{p-1}$（1/2 实施），或用 $m_c = 2^{p-2}$（1/4 实施）等。

$2p$ 为图中分布在 p 个坐标轴上的星号点个数，这些点与中心点的距离 r 称为星号臂，它是根据正交性的要求求出的参数值，设计表中都已给出。

m_0 是各因素都取零水平的中心点试验的重复次数。

从 $p = 3$ 的情况可看出，组合设计的试验次数明显少于 3 个水平的全因素的试验次数，但

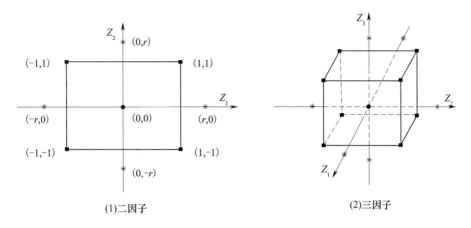

图 10 -3　组合设计中试验点在因子空间中的分布

剩余的自由度却是足够的（$n > q$）。从图中也不难看出加的星号臂上的试验仍具有均匀性和分散性。简单地说：所谓组合设计就是在因子空间选择几类具有不同特点的点，将其适当组合而形成的试验计划。

2. 星号臂 r 长度与二次项的中心化处理

为了使组合设计成为正交设计，也就是使设计的结构矩阵具有正交性，经过数学推导可知，必须做到下面的两点：

（1）星号臂 r 的长度必须满足

$$r^4 + m_c r^2 - \frac{m_c}{2}\left(p + \frac{m_0}{2}\right) = 0$$

当 $m_c = 2p$（全实施）时为：

$$r^2 = \frac{m_c + 2p + m_0 \quad \sqrt{(m_c + 2p + m_0)m_c} - m_c}{2} \tag{10-27}$$

由此可见，臂长 r 与因素个数 p、中心点试验次数 m_0 及二水平试验点数 m_c 有关，常用的 r^2 值如表 10 - 14 所示。

表 10 - 14　　　　　　　　　　　　r^2 值表

m_0	p					
	2	3	$4\left(\frac{1}{2}\right)$	4	$5\left(\frac{1}{2}\right)$	5
1	1	1.476	1.353	2	2.39	2.547
2	1.16	1.657	1.414	2.198	2.58	2.762
3	1.317	1.831	1.471	2.39	2.77	2.974
4	1.475	2	1.525	2.58	2.95	3.183
5	1.606	2.164	1.575	2.77	3.14	3.391

（2）各平方项必须中心化　各自然变量 x_j^2 对应着规范变量 Z_j^2。由于正交设计中，$Z_k Z_j$ 列的元素等于 Z_k 与 Z_j 列元素的乘积，因而 Z_j^2 列的元素应等于 Z_j 列元素的平方，即 $Z_{ij}^2 = (Z_{ij})^2$（$i = 1, 2, \cdots, n$），然而这样做又使结构矩阵失去正交性，为此必须把 Z_{ij}^2 通过变换使组合设计

具有正交性，变换后的 Z_j^2 列变为 $Z_j{}'$ 列，则 $Z_j{}'$ 列各元素必须满足：

$$Z_{ij}{}' = Z_{ij}^2 - \frac{1}{n} \sum_{i=1}^{n} Z_{ij}{}^2 \qquad (10-28)$$

显然，Z_{ij}^2 减去的是 Z_j^2 列的平均值，即变换是通过中心化实现的。

表 10-15 给出的是三因子的二次回归正交设计。

表 10-15　　　　　三因子二次回归正交设计（结构矩阵），$m_0 = 1$

试验号	Z_0	Z_1	Z_2	Z_3	Z_1Z_2	Z_1Z_3	Z_1Z_3	$Z_1{}'$	$Z_2{}'$	$Z_3{}'$
1	1	1	1	1	1	1	1	0.27	0.27	0.27
2	1	1	1	-1	1	-1	-1	0.27	0.27	0.27
3	1	1	-1	1	-1	1	-1	0.27	0.27	0.27
4	1	1	-1	-1	-1	-1	1	0.27	0.27	0.27
5	1	-1	1	1	-1	-1	1	0.27	0.27	0.27
6	1	-1	1	-1	-1	1	-1	0.27	0.27	0.27
7	1	-1	-1	1	1	-1	-1	0.27	0.27	0.27
8	1	-1	-1	-1	1	1	1	0.27	0.27	0.27
9	1	1.215	0	0	0	0	0	0.746	-0.73	-0.73
10	1	-1.215	0	0	0	0	0	0.746	-0.73	-0.73
11	1	0	1.215	0	0	0	0	-0.73	0.746	-0.73
12	1	0	-1.22	0	0	0	0	-0.73	0.746	-0.73
13	1	0	0	1.215	0	0	0	-0.73	-0.73	0.746
14	1	0	0	-1.215	0	0	0	-0.73	-0.73	0.746
15	1	0	0	0	0	0	0	-0.73	-0.73	-0.73

其中星号臂 r 的数值这样得到：由表 10-14 知，当 $p=3$，$m_0=1$ 时，$r^2=1.476$，所以 $r=1.215$。后三列的数值是由式（10-28）计算而得，如：

$$Z_{11}{}' = Z_{11}^2 - \frac{1}{n} \sum_{i=1}^{15} Z_{i1}{}^2 = 1 - \frac{1}{15}(8 + 1.215^2 \times 2) \approx 0.27$$

$$Z_{91}{}' = Z_{91}^2 - \frac{1}{n} \sum_{i=1}^{15} Z_{i1}{}^2 = 1.215^2 - \frac{1}{15}(8 + 1.215^2 \times 2) \approx 0.746$$

从表 10-15 不难看出，虚线以上的部分正好是三因素一次回归正交表，即前 8 个试验是在一次回归正交设计中做的试验；从 9 号到 14 号 6 个试验是在星号点加的试验；第 15 号试验是在中心点做的。因此，用二次正交设计安排试验除设计具有正交性（请读者自己验证表 10-15中的结构矩阵的正交性）外，还具有这样的优点：试验点比三水平全因素试验要少得多，且仍保持足够的剩余自由度。其次它是在一次回归的基础上获得的，如果一次回归方程不合适，那么只要在一次回归试验的基础上，再在星号点和中心点补充做一些试验，就可以求得二次回归方程，这对试验者来说是很方便的。

3. 二次回归正交组合设计的实施步骤

（1）确定 X_1，X_2，$\cdots$，X_n 的变化范围，进行编码，给出因素水平编码表（表10-2）；

（2）选择适当的二次回归正交组合设计　先选定 m_c 和 m_0，确定 $n = m_c + 2p + m_0$，由式（10 - 27）计算 r 或查表 10 - 14 确定 r，列出试验计划表（表 10 - 15）并实施，最后得到试验资料表。

（3）根据试验资料表，计算

$$B_j \qquad B_{kj} \qquad B_{jj}, \quad b_j \qquad b_{kj} \qquad b_{jj} \text{ 和 } U_j \qquad U_{Kj} \qquad U_{jj}$$

（4）进行回归方程的方差分析及拟合度检验。

（5）建立回归方程并讨论。

由于二次回归正交组合设计只有正交性，因此一切计算与检验可根据一次回归正交设计进行，各有关计算公式（包括编码）在例中给出。

[例 10.3]　用二次回归正交设计分析茶叶出汁率与各参数的关系。经初步试验知道，影响出汁率的主要因素有：榨汁压力 P、加压速度 R、物料量 W、榨汁时间 t，各因素对出汁率的影响不是简单的线性关系，而且各因素间存在不同程度的交互作用，故用二次回归正交设计安排试验，以建立出汁率与各因素的回归方程。

解：（1）$p = 4$，$m_0 = 3$，选用二次回归正交组合设计，由表 10 - 14 知 $r^2 = 2.39$，$r = 1.546$。

（2）根据初步试验或实际经验，各因素的变化范围为：压力 P：5 ~ 8atm（1atm = 1.013 × 10^5Pa），加压速度 R：1 ~ 8atm/s，物料量 W：100 ~ 400g，榨汁时间 t：2 ~ 4min。

设 4 个自然变量分别为 x_1，x_2，x_3 和 x_4，上面据经验给出了 $[x_{-rj}, x_{rj}]$，由于在组合设计中加入了星号臂点试验，故 x_j 的零水平 x_{0j} 及变化区间 Δ_j 用下面公式计算（若用 x_{2j} 和 x_{1j} 分别表示 x_j 的上水平和下水平，x_{rj} 为 x_j 的上星号臂水平）：

$$x_{0j} = \frac{1}{2}(x_{1j} + x_{2j}) = \frac{1}{2}(x_{-rj} + x_{rj}) \qquad \Delta_j = \frac{x_{rj} - x_{0j}}{r} \qquad (10 - 29)$$

并对因素编码：

$$Z_j = \frac{x_j - x_{0j}}{\Delta_j} \qquad (x_j = x_{0j} + z_j \Delta_j) \qquad (10 - 30)$$

其中 $j = 1, 2, \cdots, p$。

[例 10.3] 的因素水平编码见表 10 - 16。

表 10 - 16　　　　　　　　　　因素水平编码表

因素	x_1　P/atm	x_2　R/（atm/s）	x_3　W/g	x_4　t/min
上星号臂（ +1.546）	8	8	400	4
上水平（ +1）	7.47	6.764	347	3.646
零水平（0）	6.5	4.5	250	3
下水平（ -1）	5.53	2.236	153	2.354
下星号臂（ -1.546）	5	1	100	2
$\Delta\nu$	0.97	2.26	97	0.647

（3）试验方案、实施结果及计算见表 10 - 17。表中最后几行中的 B_j 等含交互项和二次项，如 B_{kj} 和 B_{jj} 等。

表 10-17　[例 10.3] 试验结果分析

试验号	Z_0	Z_1	Z_2	Z_3	Z_4	Z_1Z_2	Z_1Z_3	Z_1Z_4	Z_2Z_3	Z_2Z_4	Z_3Z_4	Z_1'	Z_2'	Z_3'	Z_4'	y
1	1	-1	-1	-1	-1	1	1	1	1	1	1	0.23	0.23	0.23	0.23	43.26
2	1	-1	-1	-1	1	1	1	-1	1	-1	-1	0.23	0.23	0.23	0.23	39.6
3	1	-1	-1	1	-1	1	-1	1	-1	1	-1	0.23	0.23	0.23	0.23	48.73
4	1	-1	-1	1	1	1	-1	-1	-1	-1	1	0.23	0.23	0.23	0.23	48.73
5	1	-1	1	-1	-1	-1	1	1	-1	-1	1	0.23	0.23	0.23	0.23	47.26
6	1	-1	1	-1	1	-1	1	-1	-1	1	-1	0.23	0.23	0.23	0.23	42.97
7	1	-1	1	1	-1	-1	-1	1	1	-1	-1	0.23	0.23	0.23	0.23	50.73
8	1	-1	1	1	1	-1	-1	-1	1	1	1	0.23	0.23	0.23	0.23	45.33
9	1	1	-1	-1	-1	-1	-1	-1	1	1	1	0.23	0.23	0.23	0.23	41.86
10	1	1	-1	-1	1	-1	-1	1	1	-1	-1	0.23	0.23	0.23	0.23	40.11
11	1	1	-1	1	-1	-1	1	-1	-1	1	-1	0.23	0.23	0.23	0.23	49.4
12	1	1	-1	1	1	-1	1	1	-1	-1	1	0.23	0.23	0.23	0.23	45.73
13	1	1	1	-1	-1	1	-1	-1	-1	-1	1	0.23	0.23	0.23	0.23	45.83
14	1	1	1	-1	1	1	-1	1	-1	1	-1	0.23	0.23	0.23	0.23	40.06
15	1	1	1	1	-1	1	1	-1	1	-1	-1	0.23	0.23	0.23	0.23	46.4
16	1	1	1	1	1	1	1	1	1	1	1	0.23	0.23	0.23	0.23	45.13
17	1	-1.546	0	0	0	0	0	0	0	0	0	1.62	-0.77	-0.77	-0.77	48.72
18	1	1.546	0	0	0	0	0	0	0	0	0	1.62	-0.77	-0.77	-0.77	45.48

19	1	0	-1.546	0	0	0	0	0	0	0	0	-0.77	-0.77	-0.77	-0.77	46.24
20	1	0	1.546	0	0	0	0	0	0	0	0	-0.77	1.62	-0.77	-0.77	47.52
21	1	0	0	-1.546	0	0	0	0	0	0	0	-0.77	1.62	1.62	-0.77	42.53
22	1	0	0	1.546	0	0	0	0	0	0	0	-0.77	-0.77	1.62	-0.77	43.2
23	1	0	0	0	-1.546	0	0	0	0	0	0	-0.77	-0.77	-0.77	1.62	49.28
24	1	0	0	0	1.546	0	0	0	0	0	0	-0.77	-0.77	-0.77	1.62	45.92
25	1	0	0	0	0	0	0	0	0	0	0	-0.77	-0.77	-0.77	-0.77	48.08
26	1	0	0	0	0	0	0	0	0	0	0	-0.77	-0.77	-0.77	-0.77	48.94
27	1	0	0	0	0	0	0	0	0	0	0	-0.77	-0.77	-0.77	-0.77	48.06
B_j	1232	15.29	-10.08	-38.46	32.79											
d_j	27	20.78	20.78	20.78	20.78											
b_j	45.64	0.736	-0.485	-1.851	1.578											
U_j		11.25	4.879	21.20	51.79											
F_j		6.187	2.68	39.12	28.45											
显著水平	0.05	0.05	0.025	0.01	0.01						0.025					

表中：

① B_j 的计算：

$$B_0 = \sum_{i=1}^{n} y_i \qquad B_j = \sum_{i=1}^{n} Z_{ij} y_i \qquad B_{kj} = \sum_{i=1}^{n} Z_{ik} Z_{ij} y_i \qquad B_{jj} = \sum_{i=1}^{n} z_{ij}' y_i \qquad (10-31)$$

② b_j 的计算：

$$b_0 = \frac{B_0}{n} \qquad b_j = \frac{B_j}{d_j} \qquad b_{kj} = \frac{B_{kj}}{d_{kj}} \qquad b_{jj} = \frac{B_j}{d_{jj}} \qquad (10-32)$$

其中：

$$d_j = \sum_{i=1}^{n} Z_{ij}^{\,2} \qquad d_{kj} = \sum_{i=1}^{n} (Z_{ik} Z_{ij})^2 \qquad d_{jj} = \sum_{i=1}^{n} (z_{ij}')^2$$

$$d_1 = 16 + 2 \times 1.546^2 = 20.78 \qquad b_1 = \frac{15.29}{20.78} = 0.736 \qquad (10-33)$$

③ U_j 的计算：

$$U_j = \frac{B_j^2}{d_j} \qquad U_{kj} = \frac{B_{kj}^{\,2}}{d_j} \qquad U_{jj} = \frac{B_{jj}^2}{d_{jf}} \qquad (10-34)$$

如：

$$U_1 = \frac{B_1^{\,2}}{d_1} = b_1 B_1 = 0.736 \times 15.29 = 11.25$$

（4）回归方程与偏回归系数的显著性检验：

$$\text{总平方和} \ SS_T = \sum_{i=1}^{n} y_i^{\,2} - \frac{1}{n} \left(\sum_{i=1}^{n} y_i \right)^2 = 241.36 \qquad \nu_T = n - 1 = 26$$

回归平方和 $U = \sum_j U_j$，把 U_j 中较小的项归入剩余平方和 Q_{e2}，故 $U = 11.25 + 4.879 + 71.204 + 51.787 + 3.469 + 13.123 + 51.16 = 206.87$，$\nu_U = 7$，而剩余平方和为：$Q_{e2} = SS_T - U = 241.36 - 206.87 = 34.49$

ν_{e2} 等于总自由度 $n-1$ 减去保留的 U_j 的项数。$MS_{e2} = Q_{e2}/\nu_{e2}$，例3中 $\nu_{e2} = 19$，则

$$F = \frac{U/\nu_U}{MS_{e_2}} = \frac{206.87/7}{34.49/19} = 16.28 > F_{0.01}(7, 19) = 3.77$$

回归系数的检验为：

$$F_j = \frac{U_j}{MS_{e_2}}, \quad F_{kj} = \frac{U_{kj}}{MS_{e_2}}, \quad F_{jj} = \frac{U_{jj}}{MS_{e_2}} \qquad (10-35)$$

计算结果都已列在表中，各偏回归系数除 b_2 和 b_{12} 外均达到显著水平。

（5）拟合度检验　误差平方和 Q_e 由零水平试验结果 y_{01}，y_{02}，$\cdots$，y_{0m_0} 获得：

$$Q_e = \sum_{i=1}^{m_0} y_{0j}^{\,2} - \frac{1}{m} \left(\sum_{i=1}^{m_0} y_{0j} \right)^2, \qquad \nu_e = m_0 - 1 \qquad (10-36)$$

［**例 10.3**］ 的 $Q_e = 1.77$ （$m_0 = 3$），$\nu_e = 2$

失拟平方和：$Q_{Lf} = Q_{e2} - Q_e$，$\nu_{Lf} = \nu_{e2} - \nu_e$

对于 ［例 10.3］，由于 $\nu_U = 7$，$\nu_{e2} = 26 - 7 = 19$，$\nu_e = 2$

故 $Q_{Lf} = 34.49 - 1.77 = 32.72$，　　$\nu_{Lf} = 19 - 2 = 17$

拟合度检验为：

$$F_{Lf} = \frac{F_{Lf}/\nu_{Lf}}{Q_e/\nu_e} = \frac{32.72/17}{1.77/2} = 2.175 < F_{0.05}(17, 2) = 19.4$$

结果表明回归方程拟合得好。

（6）由上述分析所得回归方程为：

$$\hat{y} = 45.64 + 0.736Z_1 - 0.485Z_2 - 1.851Z_3 + 1.578Z_4 - 0.466Z_1Z_2 - 0.906Z_2Z_3 - 2.112Z'_3$$

$$Z_3' = Z_3^2 - 0.77 \quad Z_1 = \frac{x_1 - 6.5}{0.97} \quad Z_2 = \frac{x_2 - 4.5}{2.26} \quad Z_3 = \frac{x_3 - 55}{10}$$

$$\left(x_{01} + k\Delta_1 \frac{b_1}{|b_l|}, \ x_{02} + k\Delta_2 \frac{b_2}{|b_l|}, \ \cdots, \ x_{0p} + k\Delta_p \frac{b_p}{|b_l|} \right)$$

代入回归方程得到用自然变量 x_j 表示的回归方程：

$$\hat{y} = 15.857 + 1.715x_1 + 2.2x_20.112x_3 + 2.44x_4 - 0.213x_1x_2 - 4.133 \times 10^{-3}x_2x_3 - 2.24 \times 10^{-4}x_3^2$$

其中 b_1 和 b_{12} 达到一定的显著性（ $\alpha = 0.25$ ），我们也收入到方程中。对回归方程可以进行各种有应用价值的分析，如据 $\hat{y}$ 值可画出等值线图，求极值点等。

思考与习题

1. 考虑某食品的质量指标 y 与因素 Z_1、Z_2，Z_3 有关，已选取各因素的上下水平分别为 0.3，0.1；0.6，0.02；120，80，采用 1 次回归正交设计。写出它们的因素水平编码表及试验设计与实施方案（零水平试验安排 3 个，考虑交互作用）。

2. 在 1 题中已知所安排的试验结果 y 的测定值依次为 2.94、3.48、3.49、3.95、3.40、4.09、3.81、4.79、4.17、4.09、4.38，试计算回归系数建立回归方程并对回归方程进行统计分析。

3. 用 2 次回归正交组合设计分析茶叶出汁率与各参数的关系。经初步试验知道，影响出汁率的主要因素有：榨汁压力 P，加压速度 R，物料量 W，榨汁时间 t 四个因素。各因素对出汁率的影响不是简单的线性关系，因素间存在不同程度的交互作用。根据实际经验，各因素的变化范围为：压力 P，5~8atm（490~784kPa）；加压速度 R，1~8atm/s（98~748kPa/s）；物料量 W，100~400g；榨汁时间 t，2~4min。

① 写出各因素的水平编码表及试验设计与实施方案（零水平安排 3 次试验）。

② 已知所安排的四因素全实施试验结果（出汁率 y/%）如下：

试验号	1	2	3	4	5	6	7	8	9
出汁率（y）	43.6	39.6	48.73	48.73	47.26	42.97	50.73	45.33	41.86
试验号	10	11	12	13	14	15	16	17	18
出汁率（y）	40.11	49.4	45.73	45.83	40.06	46.4	45.13	48.72	45.48
试验号	19	20	21	22	23	24	25	26	27
出汁率（y）	46.24	47.52	42.53	43.2	49.28	45.92	48.08	48.94	48.16

试建立回归方程，并对其进行统计分析。

第十一章

回归旋转设计

教学目的与要求

1. 理解回归旋转设计及通用旋转设计的基本原理；
2. 掌握二次正交旋转组合设计及统计分析方法；
3. 掌握二次通用旋转组合设计及统计分析方法。

第一节　旋转设计的基本原理

一、　回归设计的旋转性和正交性条件

第十章所介绍的"回归正交设计"，具有试验处理数比较少、计算简便、消除了回归系数之间的相关性等优点。但它也存在一定的缺点，即二次回归预测值$\hat{y}$的方差随试验点在因子空间的位置不同而呈现较大的差异。由于误差的干扰，就不易根据预测值寻找最优区域。为了克服这个缺点，人们通过进一步研究，提出了回归的旋转设计（Regression Whily Design）。

所谓旋转性是指试验因素空间中与试验中心距离相等的球面上各处理组合的预测值$\hat{y}$的方差具有几乎相等的特性，具有这种性质的回归设计称回归旋转设计，利用具有旋转性的回归方程进行预测时，对于同一球面上的点可直接比较其预测值的好坏，从而找出预测值较优区域。

如何才能使试验设计具有旋转性呢？这就要弄清楚旋转性对试验设计有什么要求以及获得旋转性必须满足哪些基本条件。首先必须明确的是：在旋转设计中，试验处理的预测值$\hat{y}$的方差仅与因素空间中从试验点到试验中心的距离ρ有关而与方向无关，从而克服了通常因为不知道最优点在什么方向的缺陷。

实际上，试验也经常希望牺牲部分的正交性而获得旋转性，如何才能使试验计划具有旋转性，具体有什么要求，为了方便叙述，下面以林业科研与生产中常用的三元二次回归方程来讨论这个问题。

在研究苗木生长与 N、P、K 营养要素的关系时，就采用三元二次回归方程来表达。那么

二次回归模型为：

$$y_\alpha = \beta_0 + \beta_1 x_{\alpha1} + \beta_2 x_{\alpha2} + \beta_3 x_{\alpha3} + \beta_{12} x_{\alpha1} \cdot x_{\alpha2} + \beta_{13} x_{\alpha1} \cdot x_{\alpha3}$$
$$+ \beta_{23} x_{\alpha2} \cdot x_{\alpha3} + \beta_{11} x_{\alpha1}{}^2 + \beta_{22} x_{\alpha2}{}^2 + \beta_{33} x_{\alpha3}{}^2 + \varepsilon_\alpha \ (\alpha = 1, 2, \cdots, N) \tag{11-1}$$

它的结构矩阵为：

$$X = \begin{bmatrix} 1 & x_{11} & x_{12} & x_{13} & x_{11}x_{12} & x_{11}x_{13} & x_{12}x_{13} & x_{11}^2 & x_{12}^2 & x_{13}^2 \\ 1 & x_{21} & x_{22} & x_{23} & x_{21}x_{22} & x_{21}x_{23} & x_{22}x_{23} & x_{21}^2 & x_{22}^2 & x_{22}^2 \\ \vdots & \vdots & \vdots & \vdots & \vdots & \vdots & \vdots & \vdots & \vdots & \vdots \\ 1 & x_{N1} & x_{N2} & x_{N3} & x_{N1}x_{N2} & x_{N1}x_{N3} & x_{N2}x_{N3} & x_{N1}^2 & x_{N2}^2 & x_{N3}^2 \end{bmatrix} \tag{11-2}$$

对应的信息矩阵 A 为 10 阶对称方阵。

由 10 阶对称方阵中可以看出，信息矩阵 A 中元素的一般式表示为：

$$\sum_\alpha x_{\alpha1}^{\alpha1} x_{\alpha2}^{\alpha2} \cdots x_{\alpha p}^{\alpha p} = 0 \tag{11-3}$$

其中，x 的指数 α_1、α_2、α_3 可分别取 0、1、2、3、4 等非负整数，但它们的和不超过 4，即

$$0 \leqslant \alpha_1 + \alpha_2 + \alpha_3 \leqslant 4 \tag{11-4}$$

而且矩阵 A 元素可分为两类，一类元素，它们的所有指数 α_1、α_2、α_3 都是偶数或零；另一类元素，它们的所有指数 α_1、α_2、α_3 中至少有一个奇数。在 p 元 d 次回归设计中，满足下列要求，即满足其旋转性，这些基本要求称为旋转性条件。

10 阶对称方阵

$$A = X'X =$$

$$\begin{bmatrix} N & \sum x_{\alpha1} & \sum x_{\alpha2} & \sum x_{\alpha3} & \sum x_{\alpha1}x_{\alpha2} & \sum x_{\alpha1}x_{\alpha3} & \sum x_{\alpha2}x_{\alpha3} & \sum x_{\alpha1}^2 & \sum x_{\alpha2}^2 & \sum x_{\alpha3}^2 \\ & \sum x_{\alpha1}^2 & \sum x_{\alpha1}x_{\alpha2} & \sum x_{\alpha1}x_{\alpha3} & \sum x_{\alpha1}^2 x_{\alpha2} & \sum x_{\alpha1}^2 x_{\alpha3} & \sum x_{\alpha1}x_{\alpha2}x_{\alpha3} & \sum x_{\alpha1}^3 & \sum x_{\alpha1}x_{\alpha2}^2 & \sum x_{\alpha1}x_{\alpha3}^2 \\ & & \sum x_{\alpha2}^2 & \sum x_{\alpha2}x_{\alpha3} & \sum x_{\alpha1}x_{\alpha2}^2 & \sum x_{\alpha1}x_{\alpha2}x_{\alpha3} & \sum x_{\alpha2}^2 x_{\alpha3} & \sum x_{\alpha1}^2 x_{\alpha2} & \sum x_{\alpha2}^3 & \sum x_{\alpha2}x_{\alpha3}^2 \\ & & & \sum x_{\alpha3}^2 & \sum x_{\alpha1}x_{\alpha2}x_{\alpha3} & \sum x_{\alpha3}^2 x_{\alpha1} & \sum x_{\alpha2}x_{\alpha3}^2 & \sum x_{\alpha1}^2 x_{\alpha3} & \sum x_{\alpha2}^2 x_{\alpha3} & \sum x_{\alpha3}^3 \\ & & & & \sum x_{\alpha1}^3 x_{\alpha2}^2 & \sum x_{\alpha1}^2 x_{\alpha2}x_{\alpha3} & \sum x_{\alpha1}x_{\alpha2}^2 x_{\alpha3} & \sum x_{\alpha1}^3 x_{\alpha2} & \sum x_{\alpha1}x_{\alpha2}^3 & \sum x_{\alpha1}x_{\alpha2}x_{\alpha3}^3 \\ & & & & & \sum x_{\alpha1}^2 x_{\alpha3}^2 & \sum x_{\alpha1}x_{\alpha2}x_{\alpha3}^2 & \sum x_{\alpha1}^3 x_{\alpha3} & \sum x_{\alpha1}x_{\alpha2}^2 x_{\alpha3} & \sum x_{\alpha1}x_{\alpha3}^3 \\ & & & & & & \sum x_{\alpha2}^2 x_{\alpha3}^2 & \sum x_{\alpha1}^2 x_{\alpha2}x_{\alpha3} & \sum x_{\alpha2}^3 x_{\alpha3} & \sum x_{\alpha2}x_{\alpha3}^3 \\ & & & & & & & \sum x_{\alpha1}^2 & \sum x_{\alpha1}^2 x_{\alpha2}^2 & \sum x_{\alpha1}^2 x_{\alpha3}^2 \\ & & & & & & & & \sum x_{\alpha2}^4 & \sum x_{\alpha2}^2 x_{\alpha3}^2 \\ & & & & & & & & & \sum x_{\alpha3}^4 \end{bmatrix}$$

当 $d = 1$ 时，在一次旋转设计的信息矩阵 A 中，满足不等式：

$$0 \leqslant \alpha_1 + \alpha_2 + \cdots + \alpha_p \leqslant 2$$

对第一类元素的要求：

$$\sum_\alpha x_{\alpha j}{}^2 = \lambda_2 N \tag{11-5}$$

式中，N 为实验次数。

对第二类元素要求：

$$\sum_\alpha x_{\alpha1}^{\alpha1} x_{\alpha2}^{\alpha2} \cdots x_{\alpha p}^{\alpha p} = 0 \tag{11-6}$$

当 $d = 2$ 时，对第一类元素的要求：

$$\sum_\alpha x_{\alpha j}^2 = \lambda_2 N \tag{11-7}$$

$$\sum_{\alpha} x_{\alpha j}^4 = 3 \sum_{\alpha} x_{\alpha i}^2 x_{\alpha j}^2 = 3\lambda_4 N$$

$$(i,j = 1,2,\cdots,p;\ \lambda_{\alpha}\ \text{为待定参数}) \tag{11-8}$$

对第二类元素的要求：

$$\sum_{\alpha} x_{\alpha 1}^{\alpha 1} x_{\alpha 2}^{\alpha 2} \cdots x_{\alpha p}^{\alpha p} = 0 \tag{11-9}$$

式（11-8）和式（11-9）就是 p 元二次回归的旋转性条件，此外，为了使旋转设计成为可能，还必须使矩阵 A 不退化，为此，必须有不等式：

$$\frac{\lambda_4}{\lambda_2} \neq \frac{p}{p+2} \tag{11-10}$$

式（11-10）是 p 元二次旋转设计的非退化条件。待定参数 λ_2、λ_4 的比值不仅与因子个数 p 和试验次数 N 有关，而且与 N 个试验点所在球面的半径 ρ_{α}（$\alpha = 1,\ 2,\ \cdots,\ N$）有关。这样要使设计同时满足旋转性条件和非退化条件，要求 N 个试验点至少位于两个半径不等球面上，同时考虑试验点在球面上合理分布即可。

要解决这个问题，主要用组合设计来实现。组合设计中的 N 个试验点：

$$N = m_c + 2p + m_0$$

是分布在三个半径不等球面上的，其中：

m_c 个点分布在半径为 $\rho_c = \sqrt{p}$ 的球面上；

$2p$ 个点分布在半径为 $\rho_r = r$ 的球面上；

m_0 个点分布集中在半径为 $\rho_0 = 0$ 的球面上。

按组合设计选取的试验点是不会使 A 矩阵退化的。至于旋转性条件，因为它的矩阵 A 元素中

$$\sum_{\alpha} x_{\alpha j} = \sum_{\alpha} x_{\alpha i} x_{\alpha j} = \sum_{\alpha} x_{\alpha i}^2 x_{\alpha j} = 0$$

而它的偶次方元素

$$\sum_{\alpha} x_{\alpha i}^2 = m_c + 2r^2$$

$$\sum_{\alpha} x_{\alpha i}^4 = m_c + 4r^4$$

$$\sum_{\alpha} x_{\alpha i}^2 x_{\alpha j}^2 = m_c$$

均不等于零。为了满足旋转性条件，根据式（11-10）确定 r 值。在组合设计下，当 $m_c = 2^p$（全实施），则有：

$$2^p + 2r^4 = 3 \times 2^p \tag{11-11}$$

解此方程，即可建立全实施时 r 值，$r = 2^{\frac{p}{4}}$。

类似可以得到：

当 $m_c = 2^{p-1}\left(\dfrac{1}{2}\text{实施}\right)$，则 $r = 2^{\frac{p-1}{4}}$

$m_c = 2^{p-2}\left(\dfrac{1}{4}\text{实施}\right)$，则 $r = 2^{\frac{p-2}{4}}$

$m_c = 2^{p-3}\left(\dfrac{1}{8}\text{实施}\right)$，则 $r = 2^{\frac{p-3}{4}}$

这样当 $p = 2$、$m_c = 2^p$（全实施）时，$r = 2^{\frac{p}{4}} = 1.414$

其他 $p = 3,\ 4,\ \cdots,\ 8$ 均可这样计算。

对于二次旋转组合设计中 m_0 的选择，在一般情况下，中心点不安排试验，也不会影响计划的旋转性。但是中心点附近区域往往是试验者关心的区域，同时适当确定 m_0 还可使二次旋转组合设计具有正交性。

m_0 的确定依下列公式：

$$\frac{N}{\lambda_4 / \lambda_2^2} = \frac{(m_c + 2r^2)^2 (p + 2)}{m_c p + 2r^4} \tag{11-12}$$

要求上式中 $\lambda_4 / \lambda_2^2 = 1$，但实际计算时 λ_4 / λ_2^2 不为 1，而近似于 1，所以以 $\dfrac{N}{\lambda_4 / \lambda_2^2}$ 不是整数时，N 只能选取靠近 $\dfrac{N}{\lambda_4 / \lambda_2^2}$ 的整数值。

现将 p 个因素不同实施情况下设计参数列于表 11-1 中，供设计时使用。

表 11-1 　　　　　　　　　　　　p 个因素不同实施设计参数表

p	m_c	r	m_r	m_0	N
2（全实施）	4	1.414	4	8	16
3（全实施）	8	1.628	6	9	23
4（全实施）	16	2.000	8	12	36
4（$\frac{1}{2}$实施）	8	1.682	8	7	23
5（全实施）	32	2.378	10	17	59
5（$\frac{1}{2}$实施）	16	2.000	10	10	36
6（$\frac{1}{2}$实施）	32	2.378	12	15	59
6（$\frac{1}{4}$实施）	16	2.000	12	8	36
7（$\frac{1}{2}$实施）	64	2.828	14	22	100
7（$\frac{1}{4}$实施）	32	2.378	14	13	59
8（$\frac{1}{2}$实施）	128	3.364	16	33	177
8（$\frac{1}{4}$实施）	64	2.828	16	20	100
8（$\frac{1}{8}$实施）	32	2.374	16	11	59

用表 11-1 的参数进行设计时，还得注意消除二次回归旋转组合设计中常数项 β_0 的估计值 b_0 与平方项 β_{jj} 的估计值 b_{jj} 间的相关性，为此必须对平方项施行中心化变换：

$$x'_{\alpha j} = x^2_{\alpha j} - \frac{1}{N} \sum_{\alpha} x^2_{\alpha j}$$

下面列出三个因子的正交旋转组合结构矩阵，见表 11 – 2。

表 11 – 2　　　　　　　　　三因子正交旋转组合结构矩阵

试验号	x_0	x_1	x_2	x_3	$x_1 x_2$	$x_1 x_3$	$x_2 x_3$	x_1'	x_2'	x_3'
1	1	1	1	1	1	1	1	0.406	0.406	0.406
2	1	1	1	– 1	1	– 1	– 1	0.406	0.406	0.406
3	1	1	– 1	1	– 1	1	– 1	0.406	0.406	0.406
4	1	1	– 1	– 1	– 1	– 1	1	0.406	0.406	0.406
5	1	– 1	1	1	– 1	– 1	1	0.406	0.406	0.406
6	1	– 1	1	– 1	– 1	1	– 1	0.406	0.406	0.406
7	1	– 1	– 1	1	1	– 1	– 1	0.406	0.406	0.406
8	1	– 1	– 1	– 1	1	1	1	0.406	0.406	0.406
9	1	1.682	0	0	0	0	0	2.234	– 0.594	– 0.594
10	1	– 1.682	0	0	0	0	0	2.234	– 0.594	– 0.594
11	1	0	1.682	0	0	0	0	– 0.594	2.234	– 0.594
12	1	0	– 1.682	0	0	0	0	– 0.594	2.234	– 0.594
13	1	0	0	1.682	0	0	0	– 0.594	– 0.594	2.234
14	1	0	0	– 1.682	0	0	0	– 0.594	– 0.594	2.234
15	1	0	0	0	0	0	0	– 0.594	– 0.594	– 0.594
16	1	0	0	0	0	0	0	– 0.594	– 0.594	– 0.594
17	1	0	0	0	0	0	0	– 0.594	– 0.594	– 0.594
18	1	0	0	0	0	0	0	– 0.594	– 0.594	– 0.594
19	1	0	0	0	0	0	0	– 0.594	– 0.594	– 0.594
20	1	0	0	0	0	0	0	– 0.594	– 0.594	– 0.594

二、 二次旋转组合设计的通用性

二次回归旋转组合设计，解决同一球面上各试验点预测值 $\hat{y}$ 的方差相等的问题，但它还存在两个以不同半径球面上试验点预测 $\hat{y}$ 的方差不等的问题。在解决食品科学、农林业试验设计的统计分析工作中，经常会遇到比较不同半径球面上各试验点的预测值 $\hat{y}$ 的问题。

如果某项设计计划不但保持旋转性，同时还具有各试验点与中心点的距离 ρ 在因子空间编码值 0 ~ 1 范围内的预测值 $\hat{y}$ 方差基本相等的性质，认为设计的计划具有旋转性和通用性。这样的设计称为通用旋转组合设计，从而也解决了上述问题。如何实现计划的通用性，前人已解决了这个问题。

在 P 个因素情况下，其预测值 $\hat{y}$ 的方差为：

$$D(\hat{y}) = \frac{(p+2)\sigma^2}{\left[(p+2)\lambda_4 - p\right]\left(\frac{N}{\lambda_4}\right)} \times \left[1 + \frac{\lambda_4 - 1}{\lambda_4}\rho^2 + \frac{(p+1)\lambda_4 - (p-1)}{2\lambda_4^2(p+2)}\rho^4\right] \qquad (11-13)$$

对任一个旋转组合设计方案，因子个数 p 与比值 $\frac{N}{\lambda_4}$ 是确定的，从式（11-13）可以看出，$D(\hat{y})$ 是 λ_4 和 ρ 的函数。如果一个回归设计可使它的预测方差 $\hat{y}$ 在区间 $0 < \rho < 1$ 内基本上保持某一个常数的话，要使旋转组合设计具有通用性，关键在于确定 λ_4。我们在区间 $0 < \rho < 1$ 内插入如下分点：

$$0 < \rho_1 < \rho_2 < \cdots < \rho_n < 1$$

然后来确定 λ_4，使得式（11-13）在 ρ 处的值与 $\rho = 0$ 处的值的差平方和最小，即

$$Q(\lambda_4) = f_0^2(\lambda_4)\sum_{i=1}^{N}\left[f_1(\lambda_4)\rho_i^2 + f_2(\lambda_4)\rho_i^4\right]^2 \text{ 为最小, 其中}$$

$$f_0(\lambda_4) = \frac{p+2}{\left[(p+2)\lambda_4 - p\right](N/\lambda_4)}$$

$$f_1(\lambda_4) = \frac{\lambda_4 - 1}{\lambda_4} \qquad (11-14)$$

$$f_2(\lambda_4) = \frac{(p+1)\lambda_4 - (p-1)}{2\lambda_4^2(p+2)}$$

对不同的 p，可以求出满足式（11-14）的 λ_4，而后由下式确定 N：

$$N = \frac{(m_c + 2r^2)^2(p+2)\lambda_4}{m_c p + 2r^4}$$

如果计算得出结果不是整数时，N 可取其最靠近的整数，最后再确定 m_0：

$$m_0 = N - m_c - m_r$$

对不同的 p 值，二次通用旋转组合设计参数见表 11-3。

表 11-3　　　　　　　　　　不同 p 值二次通用旋转组合设计参数

P	m_c	m_r	r	λ_4	N	m_0
2	4	4	1.414	0.81	16	9
3	8	6	1.628	0.86	20	6
4	16	8	2	0.86	31	7
5 $\left(\frac{1}{2}实施\right)$	16	10	2	0.89	32	6
6 $\left(\frac{1}{2}实施\right)$	32	12	2.378	0.9	53	9
7 $\left(\frac{1}{2}实施\right)$	64	14	2.828	0.92	92	14
8 $\left(\frac{1}{2}实施\right)$	128	16	3.364	0.93	165	21
8 $\left(\frac{1}{4}实施\right)$	64	16	3.828	0.93	93	13

从上述结果可以看出，适当选择 m_0 可满足设计的通用性。

第二节 二次正交旋转组合设计的统计方法

一、原　理

在食品科学及其他试验设计中，二次旋转设计最常用的是二次旋转组合设计，本节着重阐述它的一般方法。

假设某项试验有 p 个因素 Z_1，Z_2，$\cdots$，Z_p，设计中首先拟定每个因素的上、下水平，以 Z_{2j} 表示第 j 因素的上水平，用 Z_{1j} 表示第 j 因素的下水平。

以每个因素的上、下水平 Z_{2j}，Z_{1j} 计算水平 Z_{0j}：

$$Z_{0j} = (Z_{2j} + Z_{1j})/2 \tag{11-15}$$

某因素 j 的变化间隔 Δ_j：

$$\Delta_j = (Z_{2j} - Z_{1j})/2r \tag{11-16}$$

式（11-16）中 r 是待定参数，它是根据二次旋转设计确定的。

对第 j 因素（$j=1$，2，$\cdots$，p）的各水平的取值进行编码变换：

$$X_{\alpha j} = (Z_{\alpha j} - Z_{0j})/\Delta_j$$

然后编制因子水平编码如表 11-4。

表 11-4　　　　　　　　　　　　　因子水平编码表

$X_{\alpha j}$	Z_1	Z_2	...	Z_p
$+r$	Z_{21}	Z_{22}	$\cdots$	Z_{2p}
$+1$	$Z_{01} + \Delta_1$	$Z_{02} + \Delta_2$	$\cdots$	$Z_{0p} + \Delta_p$
0	Z_{01}	Z_{02}	$\cdots$	Z_{0p}
-1	$Z_{01} - \Delta_1$	$Z_{02} - \Delta_2$	$\cdots$	$Z_{0p} - \Delta_p$
$-r$	Z_{11}	Z_{12}	$\cdots$	Z_{1p}

对因素 Z_1，Z_2，$\cdots$，Z_p 进行水平编码后，以无量纲的规范变量 X_j 表示。

为了设计时方便，下面列出二元二次旋转组合设计方案和二元二次、三元二次旋转组合设计方案的结构矩阵，见表 11-5、表 11-6 和表 11-7。

二次回归正交旋转组合设计试验结果的统计分析方法与二次回归正交组合设计的结果统计分析方法相似。

表 11-5　　　　　　　　　　二元二次正交旋转组合设计方案

处理号				说明
m_c ⎰ 1	1	1	1	
⎹ 2	1	1	-1	m_c 为二水平全因子试验 2^2 次
⎹ 3	1	-1	1	
⎱ 4	1	-1	-1	

续表

处理号				说明
m_r { 5	1	1.414	0	
6	1	−1.414	0	m_r 为星号点试验次数 $2p$，即 $2×2=4$ 次
7	1	0	1.414	
8	1	0	−1.414	
m_0 { 9	1	0	0	
10	1	0	0	
11	1	0	0	
12	1	0	0	m_0 为中心点试验
13	1	0	0	
14	1	0	0	
15	1	0	0	
16	1	0	0	

表 11 −6 二元二次正交旋转组合设计结构矩阵

处理号	x_0	x_1	x_2	$x_1 x_2$	x_1'	x_2'
1	1	1	1	1	0.5	0.5
2	1	1	−1	−1	0.5	0.5
3	1	−1	1	−1	0.5	0.5
4	1	−1	−1	1	0.5	0.5
5	1	1.414	0	0	1.5	−0.5
6	1	−1.41	0	0	1.5	−0.5
7	1	0	1.414	0	−0.5	1.5
8	1	0	−1.414	0	−0.5	1.5
9	1	0	0	0	−0.5	−0.5
10	1	0	0	0	−0.5	−0.5
11	1	0	0	0	−0.5	−0.5
12	1	0	0	0	−0.5	−0.5
13	1	0	0	0	−0.5	−0.5
14	1	0	0	0	−0.5	−0.5
15	1	0	0	0	−0.5	−0.5
16	1	0	0	0	−0.5	−0.5

表 11 −7 三元二次正交旋转组合设计结构矩阵

处理号	x_0	x_1	x_2	x_3	$x_1 x_2$	$x_1 x_3$	$x_2 x_3$	x_1'	x_2'	x_3'
1	1	1	1	1	1	1	1	0.406	0.406	0.406
2	1	1	1	−1	1	−1	−1	0.406	0.406	0.406

续表

处理号	x_0	x_1	x_2	x_3	x_1x_2	x_1x_3	x_2x_3	x_1'	x_2'	x_3'
3	1	1	−1	1	−1	1	−1	0.406	0.406	0.406
4	1	1	−1	−1	−1	−1	1	0.406	0.406	0.406
5	1	−1	1	1	−1	−1	1	0.406	0.406	0.406
6	1	−1	1	−1	−1	1	−1	0.406	0.406	0.406
7	1	−1	−1	1	1	−1	−1	0.406	0.406	0.406
8	1	−1	−1	−1	1	1	1	0.406	0.406	0.406
9	1	1.682	0	0	0	0	0	2.234	−0.594	−0.594
10	1	−1.682	0	0	0	0	0	2.234	−0.594	−0.594
11	1	0	1.682	0	0	0	0	−0.594	2.234	−0.594
12	1	0	−1.682	0	0	0	0	−0.594	2.234	−0.594
13	1	0	0	1.682	0	0	0	−0.594	−0.594	2.234
14	1	0	0	−1.682	0	0	0	−0.594	−0.594	2.234
15	1	0	0	0	0	0	0	−0.594	−0.594	−0.594
16	1	0	0	0	0	0	0	−0.594	−0.594	−0.594
17	1	0	0	0	0	0	0	−0.594	−0.594	−0.594
18	1	0	0	0	0	0	0	−0.594	−0.594	−0.594
19	1	0	0	0	0	0	0	−0.594	−0.594	−0.594
20	1	0	0	0	0	0	0	−0.594	−0.594	−0.594
21	1	0	0	0	0	0	0	−0.594	−0.594	−0.594
22	1	0	0	0	0	0	0	−0.594	−0.594	−0.594
23	1	0	0	0	0	0	0	−0.594	−0.594	−0.594

二、实　例

[**例 11.1**]　林分生长预测是森林资源管理的重要组成部分。研究林分生长，一般通过一定数量的临时标准地来完成，这样工作量较大。作者试图应用回归设计方法探讨林分生长预测问题。

要建立林分蓄积量 y 与林分密度 x_1 和林分胸径 x_2 的关系。由于考虑在一个局部范围（如一个林场，本例限在一个林场范围内），根据实际林分状况研究杉木有关方程式，确定因子变幅见表 11 − 8。

表 11 − 8　　　　　　　　　　因子水平设计

水　平	$Z_1/$（株/0.067hm²）	Z_2/cm
上水平 z_{2j}	200	15.5
下水平 z_{1j}	100	6.5
零水平 z_{0j}	150	11

根据二元二次正交旋转组合设计方案，典型调查了 16 个小班，具体结果见表 11 - 9。

根据试验结果，按表 11 - 9 计算各项回归系数，其中 b_0 由下式计算：

$$b_0 = \frac{1}{16}\sum y_i - \frac{\sum\limits_{\alpha} x_{\alpha j}^2}{N}\times\sum_{j=1}^{2}b_{jj}$$

经计算得到二元二次回归方程

$$\hat{y} = 7.4325 + 0.0806x_1 + 1.5838x_2 + 1.1000x_1x_2 - 0.5875\,x_1^2 - 0.3625\,x_2^2$$

依据表 11 - 9 进行回归显著性检验，列出方差分析如表 11 - 10。

表 11 - 9　　　　　　二元二次正交旋转组合设计方案及结果

处理号	x_0	x_1	x_2	x_1x_2	x_1'	x_2'	$y/(\mathrm{m^3/0.067hm^2})$
1	1	1	1	1	0.5	0.5	10.3
2	1	1	-1	-1	0.5	0.5	5.3
3	1	-1	1	-1	0.5	0.5	7
4	1	-1	-1	1	0.5	0.5	6.4
5	1	1.414	0	0	1.5	-0.5	5
6	1	-1.41	0	0	1.5	-0.5	6.1
7	1	0	1.414	0	-0.5	1.5	8.5
8	1	0	-1.414	0	-0.5	1.5	3.5
9	1	0	0	0	-0.5	-0.5	8.2
10	1	0	0	0	-0.5	-0.5	7.5
11	1	0	0	0	-0.5	-0.5	7.8
12	1	0	0	0	-0.5	-0.5	7
13	1	0	0	0	-0.5	-0.5	6.8
14	1	0	0	0	-0.5	-0.5	7.5
15	1	0	0	0	-0.5	-0.5	8.2
16	1	0	0	0	-0.5	-0.5	6.7
$a_j=\sum x_j^2$	16	8	8	4	8	8	$\sum y=111.8$
$B_j=\sum xy$	111.8	0.6446	12.67	4.4	4.7	-2.9	$SS_{总}=37.5975$
$b_j=\dfrac{B_j}{a_j}$	7.4625	0.0806	1.5838	1.1000	-0.5875	-0.3625	$SS_{回}=28.7706$
$U_j=\dfrac{B_j^2}{a_j}$		0.0519	20.0661	4.8400	2.7613	1.0513	$SS_{剩}=8.8269$

表 11 - 10　　　　　　方差分析表

变异来源	离差平方和	自由度	均方	F 值	显著性
x_1	0.0519	1	0.0519	0.059	不显著
x_2	20.0661	1	20.0661	22.733	$\alpha=0.01$ 水平显著

续表

变异来源	离差平方和	自由度	均方	F 值	显著性
x_1x_2	4.84	1	4.84	5.483	$\alpha = 0.01$ 水平显著
x_1^2	2.7613	1	2.7613	3.128	$\alpha = 0.01$ 水平显著
x_2^2	1.0513	1	1.0513	1.191	不显著
回归	28.7706	5	5.7541	6.519	$\alpha = 0.05$ 水平显著
剩余	8.8269	10	0.8827		
总和	37.5975	15			

从表 11 – 10 可以看出回归显著，同时可以计算相关系数 $R = 0.874$。其中 x_2，x_1x_2，x_1^2 项达到不同水平的显著，而 x_1 和 x_2^2 不显著。由于试验具有正交性，消除回归系数之间相关性，故可以把它们从二元二次回归方程中除去，将其平方和及自由度并入剩余项，进行第二次方差分析，其结果趋势是相同的。这样回归方程简化为：

$$\hat{y} = 7.4625 + 1.5838x_2 + 1.1000x_1x_2 - 0.5875\,x_1^2$$

第三节   通用旋转组合设计及统计方法

一、 原　　理

通用旋转组合设计与正交旋转组合设计基本相同，其组合计划中试验处理组合数 N 也是由 3 部分组成，即

$$N = m_c + m_r + m_0$$

上式中 m_c 和 m_r 的数值与正交旋转组合设计完全相同，只是 N 和 m_0 有所不同，其值可从表 11 – 3 查出。

现将常用的三因素二次通用旋转组合设计的结构矩阵列于表 11 – 11 中。

表 11 –11　　　　　　　三因素二次通用旋转组合设计的结构矩阵

	1	1	1	1	1	1	1	1	1	1	1
	2	1	1	1	-1	1	-1	-1	1	1	1
	3	1	1	-1	1	-1	1	-1	1	1	1
m_4	4	1	1	-1	-1	-1	-1	1	1	1	1
	5	1	-1	1	1	-1	-1	1	1	1	1
	6	1	-1	1	-1	-1	1	-1	1	1	1
	7	1	-1	-1	1	1	-1	-1	1	1	1
	8	1	-1	-1	-1	1	1	1	1	1	1

续表

	9	1	1.682	0	0	0	0	0	2.282	0	0
	10	1	-1.682	0	0	0	0	0	2.282	0	0
m_7	11	1	0	1.682	0	0	0	0	0	2.282	0
	12	1	0	-1.682	0	0	0	0	0	2.282	0
	13	1	0	0	1.682	0	0	0	0	0	2.282
	14	1	0	0	-1.682	0	0	0	0	0	2.282
	15	1	0	0	0	0	0	0	0	0	0
	16	1	0	0	0	0	0	0	0	0	0
m_9	17	1	0	0	0	0	0	0	0	0	0
	18	1	0	0	0	0	0	0	0	0	0
	19	1	0	0	0	0	0	0	0	0	0
	20	1	0	0	0	0	0	0	0	0	0

二、 通用旋转组合设计试验结果的统计分析

（1）建立二次回归方程　要建立回归方程，必须计算出回归系数，而回归系数

$$b = (X'X)(X'Y)$$

式中　$(X'X)^{-1}$——设计的相关矩阵；

$(X'Y)$——常数项矩阵 B。

在通用旋转设计下有：

$$
\begin{bmatrix} b_0 \\ b_{11} \\ b_{22} \\ \vdots \\ b_{mm} \\ b_1 \\ b_2 \\ \vdots \\ b_m \\ b_{12} \\ b_{13} \\ \vdots \\ b_{m,1-m} \end{bmatrix}
=
\begin{bmatrix}
K & E & E & \cdots & E & & & & & & 0 \\
E & F & G & \cdots & G & & & & & & \\
E & G & F & \cdots & G & & & & & & \\
\vdots & \vdots & \vdots & & \vdots & & & & & & \\
E & G & G & \cdots & F & & & & & & \\
& & & & & e^{-1} & & & & & \\
& & & & & & e^{-1} & & & & \\
& & & & & & & \ddots & & & \\
& & & & & & & & e^{-1} & & \\
& & & & & & & & & m_c^{-1} & \\
& & & & & & & & & & m_c^{-1} \\
& & & & & & & & & & \ddots \\
0 & & & & & & & & & & m_c^{-1}
\end{bmatrix}
\begin{bmatrix}
\sum_\alpha y\alpha \\
\sum_\alpha x_{\alpha 1}^2 y_\alpha \\
\sum_\alpha x_{\alpha 2}^2 y_\alpha \\
\vdots \\
\sum_\alpha x_{\alpha m}^2 y_\alpha \\
\sum_\alpha a_{\alpha 1} y_\alpha \\
\sum_\alpha x_{d2} y_\alpha \\
\vdots \\
\sum_\alpha x_{\alpha m} y_\alpha \\
\sum_\alpha x_{\alpha 1} x_{\alpha 2} y_\alpha \\
\sum_\alpha x_{\alpha 1} x_{\alpha 3} y_\alpha \\
\vdots \\
\sum_\alpha x_{\alpha m-1} x_{\alpha m} y\alpha
\end{bmatrix}
$$

所以回归系数

$$\begin{cases} b_0 = K \sum_{\alpha} y_{\alpha} + E \sum_{j=1}^{m} \left(\sum_{\alpha} x_{\alpha j}^2 y_{\alpha} \right) \\ b_j = e^{-1} \sum_{\alpha} x_{\alpha j} y_{\alpha} = \dfrac{B_j}{\alpha_j} \\ b_{ij} = m_c^{-1} \sum_{\alpha} x_{\alpha i} x_{\alpha j} y_{\alpha} = \dfrac{B_{ij}}{\alpha_{ij}} \\ b_{jj} = (F - G) \sum_{\alpha} x_{\alpha j}^2 y_{\alpha} + G \sum_{j=1}^{m} x_{\alpha j}^2 y_{\alpha} + E \sum_{\alpha} y_{\alpha} \end{cases} \quad (11-17)$$

式（11-17）中 K、E、F、G 的值如表 11-12 所示。

表 11-12   二次通用旋转组合设计 K、 E、 F、 G 值表

m	e	K	E	F	G
2	8	0.2	0.1	0.14375	0.01875
3	13.618	0.1663402	0.056792	0.06939	0.00689003
4	24	0.1428571	-0.0357142	0.0349702	0.00372023
5 (1/2)	24	0.1590909	-0.0340909	0.0340909	0.0028409
5	43.314	0.0987822	-0.019101	0.0170863	0.00146131
6 (1/2)	43.314	0.1107487	-0.018738	0.0168422	0.00121724
7 (1/2)	80	0.0703125	-0.00976562	0.00830078	0.000488281

由式（11-17）计算出回归系数 b，即可建立二次多项式回归方程。

（2）回归方程的显著性检验

① 计算平方和及自由度：如果 m 元二次通用旋转组合设计的 N 个试验结果以 y_1，y_2，$\cdots$，y_N 表示，则各项平方和及其自由度为：

$$\begin{cases} SS_y = \sum_{\alpha} (y_{\alpha} - y)^2 = \sum_{\alpha} y_{\alpha}^2 - \left[\left(\sum y_{\alpha} \right)^2 / N \right] \\ \nu_y = N \cdots 1 \\ SS_r = \sum_{j} y_{\alpha}^2 - \sum_{j}^{m} b_j B_j - \sum_{t<j}^{m} b_{ij} B_{tj} - \sum_{jj}^{m} b_{jj} B_{jj} \\ \nu_j = N - C_{m+2}^2 \\ SS_K = SS_y - SS_r \qquad \nu_R = C_{m+2}^2 - 1 \end{cases} \quad (11-18)$$

在通用旋转组合设计中，一般中心点均需做重复试验。如果重复次数为 m_0，试验结果以 y_{01}，y_{02}，$\cdots$，y_{0m_0} 表示，则它们的误差平方和及其自由度为：

$$SS_e = \sum_{i=1}^{m_o} (y_{o_i} - y_o)^2 = \sum_{i=1}^{m_o} y_{oc}^2 - \sum_{i=1}^{m=0} (y_{oi})^2 / m_o \qquad \nu_e = m_0 - 1 \quad (11-19)$$

可由误差项与剩余项比较计算失拟平方和及其自由度：

$$SS_{Lf} = SS_r - SS_e \qquad \nu_{Lf} = \nu_r - \nu_e \quad (11-20)$$

② 失拟性检验：失拟性可用统计量

$$F_{Lf} = \frac{(SS_{Lf} / \nu_{Lf})}{(SS_r / \nu_r)} \quad (11-21)$$

进行检验。

$F_{Lf} < F_{0.05}$ 表示差异不显著，可直接对回归方程进行显著性检验；如果 $F_{Lf} > F_{0.05}$ 则差异显著，表明存在影响试验结果的其他不可忽略的因素，需要进一步考察其原因，改变二次回归模型。

③ 回归方程的显著性检验：可用

$$F_R = \frac{(SS_R/\nu_R)}{(SS_r/\nu_r)} \tag{11-22}$$

进行显著性检验，如果 $F_R < F_{0.05}$ 则回归关系不显著，说明此回归方程不宜应用；如果 $F_R > F_{0.05}$ 或 $F_{0.01}$，则回归关系显著或极显著，表明此回归方程可以应用。

（3）回归系数的显著性检验 当 F_{Lf} 检验结果不显著时，回归方程中各变量作用的大小，可通过 t 检验来判断。为此，需要计算各回归系数的 t 值，其计算式为：

$$t_0 = |b_0|/\sqrt{K(SS_r/\nu_r)}$$

$$t_j = |b_j|/\sqrt{e^{-1}(SS_r/\nu_r)}$$

$$t_{ij} = |b_{ij}|/\sqrt{m_c^{-1}(SS_r/\nu_r)}$$

$$t_{jj} = |b_{jj}|/\sqrt{F(SS_r/\nu_r)}$$

三、 四元二次通用旋转组合示例

[**例11.2**]　鸡肉乳酸发酵试验，对鸡肉乳酸发酵的产酸条件进行优化试验，采用二次通用旋转组合设计对盐浓度、糖浓度、发酵温度和发酵时间进行试验，采用四元二次通用旋转组合试验寻求最优发酵条件，试验因素及水平编码见表11-13（材料选自西南农业大学）。

表 11-13　鸡肉乳酸发酵产酸条件的四元二次通用旋转组合设计因素水平表

编　码	盐浓度 x_1	糖浓度 x_2	发酵温度 x_3	发酵时间 x_4
2	8	6	37	48
1	7	5	34	44
0	6	4	31	40
1	5	3	28	36
-2	4	2	25	32

试验设计方案和试验结果见表11-14。

表 11-14　鸡肉乳酸发酵产酸条件的四元二次通用旋转组合设计方案及结果

处理号	x_1	x_2	x_3	x_4	含酸量 y_n/%
1	1	1	1	1	0.654
2	1	1	1	-1	0.433
3	1	1	-1	1	0.538
4	1	1	-1	1	0.321
5	1	-1	1	1	0.314

续表

处理号	x_1	x_2	x_3	x_4	含酸量 y_a/%
6	1	−1	1	1	0.279
7	1	−1	−1	1	0.295
8	1	−1	−1	−1	0.242
9	1	1	1	1	0.779
10	−1	1	1	−1	0.594
11	−1	1	−1	1	0.71
12	−1	1	−1	−1	0.529
13	−1	−1	1	1	0.481
14	1	−1	1	−1	0.307
15	−1	−1	−1	1	0.328
16	−1	−1	−1	−1	0.291
17	2	0	0	0	0.125
18	−2	0	0	0	0.648
19	0	2	0	0	0.785
20	0	2	0	0	0.213
21	0	0	2	0	0.429
22	0	0	−2	0	0.198
23	0	0	0	2	0.842
24	0	0	0	−2	0.486
25	0	0	0	0	0.797
26	0	0	0	0	0.709
27	0	0	0	0	0.759
28	0	0	0	0	0.694
29	0	0	0	0	0.728
30	0	0	0	0	0.738
31	0	0	0	0	0.746

（1）建立四元二次回归方程　根据计算。可建立四元二次多项式回归方程（计算从略）。

$$\hat{y} = 0.7448 - 0.0829x_1 + 0.1319x_2 + 0.0437x_3 + 0.0786x_4$$
$$- 0.0243x_1x_2 - 0.0012x_1x_3 - 0.0032x_1x_4 + 0.0086x_2x_3$$
$$+ 0.0316x_2x_4 + 0.0079x_3x_4 - 0.0934x_1^2 - 0.0652x_2^2$$
$$- 0.1116x_3^2 - 0.0239x_4^2$$

（2）回归方程的显著性检验 对鸡肉乳酸发酵产酸条件数学模型的方差分析见表11-15。

表11-15 鸡肉乳酸发酵产酸条件的四元二次通用旋转组合设计方差分析表

变异原因	平方和 SS	自由度 v	均方 MS	F 值	显著程度
x_1	0.16484	1	0.16484	49.28**	$F_{0.01}$ （1, 16） =8.53
x_2	0.41738	1	0.41738	127.79**	
x_3	0.04585	1	0.04585	13.71**	
x_4	0.13726	1	0.13726	41.04**	
x_1x_2	0.00946	1	0.00946	2.83	
x_1x_3	0.00002	1	0.00002	<1	
x_1x_4	0.00016	1	0.00016	<1	
x_2x_3	0.00117	1	0.00117	<1	
x_2x_4	0.01594	1	0.01594	4.77*	$F_{0.05}$ （1, 16） =4.49
x_3x_4	0.00101	1	0.00101	<1	
x_1^2	0.16884	1	0.16884	50.48**	
x_2^2	0.07959	1	0.07959	23.79**	
x_3^2	0.34411	1	0.34411	102.88**	
x_4^2	0.01648	1	0.01648	4.93*	
回归	1.40211	14	0.10015	29.94**	$F_{0.01}$ （14, 16） =3.56
剩余	0.05352	16	0.00334		
误差	0.00853	6	0.00142		
失拟	0.04499	10	0.0045	3.17	$F_{0.05}$ （10, 6） =4.74
总回归	1.45563	30			

从方差分析可以看出，回归达到极显著水平。说明本试验设计及分析效果都很好，各因素间显著与不显著也泾渭分明。因此没有必要做二次回归方差分析，可直接将 $F<1$ 的回归系数去掉而得到含酸量与各因素间的回归方程为：

$$\hat{y} = 0.7448 - 0.0829x_1 + 0.1319x_2 + 0.0437x_3 + 0.0786x_4 -$$
$$0.0243x_1x_2 + 0.0316x_2x_4 - 0.0934x_1^2 - 0.0652x_2^2 - 0.1116x_3^2 - 0.0239x_4^2$$

思考与习题

1. 什么叫旋转性？其与正交性相比有何特点？并说明它对回归旋转试验设计的意义。

2. 什么叫回归旋转试验设计？它有哪些优点？

3. 回归旋转试验设计应具备哪两个条件？简单说明其内容。

4. 试述二次回归旋转组合设计的步骤，其与回归正交试验设计有何差异？

第十二章

拉丁方设计和希腊拉丁方设计

教学目的与要求

1. 了解拉丁方设计及其数据处理方法；

2. 了解希腊拉丁方设计及其数据处理方法。

拉丁方设计（或拉丁方格设计）（Latin – square design）是多变量实验设计中一种较为常用的设计方案。心理实验中采用循环法平衡实验顺序对实验结果的影响，就使实验顺序、被试者差异都作为一个自变量来处理。只要是实验中自变量的个数（因素）与实验处理水平数相同，而且这些自变量之间没有交互作用的存在时，都可采用拉丁方设计方案。这里对于这些因素之间没有交互作用的假设是很重要的。否则，若按没有交互作用的统计方法处理实验结果，只能是准实验设计。

第一节　拉丁方设计

一、原　　理

如果在试验地上进行土壤理化性质的测定，发现试验地东部和北部肥力高，而西部和南部肥力低，此时采用完全随机区组设计，不论区组内的小区是从东向西走，还是从南向北走，都不可能做到区组内各小区的肥力大致相同，为了消除两个方向的土壤肥力差异给实验带来的干扰，应当设计成两个方向上的区组，这就是拉丁方设计。

由 n 行 n 列 $n \times n$ 个小方块构成的方形，每一小方格用拉丁字母（或数字）来表示，共用 n 个字母（数字），若每一行、每一列各个字母均恰好出现一次，这个方就称为一个拉丁方。

如图 12 – 1 就是三个不同的拉丁方，用来排列拉丁方的字母个数 n 称拉丁方的阶数，图 12 – 1 中的三个拉丁方分别为 3、4、5 阶，可称为 3×3、4×4、5×5 拉丁方。

拉丁方中第一行和第一列均为字母或数字的顺序排列的拉丁方称为标准方，图 12 – 1 中三

1	2	3
2	3	1
3	1	2

(1)

A	B	C	D
B	C	D	A
C	D	A	B
D	A	B	C

(2)

A	B	C	D	E
B	C	D	E	A
C	D	E	A	B
D	E	A	B	C
E	A	B	C	D

(3)

图 12－1 三个不同的拉丁方

个拉丁方均为标准方。由于拉丁方行和列的数字或字母排列顺序不限，所以 k 阶拉丁方共有 $k!(k-1)!$ 个，如 2×2 拉丁方有 2 个，3×3 拉丁方有 12 个，4×4 拉丁方有 576 个，5×5 拉丁方有 161280 个，等。

拉丁方试验设计是使试验因素的每一水平与拉丁字母对应，每一字母代表一个水平，全部处理均在每一行、每一列上出现一次且仅出现一次。因此，不论在行方向还是在列方向上出现环境差异时，拉丁方试验都可以像随机区组设计那样克服区组差异干扰，即可以克服两个方向差异带来的干扰。

因此，拉丁方设计与完全随机区组设计相似，只是它实行了双向局部控制而已，在排列设计上拉丁方设计的重复数与处理数相等，不能任意更改，试验地必须划分成相等的列数与行数，且这个公共的行数与列数等于各行、列内的小区数，即处理数。

具体排列设计时可随机选用一个标准方，在各行、列配置前对该标准方的行和列分别施行随机调换，然后把各因子的各水平随机配置到各个小区上。

二、拉丁方试验结果的分析示例

拉丁方试验在纵横两个方向都应用了局部控制，使得纵横两向皆成区组。因此，在试验结果的统计分析上要比随机区组多一项区组间变异。设有 k 个处理（或品种）做拉丁方试验，则必有横行区组和纵行区组各 k 个，其自由度和平方和的分解式为：

$$k^2-1=(k-1)+(k-1)+(k-1)+(k-1)(k-2) \tag{12-1}$$

即：总自由度 = 横行自由度 + 纵行自由度 + 处理自由度 + 误差自由度

$$\sum_1^{k^2}(y-\bar{y})^2 = k\sum_1^{k}(\bar{y}_r-\bar{y})^2 + k\sum_1^{k}(\bar{y}_c-\bar{y})^2 + k\sum_1^{k}(\bar{y}_t-\bar{y})^2 + \sum_1^{k^2}(y-\bar{y}_r-\bar{y}_c-\bar{y}_t+2\bar{y})^2 \tag{12-2}$$

即：总平方和 = 横行平方和 + 纵行平方和 + 处理平方和 + 误差平方和

式中 y——各观察值；

$\bar{y}_r$——横行区组平均数；

$\bar{y}_c$——纵行区组平均数；

$\bar{y}_t$——处理平均数；

$\bar{y}$——全试验平均数。

[**例 12.1**]　有 A、B、C、D、E 5 个水稻品种做比较试验，其中 E 为标准品种，采用 5 × 5 拉丁方设计，其田间排列和产量结果见表 12 - 1，试做分析。

表 12 - 1　　　　　　　　　水稻品比 5 × 5 拉丁方试验的产量结果　　　　　　　单位：kg

横行区组	纵行区组					T_r
	Ⅰ	Ⅱ	Ⅲ	Ⅳ	Ⅴ	
Ⅰ	D (37)	A (38)	C (38)	B (44)	E (38)	195
Ⅱ	B (48)	E (40)	D (36)	C (32)	A (35)	191
Ⅲ	C (27)	B (32)	A (32)	E (30)	D (26)	147
Ⅳ	E (28)	D (37)	B (43)	A (38)	C (41)	187
Ⅴ	A (34)	C (30)	E (27)	D (30)	B (41)	162
T_c	174	177	176	174	181	T = 882

首先，在表 12 - 1 算得各横行区组总和 T_r 和各纵行区组总和 T_c，并得全试验总和 T = 882。再在表 12 - 2 算得各品种的总和 T_t 和小区平均产量 $\bar{y}_t$。然后进入以下步骤：

表 12 - 2　　　　　　　表 12 - 1 资料的品种总和 T_t 和品种平均数 $\bar{y}_t$

品种	T_t	$\bar{y}_t$
A	38 + 35 + 32 + 38 + 34 = 177	35.4
B	44 + 48 + 32 + 43 + 41 = 208	41.6
C	38 + 32 + 27 + 41 + 30 = 168	33.6
D	37 + 36 + 26 + 37 + 30 = 166	33.2
E	38 + 40 + 30 + 28 + 27 = 163	33.6

（1）自由度和平方和的分解

① 自由度的分解：由式（12 - 1）可得：

总　　　　　　　　　　$\nu = k^2 - 1 = 5^2 - 1 = 24$

横行　　　　　　　　　$\nu = k - 1 = 5 - 1 = 4$

纵行　　　　　　　　　$\nu = k - 1 = 5 - 1 = 4$

品种　　　　　　　　　$\nu = k - 1 = 5 - 1 = 4$

误差　　　　$\nu = (k - 1)(k - 2) = (5 - 1) \times (5 - 2) = 12$

② 平方和的分解：由式（12 - 2）可得：

矫正数　　　　　　　　$C = \dfrac{T^2}{k^2} = \dfrac{882^2}{5^2} = 31116.96$

总　　$SS_T = \sum_1^{k^2} (y - \bar{y})^2 = \sum_1^{k^2} y^2 - C = 37^2 + 38^2 + \cdots + 41^2 - 31116.96 = 815.04$

横行区组　$SS_R = k \sum_1^k (\bar{y}_r - \bar{y})^2 = \dfrac{\sum T_r^2}{k} - C = \dfrac{195^2 + 191^2 + \cdots + 162^2}{5} - 31116.96 = 348.64$

纵行区组　$SS_C = k \sum_1^k (\bar{y}_c - \bar{y})^2 = \dfrac{\sum T_c^2}{k} - C = \dfrac{174^2 + 177^2 + \cdots + 181^2}{5} - 31116.96 = 6.64$

品种 $SS_t = k\sum_1^k (\bar{y}_t - \bar{y})^2 = \dfrac{\sum T_t^2}{k} - C = \dfrac{177^2 + 208^2 + \cdots + 163^2}{5} - 31116.96 = 271.44$

误差 $SS_e = \sum_1^{k^2} (y - \bar{y}_r - \bar{y}_c - \bar{y}_t + 2\bar{y})^2 = SS_T - SS_R - SS_C - SS_t$

$$= 815.04 - 348.64 - 6.64 - 271.44 = 188.32$$

（2）方差分析和 F 测验 将上述结果列入表 12-3，算得各变异来源的 MS 值。

表 12-3 　　　　　　　　　表 12-1 资料的方差分析

变异来源	ν	SS	MS	F	$F_{0.05}$
横行区组	4	348.64	87.16		
纵行区组	4	6.64	1.66		
品种	4	271.44	67.86	4.33	3.26
试验误差	12	188.32	15.69		
总变异	24	815.04			

对品种间做 F 测验，$H_0: \mu_A = \mu_B = \cdots = \mu_E$，$H_A: \mu_A$、$\mu_B$、$\cdots$、$\mu_E$ 不全相等（μ_A、μ_B、$\cdots$、μ_E 分别代表 A、B、$\cdots$、E 品种的总体平均数）得 $F = 67.86/15.69 = 4.33$，$F_{0.05} = 3.26$，所以 H_0 应被否定，即各供试品种的产量有显著差异。

（3）品种平均数间的比较

① 由最小显著差数法（LSD 法）得：

$$S_{\bar{y}_1 - \bar{y}_2} = \sqrt{\frac{2 \times 15.69}{5}} = 2.5 \ (\text{kg})$$

当 $\nu = 12$ 时，$t_{0.05} = 2.179$，$t_{0.01} = 3.055$，$LSD_{0.05} = 2.5 \times 2.179 = 5.45$（kg），

$$LSD_{0.01} = 2.5 \times 3.055 = 7.64 \ (\text{kg})$$

以此为尺度，在表 12-4 测验各品种对标准品种（E）的差异显著性。结果只有 B 品种的产量极显著地高于对照，其余品种皆与对照无显著差异。

表 12-4 　　　　　　表 12-1 资料各品种与标准品种相比的差异显著性

品种	小区平均产量/kg	差异
B	41.6	9.0**
A	35.4	2.8
C	33.6	1.0
D	33.2	0.6
E（CK）	32.6	

注：** 表示达 1% 显著水平。

② 由新复极差测验（LSR 法）求得：

$$SE = \sqrt{\frac{15.69}{5}} = 1.77 \ (\text{kg})$$

再根据 $\nu = 12$ 时的 $SSR_{0.05}$ 和 $SSR_{0.01}$ 的值算得 $p = 2$，3，4，5 时的 $LSR_{0.05}$ 和 $LSR_{0.01}$ 的值，见表 12-5，根据表 12-5 的 $LSR_{0.05}$ 和 $LSR_{0.01}$ 的尺度，测验各品种小区平均产量的差异显著

性，见表 12 – 6。

表 12 – 5　　　　　　表 12 – 1 资料各品种小区平均产量（$\bar{y}_t$）互比时的 LSR 值

p	2	3	4	5
$SSR_{0.05,12}$	3.08	3.23	3.33	3.36
$SSR_{0.01,12}$	4.32	4.55	4.68	4.76
$LSR_{0.05,12}$	5.45	5.72	5.89	5.95
$LSR_{0.01,12}$	7.64	8.03	8.28	8.43

表 12 – 6　　　　　　　　　水稻品比试验的新复极差测验

品种	小区平均产量	差异显著性	
	（$\bar{y}_t$）	5%	1%
B	41.6	a	A
A	35.4	b	AB
C	33.6	b	AB
D	33.2	b	B
E	32.6	b	B

由表 12 – 6 可见，B 品种与其他各品种的差异都达到 $\alpha = 0.05$ 水平，而 B 品种与 D、E 品种的差异达到 $\alpha = 0.01$ 水平，A、C、D、E 4 品种之间则无显著差异。

第二节　希腊拉丁方设计

一、原　　理

如果把一个用拉丁字母表示的 $P \times P$ 阶拉丁方上再重合上一个由希腊字母表示的 $P \times P$ 阶拉丁方。相重合的两个拉丁方中，每一个希腊字母与每一个拉丁字母共同出现一次且仅出现一次，我们就称这两个拉丁方是正交的。与拉丁方设计相似理解，现在将希腊字母视为另一因素的 P 个水平，这等于完成了一次试验设计，这种设计称为希腊拉丁方设计，见图 12 – 2。

图 12 – 2 中（1）、（2）两个拉丁方互相正交，（3）为（1）、（2）重叠的结果。令希腊字母、拉丁字母各代表一种主要试验因素，不同字母代表这两种因素的不同水平，则（3）立即表达了一个试验设计方案，按此试验，试验区的行和列尽管可以有条件上的差异，采用四向分组方差分析即可克服这种差异的干扰，使我们对两个主要因子取得明确的比较结果。而如果行、列两个方向上无显著差异的话，一次试验可安排四个因素。

对拉丁方来说，$P = 6$ 除外，$P > 3$ 的各个拉丁方都存在相应正交拉丁方。

二、希腊拉丁方试验结果的分析示例

[例12.2]　为了研究品种（C）及肥料（D）的变化对某种作物收获量的影响，并考虑土

A	B	C	D
B	A	D	C
C	D	A	B
D	C	B	A

α	β	γ	δ
δ	γ	β	α
β	α	δ	γ
γ	δ	α	β

→

Aα	Bβ	Cγ	Dδ
Bδ	Aγ	Dβ	Cα
Cβ	Dα	Aδ	Bγ
Dγ	Cδ	Bα	Aβ

(1)　　　　　　　　　　(2)　　　　　　　　　　(3)

图 12 -2 　希腊拉丁方设计图

壤肥力的差异（行变化与列变化作为土壤肥力 A 与 B），按希腊拉丁方设计试验，并获得产量数据见表 12 -7，试分析品种、肥料的变化对产量是否有显著影响（单位：kg）。

表 12 -7　　　　　　　　　　希腊拉丁方试验产量数据　　　　　　　　　　单位：kg

		土壤肥力 B				$x_{i\cdots}$
		B_1	B_2	B_3	B_4	
土壤肥力 A	A_1	$C_1 D_1 = 94$	$C_2 D_2 = 62$	$C_3 D_3 = 27$	$C_4 D_4 = 34$	217
	A_2	$C_2 D_5 = 59$	$C_1 D_4 = 44$	$C_4 D_1 = 26$	$C_3 D_2 = 90$	219
	A_3	$C_3 D_4 = 52$	$C_4 D_3 = 33$	$C_1 D_2 = 39$	$C_2 D_1 = 33$	157
	A_4	$C_4 D_2 = 96$	$C_3 D_1 = 54$	$C_2 D_4 = 49$	$C_1 D_3 = 25$	224
$x_{\cdot j\cdots}$		301	193	141	182	$x_{\cdots} = 817$

解：根据表 12 -7，先计算出不同 C 字母（不同品种）的产量之和，不同 D 字母（不同肥料水平）的产量之和。

字母	C_1	C_2	C_3	C_4	D_1	D_2	D_3	D_4
产量和	202	203	223	189	207	287	144	179

$$校正数 \ C = \frac{x_{\cdots}^2}{P^2} = \frac{817^2}{16} = 41718.06$$

各项离差平方和为：

$$L_T = \sum_{i=1}^4 \sum_{j=1}^4 x_{ij}^2 - C = 50319 - 41718.06 = 8600.94$$

$$L_A = \frac{1}{P} \sum_{i=1}^4 x_{i\cdots}^2 - C = \frac{1}{4}(217^2 + \cdots + 224^2) - C$$

$$= 42468.75 - 41718.06 = 750.69$$

$$L_B = \frac{1}{P} \sum_{j=1}^4 x_{\cdot j\cdots}^2 - C = \frac{1}{4}(301^2 + \cdots + 182^2) - C$$

$$= 45213.75 - 41718.06 = 3495.69$$

$$L_C = \frac{1}{P} \sum_{C=1}^{4} x_{\cdot\cdot C}^2 - C = \frac{1}{4}(202^2 + \cdots + 189^2) - C$$

$$= 41865.75 - 41718.06 = 147.69$$

$$L_D = \frac{1}{P} \sum_{D=1}^{4} x_{\cdot\cdot\cdot D}^2 - C = \frac{1}{4}(207^2 + \cdots + 179^2) - C$$

$$= 44498.75 - 41718.06 = 2780.69$$

$$L_e = L_T - L_A - L_B - L_C - L_D = 4572.18$$

列出方差分析表如表 12 - 8 所示。

表12 - 8　　　　　　　　　　　方差分析表

变差来源	离差平方和	自由度	均方	F 值	F_α
A	750.69	3	250.23	<1	$F_{0.05}(3,3) = 9.3$
B	3495.69	3	1165.23	<1	
C	147.69	3	49.23	<1	
D	2780.69	3	926.90	<1	
E	4572.18	3	1524.06		
总和	8600.94	15			

检验结果认为无论品种或肥料对收获均无显著影响，而误差平方和甚大，这说明可能有重要因素影响收获量而未被我们揭示，此时最好根据本试验条件再做进一步分析，找出原因，以便进行试验。

希腊拉丁方的概念还可以像从拉丁方导出希腊拉丁方那样进一步得到扩展，形成中国希腊拉丁方，但我们不准备继续对此做具体的讨论。

不难发现，上述试验设计系列，可以容纳的因素越多而保持试验次数不增加的条件下，则误差项的自由度就越少，从而降低了试验的灵敏度，误差项自由度在试验设计中应予以特别注意。

思考与习题

1. 三因子四水平的试验按表1中4×4拉丁方进行安排，得到表2的结果。试进行方差分析。

表1

A	B			
	B_1	B_2	B_3	B_4
A_1	C_1	C_2	C_3	C_4
A_2	C_2	C_1	C_4	C_3
A_3	C_3	C_4	C_2	C_1
A_4	C_4	C_3	C_1	C_2

表2

A	B			
	B_1	B_2	B_3	B_4
A_1	348	290	357	383
A_2	315	299	307	383
A_3	365	332	274	332
A_4	340	340	315	307

2. 一个工业工程师正在调查 4 种彩色电视机装配方法（A，B，C，D）对装配时间的影响。选择 4 个操作者来进行研究，而且，工程师知道，每一种装配方法都会产生疲劳，致使后期装配时间大于前期装配时间，即有延长装配时间的趋势。为了计算这个变异来源，工程师采用如下拉丁方设计。分析这个资料并作出结论。

装配方法	操作者			
	1	2	3	4
1	C = 10	D = 14	A = 7	B = 8
2	B = 7	C = 18	D = 11	A = 8
3	A = 5	B = 10	C = 11	D = 9
4	D = 10	A = 10	B = 12	C = 14

第十三章

CHAPTER

抽样调查

13

教学目的与要求

1. 理解抽样调查基本概念；

2. 熟练掌握抽样调查方法。

第一节　抽样调查概述

数理统计内容大体可分为试验设计和统计推断两大部分，前者研究数据收集，后者研究数据分析。本章主要从调查的角度来考虑，即从数学的角度来研究如何进行"调查"才能有效地获取数据。

一、全面调查与抽样调查

所谓全面调查就是对所研究的对象的个体进行逐一、一个不漏地调查。例如，要研究北京市成年男子的身高，就要对北京市年满 18 岁的男子进行逐一地测量其身高；又如要研究上海人对新的住房改革方案的态度，就要对全体上海人进行逐一地访问；再如一个新食品开发首先需要对消费对象进行全面调查。目前我国社会经济领域中普遍实行的全面统计报表制度，由统计部门定期就某些项目逐级汇总上报，其中大多数项目属于全面调查的范畴。总之，全面调查就是对每个调查对象都进行调查来获取全部的信息（数据），它是人们全面了解和掌握调查对象情况的一种重要手段。

然而全面调查需要耗费很多的人力、物力和财力，还要花费很长的时间，尤其对某些时间性很强的项目，花费很大，得来的却是"过时"的信息。再有，当调查对象很多时，或者调查的测试方式具有破坏性时，要全面调查根本就不可能。所以，一般情况下往往采取非全面调查的办法。

非全面调查主要包含典型调查、重点调查和抽样调查，应用较广泛的非全面调查方法是抽样调查，即按照一定的方式从全体调查对象中抽取一部分调查对象（子样）来进行调查，然后对子样提供的数据进行分析，从而对全体调查对象作出某些推断。

抽样调查与全面调查相比具有便于组织、节省费用、缩短时间等特点，并能以较小的代价获得所需的数据，特别是，由于采用了合理的、科学设计的、严格实施的抽样调查有可能获得比普查更为可靠、更为精确的结果。由于抽样调查只是调查对象的一部分来估计和推断调查对象全体，所以不可避免地产生误差，这种误差称为抽样误差，但这类误差是可以控制的，只要调查足够多的对象就可以使误差任意小。

二、 抽样调查的实施

（1） 在进行抽样调查之前要明确调查的目的和要调查的对象　被调查对象的属性和特征称为指标或目标量，记为 X，它是一个数字指标。如调查的是定量指标，则指标就是定量指标；如调查的是定性指标，则可以将定性的化为定量指标。例如要调查某市交通车辆情况，该市的车辆可能种类为 k 种，可将数字 i 表示第 i 种车辆（$i=1，2，\cdots，k$）。在抽样调查中，总体通常是有限的，其中个体数用 N 表示，于是 $\{X_1，X_2，X_3，\cdots，X_N\}$ 即为总体，而子样常用相应的小写字母表示，即 $\{x_1，x_2，x_3，\cdots，x_n\}$，其中 n 表示子样容量。在抽样调查中很少对总体的分布做什么假定，加之抽样方法不能保证子样中各个体的独立与分布性，我们只有利用中心极限定理的结果，即估计量的渐近分布为正态分布，显然这要求 n 足够大时才适合，但它又受到 N 的限制。所以通常用子样容量与总体容量之比 $f=n/N$ 的大小来判定，这个比称作"抽样比"。在抽样调查中的目标量通常有如下几种：

① 总体总和 $\hat{X} = \sum\limits_{i=1}^{n} X_i$，例如全国人口总数，一个地区的粮食总产量，某大商场的年总营业额等。

② 总体平均数 $\bar{X} = \sum\limits_{i=1}^{N} \dfrac{X_i}{N}$，例如职工的平均工资，某年某地人均收入等。

③ 总体中具有某种特定特征的个体总数 W 或它们在总体中所占比例（或百分率）$p=W/N$，例如人口死亡率、育龄妇女生育率、新开发食品喜欢程度所占比例等。

（2） 根据调查的目的和对象把总体划分为若干抽样单元　各抽样单元互相不重叠，抽样单元不一定等于组成总体的最小单元（即个体）。例如在家庭计划调查中可将"家庭"作为抽样单元；在学校调查学生对老师教学评价时可以班级作为抽样单元；又如在人口变动量的调查中又可将乡或县（或街道）作为抽样单元；再如调查某地区的害虫时又可将整块地域划分成若干个小块，而视每个小块为一抽样单元等。抽样单元可大可小，一个大的抽样单元（例如省）又可以分成若干小的单元（例如县），前者称作初级单元或一级单元，后者称作次级或二级单元，次级单元又可分成更小的单元（例如乡）称作三级单元，……，最小的抽样单元称作基本抽样单元。今后为了叙述方便，如不作特别声明也把抽样单元称为个体。有了抽样单元后，就可以做出抽样框，抽样框就是将每个抽样单元编号入册，一旦某个抽样单元被抽到，根据抽样框即可找到这个单元并进行实地调查或测试。

（3） 确定子样容量 n 的大小　在实际调查中这个 n 的大小要受到两个主要因素的制约，一个是实际调查的经费问题，另一个就是估计精度的要求问题。这两个问题互相矛盾着：要精度高就要 n 尽量大，而 n 增大必然使得调查经费增加；反之，若要节省经费就希望 n 尽量小，但这必将导致估计的精度不高。本章里我们分别就几种常见的情况介绍几种常用的抽样调查方法，以求在固定经费条件下获得尽量高精度的估计，或在达到某精度要求的条件下尽量节省经费。

三、 调查表的设计及注意事项

调查是按抽样方案进行的，它不仅要确定抽样方式，而且要提供一整套估计和分析的方法，所以当确定了调查目的、调查方法、调查单位时，应考虑下面五个方面的工作：① 采用什么样的调查表格为好；② 用什么样的方法抽取样本；③ 抽取多大的样本；④ 根据抽样调查的结果用什么方法估计总体参数；⑤ 如何确定精度、信度。下面主要介绍调查表的设计。

调查表的设计，即问卷设计。设计统一的问卷，可以使调查表内容标准化和系统化，充分利用计算机帮助收集、汇总和整理所需的统计资料。另一方面，在估计每一个指标时，总会有偏差，而产生偏差的原因有① 抽样程序的缺点；② 估计公式有偏差；③ 答问的偏差；④由于无回答的偏差。其中③和④是最重要和最麻烦的，而问卷的设计就要考虑尽可能克服③、④带来的偏差。

问卷由以下几部分组成：

（1）被调查者的基本情况　主要包括性别、年龄、民族、文化程度、职业、家庭人口等，以便对资料进行分类和统计分析。注意为消除可能产生的被调查者的顾虑与心理压力，在调查表中不能要求被调查对象写上单位、姓名、地址等。

（2）调查内容　这是问卷的主要组成部分，是通过若干问题的项目实现的，它要求既要简练，又要有一定的系统性和逻辑性。提问和回答要求准确，又要讲究艺术和趣味性。注意：① 一份问卷包含的问题不宜过多，否则必然花费被调查者过多的时间，使得他们不耐烦，影响调查质量，且会使不回答率增大。② 对某些较敏感的问题或难度较大的问题不宜提得过于直接，例如询问某人或某个家庭一年内的收入，一般人都很难回答（确实不太清楚）或不愿告诉确切的数字，如果将人或户的收入按高向低设计成几个档次，则被调查者通常能不加考虑的填写与他真实收入相符合的档次。③ 轻松容易的问题放在前面，困难的问题放在后面。④ 问卷中问题的可能选择项应封闭（即不能遗漏某种可能的情况）和不相重叠（即不能列出实际上互相包含成互相重叠的情况），否则将使被调查者无所适从。

（3）问卷填写说明　这部分是填写问卷的要求和方法。包括目的要求、项目含义、调查时间、被调查者填写问卷时应注意的事项、调查人员应遵守的事项等。

（4）编号　问卷的问题要编号。样本也需编号，以便以后核对与交叉检索，便于分类和计算机录入与处理。

在调查正式实施前，通常还至少需要经过一次试调查，以便发现调查组织及调查表中存在的问题，经过试调查的检验并加以改进，可大大提高问卷的可操作性，尽可能减少误差，提高调查的质量，并保证有较高的回收率。

第二节　抽样调查方法

抽样调查方法大体可分为概率抽样和非概率抽样两大类，概率抽样又称为随机抽样，这类抽样是指总体中每个个体都以某个概率被可能抽入子样，如果这些概率相等，均为 $1/N$，则称为等概率抽样，否则就称为不等概率抽样。由于随机抽样可以赋予每个个体被抽入子样的概率，从而可以通过子样很好地反映总体的特征和规律。概率抽样还能对抽样误差作估计和给出估计的精度，所以这种概率抽样的方法在应用中非常广泛。

当概率抽样实施起来确有困难时，有时也采用非概率抽样。例如，从一间堆得很满的棉花仓库中抽样，又如从大海中采水样等，要严格按概率抽样的原则来进行抽样是很难的，只能按实际可能来确定抽样方法。另外我们常常根据经验来选取"平均的"或"典型的"个体作为子样，即做经验抽样，在特定的条件下它可能会提供比概率抽样更准确的估计。无论哪种非概率抽样，都不能给出估计的精度，所以以后若不特别声明我们都是指概率抽样。

这里我们介绍的概率抽样方法主要有如下几种：简单随机抽样、分层抽样、整群抽样、等距抽样。

一、 简 单 随 机 抽 样

简单随机抽样也称无限制随机抽样或纯随机抽样，一般说随机抽样往往指简单随机抽样，它有如下两种等价的定义：

定义 1　从总体中逐个无放回地抽取个体，每次抽到尚未入样的任何一个个体的概率都是相等的，直到抽足 n 个为止。

定义 2　从总体的所有 N 个个体中一次抽取 n 个个体，在全部可能的 C_N^n 种不同的抽法中，每种出现的概率都等于 $1/C_N^n$。

具体实施的方法就是：对于定义 1，就是利用随机数表或利用计算机产生的 $N-1$ 个离散均匀数由数字发生器进行抽取，当总体的个体数不多时也可采用抽签的办法。

二、 分 层 抽 样

如果将大小为 N 的总体分成 L 个不相重叠的子总体，它们的大小分别为 N_1，N_2，N_3，…，N_L（N_h 皆已知，$h=1$，2，…，L，且 $\sum\limits_{h=1}^{L} N_h = N$），每个子总体称为层，从每层中进行独立抽样称作分层抽样，所得子样称作分层子样。如果在每层中的抽样又都是简单随机抽样，则称为分层随机抽样。

分层抽样也是一种常用的抽样技术，它把总体中指标值比较接近的个体归为一组，使各组内的分布比较均匀，而且保证各组都有被抽到的机会，因此，它具有较好的抽样效果，即提高了抽样精度。另一方面，分层往往是按行政区划分成一定的组织形式进行，因而调查中不仅得到全局的数据，同时也得到局部的数据，而且在实施中的组织管理更为方便。尤其在总体情况复杂、各个体之间差异较大、个体数量较多的情况下，采用分层抽样，对不同层可根据具体情况采用不同的抽样方法，会收到更好的效果。

三、 整 群 抽 样 法

整群抽样法定义：把总体划分为互不重叠的若干个整群（又称初级单位），每个整群中有许多单位（又称次级单位），从总体中随机地取出几个整群，再对被抽到的整群的次级单位做普查（即观察其中所有次级单位），这样的抽样法称为整群抽样法。

例如，要调查某省粮食产量，如果把每个农户作为单位，则需要有该省的全部农户的完整而最新名单，然而编制这样一份名单（即抽样框）的费用又十分巨大，在这种情况下常用整群抽样，即用与抽样目的有关的一些特征（街道、地理分法）把总体分成若干个群，本处可以以村（或乡或镇）为整群，是一个现实而可行的方法。

四、 等距抽样法

从以上两点可看出，不论是简单随机抽样还是分层随机抽样，在抽取样本过程中都需要做一番细致的工作。例如要按随机数表从总体中一个个地找出抽样单元或整群，当总体容量和样本容量 n 都较大时，这项工作显得非常麻烦，甚至难以实现。这里介绍的等距抽样正是对上述抽样方法进行简化的一种抽样技术，它的最大优点是抽取样本容易实现，且实施时不易发生差错。

等距抽样方法是将总体中全体抽样单位按某个规则（例如按和目标量有关或无关的某一标志值的大小，或按随机次序等）排列顺序，依次偏号为 X_1，X_2，$\cdots$，X_n，再根据总体容量 N 和样本容量 n 确定一个抽样距 m（$m = N/n$），先从 X_1，X_2，$\cdots$，X_n 中随机地取一个抽样单位 X_d（d 称为随机起点），然后按抽样距 m 等距地抽取单位 X_{im+d}，$i = 0$，1，2，$\cdots$，所得的这个样本称为 m 等距样本。

思考与习题

1. 下表中列出了人数 (x_1)，家庭的每周收入 (x_2) 和每周的食物费用 (y)，这是 33 户低收入家庭组成的一个简单随机样本资料。要由样本估计 (a) 每个家庭平均每周在食物上的费用，(b) 每人平均每周的食物费用，(c) 收入中用于食物的百分比，并计算这些估计的标准差。

家庭号	人数 x_1	收入 x_2	食物费用 y	家庭号	人数 x_1	收入 x_2	食物费用 y
1	2	62	143	18	4	83	360
2	3	62	208	19	2	85	206
3	3	87	227	20	4	73	277
4	5	65	305	21	2	66	259
5	4	58	412	22	5	58	233
6	7	92	282	23	3	77	398
7	2	88	242	24	4	69	168
8	4	79	300	25	7	65	378
9	2	83	242	26	3	77	348
10	5	62	444	27	3	69	287
11	3	63	134	28	6	95	630
12	6	62	198	29	2	77	195
13	4	60	294	30	2	69	216
14	4	75	271	31	6	69	182
15	2	90	222	32	4	67	201
16	5	75	377	33	2	63	207
17	3	69	226	总和	123	2394	9072

2. 为了解某县某疾病感染率，现从全县 125 个村民组（共 30000 人）中，随机抽出 10 个村民组，对其全部居民进行了调查，结果如下表。试据此估计此县居民该病的感染率。

村民组	1	2	3	4	5	6	7	8	9	10	合计
人数	138	156	176	184	194	215	274	329	350	370	2386
感染人数	41	48	56	70	75	86	90	101	109	121	797

第十四章

数据处理——软件应用实例

教学目的与要求

1. 掌握 SPSS 软件的应用；
2. 了解主成分分析在本学科的应用原理；
3. 了解 ORIGIN、Mathematic 等软件的应用。

第一节 主成分分析

变量之间往往存在相关性，变量间为何会有相关性？这是因为变量之间往往有一些共同的因子（称为共性因子）支配着不同的变量。例如随着年龄的增加，儿童的身高、体重都随着变化，为何身高、体重会有相关性？可以认为这是由于有一个更本质的因子：生长因子在同时支配或影响身高与体重。老年人为何随时间的增加各种指标都呈衰老？可以认为有一个"衰老因子"在同时支配及影响人的身体。反过来说，我们从大致测量到的数据，可否找出引起各个指标千变万化的更本质的共性因子呢？这是可能的。因子分析的任务就是要从大量的数据中，"由表及里""去粗取精"寻找影响变显、支配变量的更本质的因子——共性因子。这种共性因子可能不止一个。由于人们都希望尽可能地揭露事物变化的更本质因素，因此因子分析也就成为多变量统计方法中最受实际工作者欢迎的一个分支。

多元分析处理的是多指标的问题。由于指标太多，使得分析的复杂性增加。观察指标的增加本来是为了使研究过程趋于完整，但反过来说，为使研究结果清晰明了而一味增加观察指标又让人陷入混乱不清。由于在实际工作中，指标间经常具备一定的相关性，故人们希望用较少的指标代替原来较多的指标，但依然能反映原有的全部信息，于是就产生了主成分分析、对应分析、典型相关分析和因子分析等方法。

主成分分析是把多个变量如何综合成一个或少数几个综合指标的基本工具。它与因子分析在概念上很不相同，但都属于如何把数据用极少维数表达的一种工具，在数据处理的形式上，两种分析法极为相似。因此实际工作者及一些理论家常把因子分析与主成分分析不加区别。

一、 主成分分析原理和模型

（一） 主成分分析原理

主成分分析是设法将原来众多具有一定相关性（比如 P 个）的指标，重新组合成一组新的互相无关的综合指标来代替原来的指标。通常数学上的处理就是将原来 P 个指标做线性组合，作为新的综合指标。最经典的做法就是用 F_1（选取的第一个线性组合，即第一个综合指标）的方差来表达，即 $var(F_1)$ 越大，表示 F_1 包含的信息越多。因此在所有的线性组合中选取的 F_1 应该是方差最大的，故称 F_1 为第一主成分。如果第一主成分不足以代表原来 P 个指标的信息，再考虑选取 F_2 即选第二个线性组合，为了有效地反映原来信息，F_1 已有的信息就不需要再出现在 F_2 中，用数学语言表达就是要求 $COV(F_1, F_2) = 0$，则称 F_2 为第二主成分，依此类推可以构造出第三、第四、……，第 P 个主成分。

（二） 主成分分析数学模型

$$\begin{cases} F_2 = a_{12}ZX_1 + a_{22}ZX_2 \cdots + a_{p2}ZX_p \\ \cdots F_p = a_{1m}ZX_1 + a_{2m}ZX_2 + \cdots + a_{pm}ZX_p \end{cases}$$

其中，a_{1i}，a_{2i}，$\cdots$，a_{pi}（$i = 1$，2，$\cdots$，m）为 X 的协方差阵 Σ 的特征值所对应的特征向量，ZX_1，ZX_2，$\cdots$，ZX_p 是原始变量经过标准化处理的值，因为在实际应用中，往往存在指标的量纲不同，所以在计算之前须先消除量纲的影响，而将原始数据标准化，本文所采用的数据就存在量纲影响［注：本文指的数据标准化是指 Z 标准化］。

$A = (a_{ij})_{p \times m} = (a_1, a_2, \cdots, a_m)$，$Ra_i = \lambda_i a_i$，$R$ 为相关系数矩阵，λ_i、a_i 是相应的特征值和单位特征向量，$\lambda_1 \geq \lambda_2 \geq \cdots \geq \lambda_p \geq 0$。

进行主成分分析主要步骤如下：

（1） 指标数据标准化（SPSS 软件自动执行）；

（2） 指标之间的相关性判定；

（3） 确定主成分个数 m；

（4） 主成分 F_i 表达式；

（5） 主成分 F_i 命名。

二、 实 例 操 作

［**例 14.1**］ 表 14 – 1 资料为 25 名健康人的 7 项生化检验结果，7 项生化检验指标依次命名为 X1 至 X7，请对该资料进行因子分析。采用 SPSS11.1 软件进行分析。

表 14 – 1 ［例 14.1］数据

X1	X2	X3	X4	X5	X6	X7
3.76	3.66	0.54	5.28	9.77	13.74	4.78
8.59	4.99	1.34	10.02	7.50	10.16	2.13
6.22	6.14	4.52	9.84	2.17	2.73	1.09
7.57	7.28	7.07	12.66	1.79	2.10	0.82

续表

X1	X2	X3	X4	X5	X6	X7
9.03	7.08	2.59	11.76	4.54	6.22	1.28
5.51	3.98	1.30	6.92	5.33	7.30	2.40
3.27	0.62	0.44	3.36	7.63	8.84	8.39
8.74	7.00	3.31	11.68	3.53	4.76	1.12
9.64	9.49	1.03	13.57	13.13	18.52	2.35
9.73	1.33	1.00	9.87	9.87	11.06	3.70
8.59	2.98	1.17	9.17	7.85	9.91	2.62
7.12	5.49	3.68	9.72	2.64	3.43	1.19
4.69	3.01	2.17	5.98	2.76	3.55	2.01
5.51	1.34	1.27	5.81	4.57	5.38	3.43
1.66	1.61	1.57	2.80	1.78	2.09	3.72
5.90	5.76	1.55	8.84	5.40	7.50	1.97
9.84	9.27	1.51	13.60	9.02	12.67	1.75
8.39	4.92	2.54	10.05	3.96	5.24	1.43
4.94	4.38	1.03	6.68	6.49	9.06	2.81
7.23	2.30	1.77	7.79	4.39	5.37	2.27
9.46	7.31	1.04	12.00	11.58	16.18	2.42
9.55	5.35	4.25	11.74	2.77	3.51	1.05
4.94	4.52	4.50	8.07	1.79	2.10	1.29
8.21	3.08	2.42	9.10	3.75	4.66	1.72
9.41	6.44	5.11	12.50	2.45	3.10	0.91

（一）数据准备

激活数据管理窗口，定义变量名：分别为 X1、X2、X3、X4、X5、X6、X7，按顺序输入相应数值，建立数据库，结果见图 14－1。

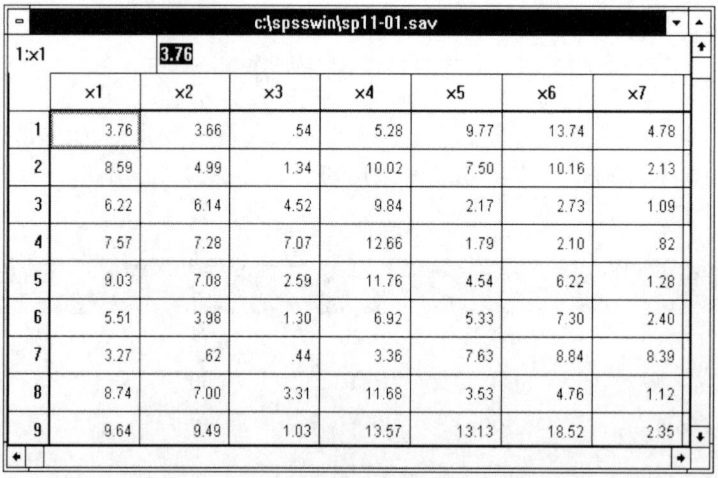

	x1	x2	x3	x4	x5	x6	x7
1	3.76	3.66	.54	5.28	9.77	13.74	4.78
2	8.59	4.99	1.34	10.02	7.50	10.16	2.13
3	6.22	6.14	4.52	9.84	2.17	2.73	1.09
4	7.57	7.28	7.07	12.66	1.79	2.10	.82
5	9.03	7.08	2.59	11.76	4.54	6.22	1.28
6	5.51	3.98	1.30	6.92	5.33	7.30	2.40
7	3.27	.62	.44	3.36	7.63	8.84	8.39
8	8.74	7.00	3.31	11.68	3.53	4.76	1.12
9	9.64	9.49	1.03	13.57	13.13	18.52	2.35

图 14－1　原始数据的输入

（二）　统计分析

激活 Statistics 菜单选 Data Reduction 的 Factor... 命令项，弹出 Factor Analysis 对话框（见图 14 - 2）。在对话框左侧的变量列表中选变量 X1 至 X7，点击 ➤ 钮使之进入 Variables 框。

点击 Descriptives... 钮，弹出 Factor Analysis：Descriptives 对话框（见图 14 - 3），在 Statistics 中选 Univariate descriptives 项要求输出各变量的均数与标准差，在 Correlation Matrix 栏内选 Coefficients 项要求计算相关系数矩阵，并选 KMO and Bartlett's test of sphericity 项，要求对相关系数矩阵进行统计学检验。点击 Continue 钮返回 Factor Analysis 对话框。

点击 Extraction... 钮，弹出 Factor Analysis：Extraction 对话框（见图 14 - 4），系统提供如下因子提取方法：

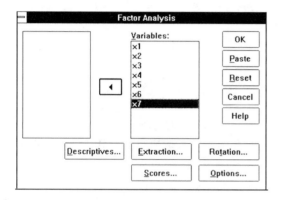

图 14 -2　因子分析对话框

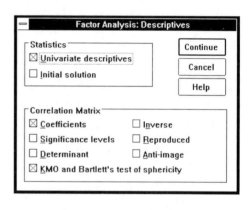

图 14 -3　描述性指标选择对话框

图 14 -4　因子提取方法选择对话框

Principal components：主成分分析法；

Unweighted least squares：未加权最小平方法；

Generalized least squares：综合最小平方法；

Maximum likelihood：极大似然估计法；

Principal axis factoring：主轴因子法；

Alpha factoring：α 因子法；

Image factoring：多元回归法。

本例选用 Principal components 方法，之后点击 Continue 钮返回 Factor Analysis 对话框。

点击 Rotation... 钮，弹出 Factor Analysis：Rotation 对话框（见图 14 -5），系统有 5 种因子旋转方法可选：

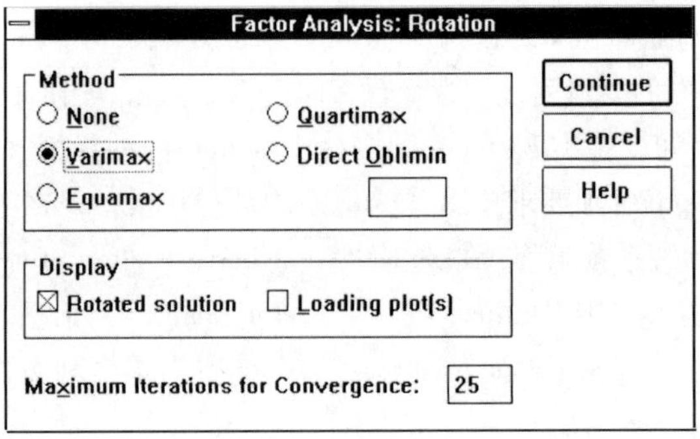

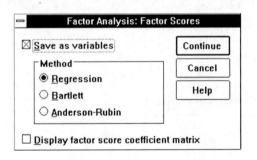

图 14 -5　因子旋转方法选择对话框

None：不作因子旋转；

Varimax：正交旋转；

Equamax：全体旋转，对变量和因子均作旋转；

Quartimax：四分旋转，对变量作旋转；

Direct Oblimin：斜交旋转。

旋转的目的是为了获得简单结构，以帮助我们解释因子。本例选正交旋转法，之后点击 Continue 钮返回 Factor Analysis 对话框。

点击 Scores... 钮，弹出 Factor Analysis：Scores 对话框（见图 14 -6），系统提供 3 种估计因子得分系数的方法，本例选 Regression（回归因子得分），之后点击 Continue 钮返回 Factor Analysis 对话框，再点击 OK 钮即完成分析。

图 14 -6　估计因子分方法对话框

（三）　结果解释

在输出结果窗口中将看到图 14 -7 所示统计数据：

系统首先输出各变量的均数（mean）与标准差（Std Dev），并显示共有 25 例观察单位进入分析；接着输出相关系数矩阵（correlation matrix），经 Bartlett 检验表明：Bartlett 值 = 326.28484，$P < 0.0001$，即相关矩阵不是一个单位矩阵，故考虑进行因子分析。

Kaiser - Meyer - Olkin Measure of Sampling Adequacy（KMO）是用于比较观测相关系数值与偏相关系数值的一个指标，其值越逼近 1，表明对这些变量进行因子分析的效果越好。此处 KMO 值 =0.32122，偏小，意味着因子分析的结果可能不能接受。

Analysis number 1   Listwise deletion of cases with missing values

	Mean	Std Dev	Label
X1	7. 10000	2. 32380	
X2	4. 77320	2. 41779	
X3	2. 34880	1. 66556	
X4	9. 15240	3. 01405	
X5	5. 45840	3. 27344	
X6	7. 16720	4. 55817	
X7	2. 34600	1. 61091	

Number of Cases   =   25

Correlation Matrix：

	X1	X2	X3	X4	X5	X6
X7						
X1	1. 00000					
X2	. 58026	1. 00000				
X3	. 20113	. 36379	1. 00000			
X4	. 90900	. 83725	. 43611	1. 00000		
X5	. 28347	. 16590	− . 70423	. 16328	1. 00000	
X6	. 28656	. 26119	− . 68058	. 20309	. 99020	1. 00000
X7	− . 53321	− . 60846	− . 64918	− . 67758	. 42733	. 35732	1. 00000

Kaiser − Meyer − Olkin Measure of Sampling Adequacy =   . 32122

Bartlett Test of Sphericity = 326. 28484 , Significance =   . 00000

图 14 −7   统计数据结果

使用主成分分析法得到 2 个因子（见图 14 −8），因子矩阵（factor matrix）如下，变量与某一因子的联系系数绝对值越大，则该因子与变量关系越近。如本例变量 X7 与第一因子的值为 −0. 88644，与第二因子的值为 0. 21921，可见其与第一因子更近，与第二因子更远。或者因子矩阵也可以作为因子贡献大小的度量，其绝对值越大，贡献也越大。

在 Final Statistics 一栏中显示各因子解释掉方差的比例，也称变量的共同度（communality）。共同度从 0 到 1，0 为因子不解释任何方差，1 为所有方差均被因子解释掉。一个因子越大地解释掉变量的方差，说明因子包含原有变量信息的量越多。

下面显示经正交旋转后的因子负荷矩阵（rotated factor matrix）和因子转换矩阵（factor transformation matrix）（见图 14 −9）。旋转的目的是使复杂的矩阵变得简洁，即第一因子替代了 X1、X2、X4、X7 的作用，第二因子替代了 X3、X5、X6 的作用。

最后将第一因子的因子分用变量名 fac_ 1、第二因子的因子分用变量名 fac_ 2 存入原始数据库中（见图 14 −10）。这些值既可用于模型诊断，又可用于进一步分析。

Extraction   1 for analysis   1，Principal Components Analysis（PC）

PC   extracted   2 factors.

Factor Matrix：

	Factor 1	Factor 2
X1	.74646	.48929
X2	.79644	.37219
X3	.70890	−.59727
X4	.91054	.38865
X5	−.23424	.96350
X6	−.17715	.97172
X7	−.88644	.21921

Final Statistics：

Variable	Communality	*	Factor	Eigenvalue	Pct of Var	Cum Pct
		*				
X1	.79660	*	1	3.39518	48.5	48.5
X2	.77284	*	2	2.80632	40.1	88.6
X3	.85927	*				
X4	.98014	*				
X5	.98320	*				
X6	.97561	*				
X7	.83384	*				

图 14 −8　主成分分析结果

VARIMAX   rotation   1 for extraction   1 in analysis   1 − Kaiser Normalization.

VARIMAX converged in 3 iterations.

Rotated Factor Matrix：

	Factor 1	Factor 2
X1	.87795	.16064
X2	.87848	.03332
X3	.42098	−.82586
X4	.99001	.00414
X5	.15872	.97878
X6	.21452	.96415
X7	−.73151	.54656

Factor Transformation Matrix：

	Factor 1	Factor 2
Factor 1	.92135	−.38873
Factor 2	.38873	.92135

图 14 −9　正交旋转后主成分分析结果

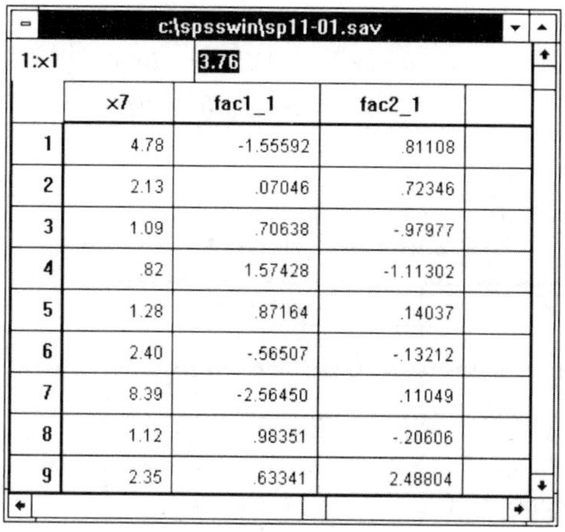

c:\spsswin\sp11-01.sav

1:x1 3.76

	x7	fac1_1	fac2_1
1	4.78	-1.55592	.81108
2	2.13	.07046	.72346
3	1.09	.70638	-.97977
4	.82	1.57428	-1.11302
5	1.28	.87164	.14037
6	2.40	-.56507	-.13212
7	8.39	-2.56450	.11049
8	1.12	.98351	-.20606
9	2.35	.63341	2.48804

图 14－10　因子分的获得并存盘

［**例 14.2**］　对美国洛杉矶 12 个人口调查区的 5 个经济学变量的数据进行主成分分析（见表 14－2）采用 SPSS14.0 分析。

表 14－2　经济学变量的数据

编号 No.	总人口 pop	中等学校平均校龄 school	总雇员数 employ	专业服务项目数 services	中等房价 house
1	5700	12.8	2500	270	25000
2	1000	10.9	600	10	10000
3	3400	8.8	1000	10	9000
4	3800	13.6	1700	140	25000
5	4000	12.8	1600	140	25000
6	8200	8.3	2600	60	12000
7	1200	11.4	400	10	16000
8	9100	11.5	3300	60	14000
9	9900	12.5	3400	180	18000
10	9600	13.7	3600	390	25000
11	9600	9.6	3300	80	12000
12	9400	11.4	4000	100	13000

解：菜单：Analyze－Data Reduction－Factor

Variables：pop，school，employ，services，house

其他使用默认值（主成分分析法 principal components，选取特征值>1，不旋转）

两个主成分（因子）f1，f2 及因子载荷矩阵（component Matrix），根据该表可以写出每个原始变量（标准化值）的因子表达式：

$$pop \approx 0.581f1 + 0.806f2$$

$$school \approx 0.767f1 - 0.545f2$$

$$employ \approx 0.672f1 + 0.726f2$$

$$services \approx 0.932f1 - 0.104f2$$

$$house \approx 0.791f1 - 0.558f2$$

组分矩阵见图 14 – 11。

Component Matrix^a

	Component	
	1	2
POP	0.581	0.806
SCHOOL	0.767	-0.545
EMPOLY	0.672	0.726
SERVICES	0.932	-0.104
HOUSE	0.791	-0.558

Extraction Method: Principal Component Analysis.

a. 2 components extracted.

图 14 – 11　组分矩阵

变量解释见图 14 – 12。

Total Variance Explained

Component	Initial Eigenvalues			Extraction Sums of Squared Loadings		
	Total	% of Variance	Cumulative %	Total	% of Variance	Cumulative %
1	2.873	57.466	57.466	2.873	57.466	57.466
2	1.797	35.933	93.399	1.797	35.933	93.399
3	.215	4.297	97.696			
4	9.993E-02	1.999	99.695			
5	1.526E-02	.305	100.000			

Extraction Method: Principal Component Analysis.

图 14 –12　总变量解释

　　每个原始变量都可以是 5 个因子的线性组合，提取两个因子 f1 和 f2，可以概括原始变量所包含信息的 93.4%。f1 和 f2 前的系数表示该因子对变量的影响程度，也称为变量在因子上的载荷。这些系数称为主成分载荷（loading），它表示主成分和相应的原先变量的相关系数。相关系数（绝对值）越大，主成分对该变量的代表性也越大。可以看得出，第一主成分对各个变量解释得都很充分。而最后的几个主成分和原先的变量就不那么相关了。

　　这里的 Initial Eigenvalues 就是这里的 5 个主轴长度，又称特征值（数据相关阵的特征值）。头两个成分特征值累积占了总方差的 93.4%。后面的特征值的贡献越来越少。

　　因素间的共同性结果见图 14 –13。

　　特征值的贡献还可以从 SPSS 的所谓碎石图（陡坡图）中看出，从第二个因素以后，坡线甚为平坦，因而以保留 2 个因素较为适宜（见图 14 –14）。

Communalities

	Initial	Extraction
POP	1.000	.988
SCHOOL	1.000	.885
EMPOLY	1.000	.979
SERVICES	1.000	.880
HOUSE	1.000	.938

Extraction Method: Principal Component Analysis.

图 14 –13 因素间共同性

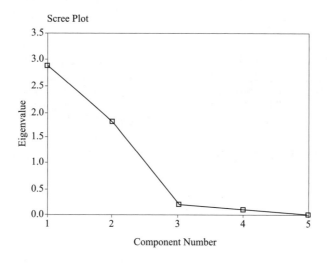

图 14 –14 碎石图 （陡坡图）

由于系数没有很明显的差别，所以要进行旋转（Rotation：method 一般用 Varimax 方差最大旋转），使系数向 0 和 1 两极分化。

菜单：Analyze – Data Reduction – Factor

Variables：pop，School，employ，Services，house

  Extraction：使用默认值（method：Principal components，选取特征值 >1）

Rotation：method 选 Varimax

Score：Save as variables 和 Display factor score Coefficient matrix

两个主成分（因子）f1，f2 及旋转后的因子载荷矩阵（Rotated Component Matrix）（见图 14 –15），根据该表可以写出每个原始变量（标准化值）的因子表达式：

  pop $\approx$ 0.01602 f1 + 0.9946f2

  school $\approx$ 0.941f1 – 0.00882f2

  employ $\approx$ 0.137f1 + 0.98f2

  services $\approx$ 0.825f1 + 0.447f2

  house $\approx$ 0.968f1 – 0.00605f2

第一主因子对中等学校平均校龄、专业服务项目、中等房价有绝对值较大的载荷（代表一般社会福利 – 福利条件因子）；而第二主因子对总人口和总雇员数有较大的载荷（代表人口 – 人口因子）。

因子得分 fac1 – 1，fac2 – 1。其计算公式：因子得分系数和原始变量的标准化值的乘积之和。这样就得到了 12 个城市的排名，依据第 1 主成分和第 2 主成分，竞争力评价公式：

f = 0.575f1 + 0.359f2 （根据图 14 – 16，变量解释）

Rotated Component Matrix[a]

	Component	
	1	2
POP	1.602E-02	.994
SCHOOL	.941	-8.82E-03
EMPOLY	.137	.980
SERVICES	.825	.447
HOUSE	.968	-6.05E-03

Extraction Method: Principal Component Analysis.
Rotation Method: Varimax with Kaiser Normalization.

a. Rotation converged in 3 iterations.

图 14 – 15　旋转后的因子载荷矩阵

	主成分 1	主成分 2	评价系数	排序
1	1.20297	-0.0308	0.68065	2
2	-0.65918	-1.38351	-0.87571	11
3	-1.25937	-0.7674	-0.99963	12
4	1.11491	-0.79697	0.35496	4
5	0.9371	-0.7632	0.26484	5
6	-1.22514	0.54857	-0.50752	9
7	-0.16819	-1.54932	-0.65292	10
8	-0.44127	0.73444	0.00993	7
9	0.32032	0.91306	0.51197	3
10	1.57628	1.02554	1.27453	1
11	-0.94628	0.96184	-0.19881	8
12	-0.45215	1.10776	0.1377	6

图 14 – 16　主成分变量解释

第二节　数据 （曲线） 拟合方法

在科学技术的很多领域里，往往要从一组实验数据 (x_i, y_i) （$i = 1, 2, \cdots, m$） 出发，寻找自变量 x 与因变量 y 之间的函数关系 $y = f(x)$。由于所观察数据量大而且带有误差，所以没有理由要求函数 $y = f(x)$ 经过所有的点 (x_i, y_i)。人们关心的是这些数据变化趋势及其所反映的总体（全局性）规律，寻找反映数据总体规律的函数 $f(x)$ 的方法就是本章要介绍的数据拟合方法。例如，据统计，20 世纪 60 年代世界人口增长情况如表 14 – 3 所示。

表 14 – 3　　　　　　　　　20 世纪 60 年代世界人口的统计数据　　　　　　单位：亿

年	1960	1961	1962	1963	1964	1965	1966	1967	1968
人口	29.72	30.61	31.51	32.13	32.34	32.85	33.56	34.20	34.83

有人根据表中数据，预测公元 2000 年世界人口会超过 60 亿，这一结论在 60 年代末令人难以置信，但现在已成为事实。作出这一预测结果所用的方法就是数据拟合方法，根据数学模型，构造出能逼近表 14 – 3 中数据的拟合函数，正是拟合函数反映了人口增长的趋势。

数据拟合这类问题在计算机图形显示、图像处理和模式识别中经常遇到。在食品科学领域通常也会遇到动力学建模和参数拟合问题；选择数学函数的形式是解决问题的关键，确定拟合函数的常用方法是最小二乘法。

一、　最小二乘法原理

在我们研究两个变量 $(x，y)$ 之间的相互关系时，通常可以得到一系列成对的数据 $(x_1$、$y_1，x_2、y_2，…，x_m、y_m)$，将这些数据描绘在 $x - y$ 直角坐标系中，若发现这些点在一条直线附近，可以得到这条直线方程如式 $(14-1)$。

$$Y_{计} = a_0 + a_1 X \tag{14-1}$$

式中　a_0、a_1——任意实数。

为建立这个直线方程就要确定 a_0 和 a_1，应用最小二乘法原理，将实测值 Y_i 与利用式 $(14-1)$ 计算值 $(Y_{计} = a_0 + a_1 X)$ 的离差 $(Y_i - Y_{计})$ 的平方和 $[\sum(Y_i - Y_{计})^2]$ 的最小值作为"优化判据"。

令
$$\varphi = \sum(Y_i - Y_{计})^2 \tag{14-2}$$

把式 $(14-1)$ 代入式 $(14-2)$ 中得：

$$\varphi = \sum(Y_i - a_0 - a_1 X_i)^2 \tag{14-3}$$

当 $\sum(Y_i - Y_{计})$ 平方最小时，可用函数 φ 对 a_0、a_1 求偏导数，令这两个偏导数等于零。得到两个关于 a_0、a_1 为未知数的方程组，解这两个方程组得出：

$$a_0 = [(\sum Y_i)/m] - [a_1(\sum X_i)/m] \tag{14-4}$$

$$a_1 = \{\sum X_i Y_i - [(\sum X_i \sum Y_i)/m]\} / \{\sum X_i^2 - [(\sum X_i)^2/m]\} \tag{14-5}$$

这时把 a_0、a_1 代入式 $(14-1)$ 中，此时的式 $(14-1)$ 就是我们回归的一元线性方程，即：数学模型。

在回归过程中，回归的关联式是不可能全部通过每个回归数据点 $(x_1、y_1，x_2、y_2，…，x_m、y_m)$ 的，为了判断关联式的好坏，可借助相关系数"R"、统计量"F"、剩余标准偏差"S"进行判断。"R"越趋近于 1 越好，"F"的绝对值越大越好，"S"越趋近于 0 越好。

二、　实　　例

[例14.3]　在某液相反应中，不同时间下测得的某组成的浓度见表 14-4，试做出其经验方程。

表 14-4　　　　　　　　　　　　浓度随时间的变化关系

时间 t/min	2	5	8	11	14	17	27	31	35
浓度 c/(mol/L)	0.948	0.879	0.813	0.749	0.687	0.640	0.493	0.440	0.391

(1) 首先将实验数据 $t \sim c$ 作图（见图 14-17），关系图表明，这是一条曲线，不是 $y = a + bx$ 型直线，因此，对照样板曲线重新选型。

(2) 选 $y = \dfrac{1}{ax + b}$ 型试探，将曲线变直（见图 14-18），这时 $y = 1/c$，$x = t$，算得 $1/c$ 见表

14 - 5。

表 14 - 5				1/c ~ t 数表				
t	2	5	8	11	14	17	27	31	35
1/c	1.005	1.018	1.28	1.335	1.445	1.568	2.028	2.273	2.507

（3）再选用 $y = ax^b$ 型试探，将此曲线变直，$y = \ln c$，$x = \ln t$。算得 $\ln c \sim \ln t$ 的关系（见表 14 - 6）。

表 14 - 6				$\ln c \sim \ln t$ 的数据表				
$\ln t$	0.693	1.61	2.08	2.40	2.64	2.83	3.296	3.434	3.555
$\ln c$	-0.053	-0.129	-0.207	-0.289	-0.375	-0.446	-0.707	-0.821	-0.939

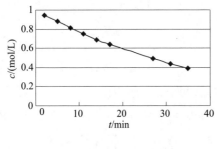

图 14 - 17　c，t 关系图

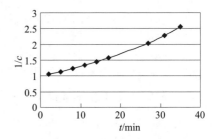

图 14 - 18　$1/c$，t 关系图

做 $\ln c \sim \ln t$ 的图（图 14 - 19），发现原来的曲线不但没变直，反而更加弯曲了。说明这个类型的经验公式更不适合了。

（4）又重新选型，选用 $y = ae^{bx}$ 型，再试探，$y = \ln c$，$x = t$。做 $t \sim \ln c$ 的图（图 14 - 20）。

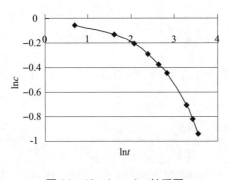

图 14 - 19　$\ln c$，$\ln t$ 关系图

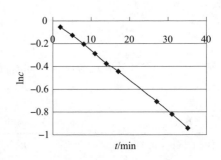

图 14 - 20　$\ln c$，t 关系图

绘制出的曲线是一条拟合很好的直线，说明这组实验数据服从 $c = ae^{bt}$ 型经验方程。对照一级反应动力学的积分式 $c = c_0 e^{-kt}$ 说明我们所作的结果，事实上证明了这个液相反应是一级反应，a 相当于反应物 A 的初始浓度 c_0，b 相当于反应速率常数 k。

确定方程式的常数，相关系数对比见表 14 - 7。

表 14 -7　　　　　　　　　　各种拟合方程参数对比

方程类型	参数			
	a	b	R	r
$y = a + bx$	0.948	-0.0166	0.988	-0.994
$y = \dfrac{1}{ax + b}$	0.845	0.0457		0.995
$y = ax^b$	1.404	-0.3113	0.854	-0.924
$y = ae^{bx}$	1.003	-0.0266	0.9998	0.99989

[例 14.4] 世界人口预测问题。

表 14 - 3 给出了 20 世纪 60 年代世界人口的统计数据，有人根据表中数据，预测公元 2000 年世界人口会超过 60 亿。这一结论在 20 世纪 60 年代末令人难以置信，但现在已成为事实。试建立数学模型并根据表中数据推算出 2000 年世界人口的数量。

根据马尔萨斯人口理论，人口数量按指数递增的规律发展。记人口数为 $N(t)$，则有指数函数 $N = e^{a+bt}$。现需要根据 20 世纪 60 年代的人口数据确定函数表达式中两个常数 a、b。为了计算方便，对表达式两边取对数，得 $\ln N = a + bt$，令 $y = \ln N$。于是 $y(t) = a + bt$。

(1) 计算出表中人口数据的对数值 $y_k = \ln N_k$ ($k = 1, 2, \cdots, 9$)。

(2) 根据表中数据写出关于两个未知数 a、b 的 9 个方程的超定方程组（方程数多于未知数个数的方程组）：

$$a + bt_k = y_k (k = 1, 2, \cdots, 9)$$

其中，$t_1 = 1960$，$t_2 = 1961$，$t_3 = 1962$，$\cdots$，$t_9 = 1968$；

$y_1 = \ln 29.72$，$y_2 = \ln 30.61$，$\cdots$，$y_9 = \ln 34.83$。

(3) 利用 MATLAB 解线性方程组 $Ax = c$ 的命令 $A \backslash c$ 计算出 a、b 的值，并写出人口增长函数。利用人口增长函数计算出 2000 年世界人口数据：$N(2000)$。

[例 14.5] Origin 7.0 软件进行曲线拟合的方法。

绘图窗口的 "Analysis" 菜单中提供了线性拟合、多项式拟合、指数衰减拟合、指数增长拟合、S 形拟合、多峰值拟合和非线性曲线拟合命令（见图 14 - 21）。除非线性曲线拟合外，其他几种拟合只需选择所需要的项数或次数，不需要输入参数，拟合就可以自动进行，所有的拟合结果包含在自动弹出的结果记录窗口中，包括拟合曲线的公式、各参数的值以及误差（Error）、相关系数（R）、标准偏差（SD）和数据点个数（N）等数据。

非线性曲线拟合是 Origin 7.0 所提供的功能最强大，也是使用最复杂的数据拟合工具。它提供了许多拟合函数可供选择，同时还有相应的图形作为参考，使用者（用户）可根据实验数据图形的形状和趋势选择合适的函数和参数，以达到最佳拟合效果。另外，Origin7.0 还支持用户自定义函数，可根据用户自己建立的数学模型进行拟合。非线性曲线拟合的过程（见图 14 - 22）为：

(1) 在非线性曲线拟合窗口的 "Function" 菜单中选择合适的拟合函数或自定义拟合函数；

图 14 -21　各种拟合界面

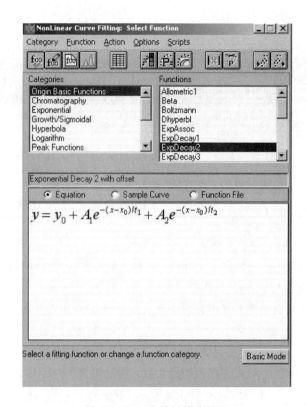

图 14 -22　非线性拟合界面

（2）"Action"菜单中选择 Dataset 对话框中指定函数变量；

（3）选择"Action"菜单中的 Simulate 命令进行曲线模拟，确定最佳的参数初值；

（4）选择"Action"菜单中的 fit 命令，单击"10 Iter"命令按钮进行最多 10 次 Levenberg2Marquardt 迭代，拟合出的曲线显示在绘图窗口内，同时拟合结果显示在结果记录框中。

使用拟合工具拟合：

在绘图窗口的"Tools"菜单中提供了三种拟合工具，即线性拟合工具（Linear Fit Tool）、多项式拟合工具（Polynomial Fit Tool）和 S 拟合工具（Sigmoidal Fit Tool）。选择相应的命令，按照要求选择参数，即可进行拟合。

第三节　多重比较

[**例 14.6**]　测定甘薯晒干率（%）的试验，设有 5 个品种：A、B、C、D、E。每处理测定 4 次。其结果列于表 14 - 8 中，试比较各个品种间的显著性差异。

定义变量名：实际晒干率定义为 x，品种用变量 group 表示，输入结果见图 14 - 23。

表 14 –8　　　　　　　　　　甘薯不同品种晒干率测定试验的结果

处理（品种）	观察值（x_{ij}）	T_i	$\bar{X}_i$
A	24，30，28，26	108	27.0
B	27，24，21，26	98	24.5
C	31，28，25，30	114	28.5
D	32，33，33，38	126	31.5
E	21，22，16，21	80	20.0
总的		526	26.3

激活 Analyze 菜单，选 Compare Means 中的 One – Way ANO-VA... 项，弹出 One – Way ANOVA 对话框（如图 14 – 24 所示）。从对话框左侧的变量列表中选"x"，点击▶钮使之进入 Dependent List 框，选"group"点击 ▶ 钮使之进入 Factor 框，如果欲做多个样本均数间两两比较，可点击该对话框的 Post Hoc... 钮打开 One – Way ANOVA：Post Hoc Multiple Comparisons 对话框（如图 14 – 25 所示），这时在 Tests 框中可出现有 12 种比较方法供选择，常见的几种方法介绍如下：

Least – significant difference：*LSD* 最小显著差法。α 可指定 $0 \sim 1$ 之间任何显著性水平，默认值为 0.05。

Bonferroni：Bonferroni 修正差别检验法。α 可指定 $0 \sim 1$ 之间任何显著性水平，默认值为 0.05。

Duncan's multiple range test：Duncan 多范围检验。只能指定 α 为 0.05、0.01 或 0.1，默认值为 0.05。

	x	group
1	24.00	1.00
2	30.00	1.00
3	28.00	1.00
4	26.00	1.00
5	27.00	2.00
6	24.00	2.00
7	21.00	2.00
8	26.00	2.00
9	31.00	3.00
10	28.00	3.00
11	25.00	3.00
12	30.00	3.00
13	32.00	4.00
14	33.00	4.00
15	33.00	4.00
16	38.00	4.00
17	21.00	5.00
18	22.00	5.00
19	16.00	5.00
20	21.00	5.00

图 14 –23　输入数据界面

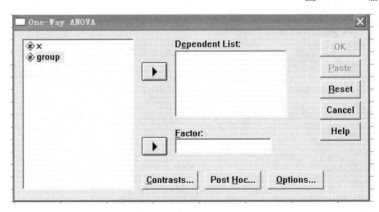

图 14 –24　一维方差分析

Student – Newman – Keuls：Student – Newman – Keuls 检验，简称 N – K 检验，亦即 q 检验。α 只能为 0.05。

Tukey's honestly significant difference：Tukey 显著性检验。α 只能为 0.05。

Tukey's b：Tukey 另一种显著性检验。α 只能为 0.05。

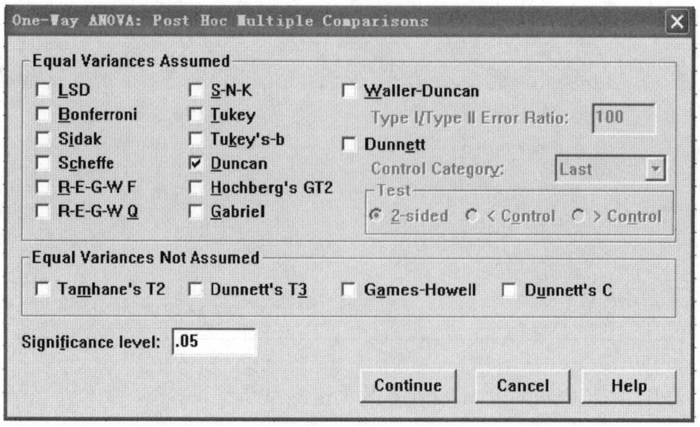

图 14 −25　一维方差分析中的多重比较界面

Scheffe：Scheffe 差别检验法。α 可指定 0 ~ 1 之间任何显著性水平，默认值为 0.05。

本例选用 Duncan's multiple range test：Duncan 多范围检验。点击 Continue 钮返回One – Way ANOVA 对话框后，再点击 OK 钮即完成分析。

结果解释：在结果输出窗口中将看到如下统计数据（图 14 −26）。

ANOVA

X

	Sum of Squares	df	Mean Square	F	Sig.
Between Groups	425.200	4	106.300	15.042	.000
Within Groups	106.000	15	7.067		
Total	531.200	19			

Post Hoc Tests

Homogeneous Subsets

X

Duncan[a]

		Subset for alpha = .05		
GROUP	N	1	2	3
5.00	4	20.0000		
2.00	4		24.5000	
1.00	4		27.0000	
3.00	4		28.5000	
4.00	4			34.0000
Sig.		1.000	.061	1.000

Means for groups in homogeneous subsets are displayed.

a. Uses Harmonic Mean Sample Size = 4.000.

图 14 −26　0.05 显著性水平下多重比较结果数据

上述结果显示组间、组内（实际上本例应称之为"剩余"）和合计的自由度（df）、离均差平方和（Sum of Squares，即 SS）、均方（Means Squares，即 MS）、F 值（F Ratio）和 P 值（sig），本例 $F = 15.042$，$P = 0.000$，表明 5 个品种间有显著性差异。

结果表示方法——标记字母法：

将各处理平均数从大到小自上而下依次排列，在最大的平均数上标记字母 a，将它与其下方各平均数相比，凡差异不显著的，标记同一字母 a，直至某一平均数与其差异显著的则标记字母 b，再将这一平均数与其上方各个比它大的平均数相比，凡差异不显著的都再标记字母 b，直至某一个与其差异显著的平均数则标记字母 c。如此重复进行，直至最小的一个平均数有了标记字母为止。这样各平均数间，凡标记有相同字母的为差异不显著，凡具不同标记字母的为差异显著。

从 SPSS 分析结果看：第 4 组标记为 a，第 3、1、2 组标记为 b，第 5 组标记为 c（见表 14 - 9）。

表 14 - 9 资料品种差异的显著性 （SSR 测验）

处理	晒干率平均含量/%	差异显著性	
		5%	1%
品种 （D）	31.5	a	A
品种 （C）	28.5	ab	AB
品种 （A）	27.0	b	AB
品种 （B）	24.5	b	BC
品种 （E）	20.0	c	C

以显著性水平 0.01 再进行 duncan 检验结果见图 14 - 27。

所以标记是：第 5 组 A，第 3 组 AB，第 1 组 B，第 2 组 BC，第 5 组 C。

➡ Oneway

ANOVA

X

	Sum of Squares	df	Mean Square	F	Sig.
Between Groups	425.200	4	106.300	15.042	.000
Within Groups	106.000	15	7.067		
Total	531.200	19			

Post Hoc Tests

Homogeneous Subsets

X

Duncan[a]

		Subset for alpha = .01		
GROUP	N	1	2	3
5.00	4	20.0000		
2.00	4	24.5000	24.5000	
1.00	4		27.0000	
3.00	4		28.5000	28.5000
4.00	4			34.0000
Sig.		.030	.061	.010

Means for groups in homogeneous subsets are displayed.

图 14 - 27 0.01 显著性水平下多重比较结果数据

第四节 响应面分析

在多因素数量处理试验的分析中，可以分析试验指标（依变量）与多个试验因素（自变量）间的回归关系，如果适合用多元二次回归方程来拟合因素和指标的函数关系，这种回归可能是曲线或曲面的关系，那么预测的最佳指标值可以从所估计的曲面上获得。

试验设计与优化方法，都未能给出直观的图形，因而也不能凭直觉观察其最优化点，虽然能找出最优值，但难以直观地判别优化区域，为此响应面分析法（也称响应曲面法）应运而生。响应面分析［response surface methods（analysis），RSM（RSA）］也是一种最优化方法，它是将体系的响应（如食品功能成分的萃取率）作为一个或多个因素（如萃取剂浓度、酸度等）的函数，运用图形技术将这种函数关系显示出来，以供我们凭借直觉的观察来选择试验设计中的最优化条件。

显然，要构造这样的响应面并进行分析以确定最优条件或寻找最优区域，首先必须通过大量的测量试验数据建立一个合适的数学模型（建模），然后再用此数学模型作图。建模最常用和最有效的方法之一就是多元线性回归方法，对于非线性体系可做适当处理化为线性形式。模型中如果只有一个因素（或自变量），响应（曲）面是二维空间中的一条曲线；当有两个因素时，响应面是三维空间中的曲面。下面简要讨论二因素响应面分析的大致过程：在化学量测实践中，一般不考虑三因素及三因素以上间的交互作用，有理由设二因素响应（曲）面的数学模型为二次多项式模型，可表示如下：通过 n 次测量试验（试验次数应大于参数个数，一般认为至少应是它的 3 倍），以最小二乘法估计模型各参数，从而建立模型；求出模型后，以两因素水平为 X 坐标和 Y 坐标，以相应的由上式计算的响应为 AZ 坐标做出三维空间的曲面（这就是 2 因素响应曲面）。应当指出，上述求出的模型只是最小二乘解，不一定与实际体系相符，也即，计算值与试验值之间的差异不一定符合要求，因此，求出系数的最小二乘估计后，应进行检验。一个简单实用的方法就是以响应的计算值与试验值之间的相关系数是否接近于 1 或观察其相关图是否所有的点都基本接近直线进行判别。对于二因素以上的试验，要在三维以上的抽象空间才能表示，一般先进行主成分分析进行降维后，再在三维或二维空间中加以描述。

［**例 14.7**］ 采用 SAS 软件求解，求面包酵母高产和高发酵活力的最优工艺参数。

指标：y_1——面包酵母产量［指最终发酵液的菌体浓度（g/L）］；

y_2——发酵活力［指面团从水中浮起的时间（min）］。

因素：z_1——还原糖浓度，2% ~6%；

z_2——氮源浓度，0.4% ~1.2%；

z_3——磷源浓度，0.2% ~0.4%。

取三水平，z_1：2%，4%，6%；z_2：0.4%，0.8%，1.2%；z_3：0.2%，0.3%，0.4%，做变换：

$$x_1 = \frac{z_1 - 4}{2}, \ x_2 = \frac{z_2 - 0.8}{0.4}, \ x_3 = \frac{z_3 - 0.3}{0.1}$$

试验方案和试验结果如表 14 – 10 所示。

表 14 – 10　　　　　　　　　　　　试验方案和试验结果

试验号	x_1	x_2	x_3	y_1	y_2	试验号	x_1	x_2	x_3	y_1	y_2
1	0	−1	−1	24.5	13.9	9	−1	−1	0	30.4	11.9
2	0	−1	1	35.3	14.1	10	−1	1	0	34.7	12.8
3	0	1	−1	38.2	14.9	11	1	−1	0	35.6	16.4
4	0	1	1	23.4	15.4	12	1	1	0	25.6	18.2
5	−1	0	−1	29.5	9.6	13	0	0	0	38.3	8.9
6	−1	0	1	33.1	10.1	14	0	0	0	37.9	8.5
7	1	0	−1	35.3	14.7	15	0	0	0	37.5	8.1
8	1	0	1	26.7	15.8						

1 ~ 12 为析因试验，13 ~ 15 为中心试验，用来估计试验误差，这种试验设计称为中心组合设计。用 SAS 响应面回归 REREG 程序，回归得到回归方程；

$$\hat{y}_2 = 37.9 - 0.562x_1 - 0.487x_2 - 1.125x_3 - 2.763x_1^2 - 3.562x_2^2 - 3.988x_3^2 - 3.575x_1x_2 - 3.05x_1x_3 - 0.64x_2x_3$$

$$\hat{y}_1 = 8.5 + 2.59x_1 + 0.61x_2 + 0.28x_3 + 2.16x_1^2 + 4.16x_2^2 + 1.89x_3^2 + 0.23x_1x_2 + 0.15x_1x_3 + 0.075x_2x_3$$

对指标 y_2 运行后输出结果（部分）见图 14 – 28。

```
                           The RSREG Procedure

                                                              Parameter
                                                               Estimate
                                     Standard                  from Coded
Parameter    DF      Estimate         Error      t Value    Pr > |t|      Data

Intercept     1      8.500000       0.190175       44.70     <.0001     8.500000
x1            1      2.587500       0.116458       22.22     <.0001     2.587500
x2            1      0.625000       0.116458        5.37      0.0030    0.625000
x3            1      0.287500       0.116458        2.47      0.0566    0.287500
x1*x1         1      2.150000       0.171422       12.54     <.0001     2.150000
x2*x1         1      0.225000       0.164697        1.37      0.2301    0.225000
x2*x2         1      4.175000       0.171422       24.36     <.0001     4.175000
x3*x1         1      0.150000       0.164697        0.91      0.4042    0.150000
x3*x2         1      0.075000       0.164697        0.46      0.6679    0.075000
x3*x3         1      1.900000       0.171422       11.08      0.0001    1.900000


                            Sum of
           Factor   DF     Squares    Mean Square   F Value    Pr > F

             x1      4   70.921442    17.730361     163.41    <.0001
             x2      4   67.709231    16.927308     156.01    <.0001
             x3      4   14.102981     3.525745      32.50     0.0009
```

图 14 – 28　SAS 软件响应面回归结果

由表可见对指标 y_2 高次项中 $x_1 \times x_2$、$x_1 \times x_3$、$x_2 \times x_3$ 是不显著的。

上表指出特征值全为正（对应行向量是特征向量），从而稳定点（− 0.5969，− 0.0583，− 0.0509）是最小值点（编码），预测最小值为 7.702195，本文输入自变量已经经过编码（coded）处理，亦可输入未经编码（uncoded）的数据。

做回归显著性检验和方差分析见表 14 – 11。

表 14 – 11　　　　　　　　　　　　y_2 方差分析表

方差来源	平方和	自由度	平均平方和	F	显著性
一次项	57. 18	3	19. 06	105. 89	**
二次项	34. 27	3	28. 09	156. 06	**
交互项	0. 30	3	0. 10	0. 56	
失拟项	0. 24	3	0. 08	0. 44	
重复项	0. 36	2	0. 18		
总和	92. 35	14			

[**例 14.8**]　采用 Design—Expert7. 0 软件求解——野菊花总黄酮提取工艺的响应面设计优化。

根据溶剂浓度、液固比、温度、提取时间 4 个单因素试验所确定的水平范围，以在食品生物学及工程学中广泛应用的 Design—Expert Software7. 0 为辅助手段设计响应面试验。选用了中心复合模型（CCD），做四因素三水平共 30 个实验点（6 个中心点）的响应面分析实验。这 30 个实验点可分为两类：其一是析因点，自变量取值在各因素所构成的三维顶点，共有 24 个析因点；其二是零点，为区域的中心点，零点实验重复 6 次，用以估计实验误差。野菊花总黄酮得率为响应值（指标值）。为了处理数据的方便，各因素水平要化为标准函数。表 14 – 12 为响应面实验因素水平表。表 14 – 13 为响应面实验数据表。

表 14 – 12　　　　　　　　　　　响应面实验因素水平

水平	乙醇浓度/%	液固比	温度/℃	时间/h
– 1	50	15	60	2
0	60	20	70	3
1	70	25	80	4

表 14 – 13　　　　　　　　　　　响应面试验数据

试验号	A	B	C	D	总黄酮得率/%
1	1	1	– 1	– 1	4. 04
2	– 1	0	0	0	4. 38
3	– 1	– 1	– 1	– 1	4. 01
4	– 1	– 1	1	– 1	4. 51
5	0	0	– 1	0	4. 46
6	1	0	0	0	4. 44
7	1	1	1	1	4. 25
8	0	0	0	0	4. 36
9	– 1	– 1	– 1	1	4. 16

续表

试验号	A	B	C	D	总黄酮得率/%
10	−1	1	1	1	4.46
11	0	1	0	0	4.35
12	1	−1	−1	−1	4.32
13	0	0	0	0	4.55
14	−1	−1	1	1	4.27
15	0	−1	0	0	4.38
16	−1	1	−1	−1	3.82
17	0	0	0	0	4.56
18	1	−1	1	1	4.64
19	1	−1	1	−1	4.54
20	1	−1	−1	1	4.36
21	0	0	0	0	4.46
22	−1	1	−1	1	4.20
23	0	0	0	1	4.36
24	0	0	0	0	4.54
25	0	0	1	0	4.56
26	0	0	0	−1	4.47
27	0	0	0	0	4.49
28	−1	1	1	−1	4.46
29	1	1	1	−1	4.19
30	1	1	−1	1	4.21

经软件对表 14 − 13 中实验数据分析后发现用二阶多项式回归模型较优。以黄酮得率为响应值的回归模型如表 14 − 14 所示。

表 14 − 14　　　　　　　　　　　　回归模型系数表

名称	系数	名称	系数	名称	系数
常数	4.49	AB	−0.072	CD	−0.05
A	0.04	AC	−0.051	A^2	−0.067
B	−0.067	AD	−0.051	B^2	−0.11
C	0.13	BC	0.001	C^2	−0.033
D	0.031	BD	0.035	D^2	−0.062

表 14 − 15 为方差分析表，从表中可知在本实验设定的区域范围内（见表 14 − 12），乙醇浓度、水浴温度、时间与乙醇浓度的交互作用、时间与温度的交互作用、温度与液固比的交互作用（它们的"Pro > F"值分别为 0.0086，< 0.0001，0.0077，0.0463，0.0463）对野菊花黄

酮的得率影响显著。图 14 – 29 为时间与浓度交互作用对黄酮得率影响的等高线和响应面图。

表 14 – 15 　　　　　　　　　　　方差分析表

方差来源	自由度	平方和	均方	F 值	Prob $>F$
Model	14	0.880	0.063	7.05	0.0003
A – 时间	1	0.029	0.029	3.23	0.0924
B – 浓度	1	0.081	0.081	9.13	0.0086
C – 温度	1	0.290	0.290	32.98	<0.0001
D – 液固比	1	0.017	0.017	1.89	0.1898
AB	1	0.084	0.084	9.44	0.0077
AC	1	0.042	0.042	4.72	0.0463
AD	1	<0.0001	0.0004	0.045	0.8351
BC	1	$2.5E^{-05}$	$2.5E^{-05}$	0.003	0.9585
BD	1	0.020	0.020	2.2	0.1587
CD	1	0.042	0.042	4.72	0.0463
A^2	1	0.012	0.012	1.31	0.2698
B^2	1	0.033	0.033	3.66	0.075
C^2	1	0.003	0.003	0.31	0.5841
D^2	1	0.010	0.010	1.12	0.3057
残差	15	0.130	0.009		
失拟性	10	0.100	0.010	1.83	0.2627
纯误差	5	0.029	0.006		
总差	29	1.010			

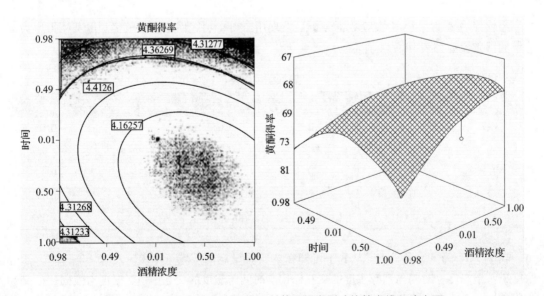

图 14 –29　时间与浓度交互作用对黄酮得率影响的等高线和响应面

预测得到最优条件是时间 3.2h，浓度 56.6%，温度 80℃，液固比为 19.6，预测黄酮得率最大值 4.66%。经过验证预测最佳条件的实际操作，实际与预测的黄酮得率较为接近。

第五节　SPSS 软件进行均值检验和方差分析

利用 SPSS 进行单样本、两独立样本以及成对样本的均值检验。利用 SPSS 进行单因素方差分析、多因素方差分析和协方差分析。

一、均值检验

（1）定义变量，建立数据文件并输入数据。

（2）选择菜单"Analyze→Compare Means→Means"，选择 Dependent 变量和 Independent 变量，设置输出的描述统计量，即完成了描述统计。

（3）在（1）的基础上，选择菜单"Analyze→Compare Means→One–Sample T Test"，选择 Test 变量并输入已知的均值，即完成了单样本 t 检验。

（4）在（1）的基础上，选择菜单"Analyze→Compare Means→Independent–samples T Test"，选择 Test 变量和分组变量，即完成了两独立样本 t 检验。

（5）在（1）的基础上，选择菜单"Analyze→Compare Means→Paired–samples T Test"项，选择分析变量，即完成了成对样本 t 检验。

二、方差分析

（1）单因素方差分析（One–Way ANOVA 过程）。

（2）多因素方差分析（Univariate 过程）。

（3）协方差分析（Univariate 过程）。

具体操作步骤

定义变量，建立数据文件并输入数据。

（1）选择菜单"Analyze→Compare Means→One–way ANOVA"，选择 Dependent 变量和 Factor 变量，选择进行各组间两两比较的方法，然后定义相关统计选项以及缺失值处理方法，即完成了单因素方差分析。

（2）在（1）的基础上，选择菜单"Analyze→General Linear Model→Univariate"，选择 Dependent 变量和 Fixed Factor（s），然后选择建立多因素方差分析的模型，并设置多因素变量的各组差异比较，设置以图形方式展现多因素之间是否存在交互作用，设置均值多重比较类型，设置输出到结果窗口的选项，即完成了多因素方差分析。

（3）在（1）的基础上，选择菜单"Analyze→General Linear Model→Univariate"，选择进行协方差分析的变量以及建立多因素方差分析的模型，并设置多因素变量的各组差异比较，设置以图形方式展现多因素之间是否存在交互作用，设置均值多重比较类型，设置输出到结果窗口的选项，即完成了协方差分析。

[例 14.9]　某小麦良种的千粒重 $\mu_0 = 35g$，现引入一新品种，在 8 个小区上的取样千粒重

为：35，37，34，35，35，36，41，39（g），新引入品种的千粒重是否显著高于当地品种？

解： 定义变量，建立数据文件并输入数据，采用已经知道均值的 t 检验。选择菜单"Analyze→Compare Means→One – Sample T Test"，选择 Test 变量并输入已知的均值，即完成了单样本 T 检验。结果如图 14 – 30 所示。

T-Test

One-Sample Statistics

	N	Mean	Std. Deviation	Std. Error Mean
十粒重	8	36.5000	2.3905	.8452

One-Sample Test

	Test Value = 35					
					95% Confidence Interval of the Difference	
	t	df	Sig. (2-tailed)	Mean Difference	Lower	Upper
十粒重	1.775	7	.119	1.5000	-.4985	3.4985

图 14 –30　一个样本 t 检验分析结果

结论：t 为 1.775，P 为 0.119，在 $\alpha = 0.05$ 水平上所以差异不显著，新引入品种的千粒重没有显著高于当地品种。

[**例 14.10**] 为检验工人技术培训的效果，抽选 9 名生产工人，记录培训前后的效率分数，得如下数据：

（68，72），（53，72），（62，73），（65，68），（65，74），（55，67），（74，80），（81，88），（45，47），试检验培训是否有效果。

解： 定义变量，建立数据文件并输入数据。采用配对检验。选择菜单"Analyze→Compare Means→Paired – samples T Test"项，选择分析变量，即完成了成对样本 t 检验。结果如图 14 – 31 所示。

配对检验结果为：t 为 4.549，$P = 0.002$，在 $\alpha = 0.01$ 水平上所以差别非常显著，即培训的效果非常明显。

[**例 14.11**] 自溶酵母提取物是一种多用途食品配料。为探讨啤酒酵母的最适自溶条件，安排三因素三水平正交试验：A 温度（℃），B pH，C 加酶量（%），试验指标为自溶液中蛋白质含量（%）。试验方案及结果分析见表 14 – 16。试对试验结果进行方差分析。

Paired Samples Statistics

		Mean	N	Std. Deviation	Std. Error Mean
Pair 1	培训后	71.2222	9	11.0993	3.6998
	培训前	63.1111	9	10.9937	3.6646

Paired Samples Correlations

		N	Correlation	Sig.
Pair 1	培训后 & 培训前	9	.883	.002

Paired Samples Test

		Paired Differences					t	df	Sig. (2-tailed)
		Mean	Std. Deviation	Std. Error Mean	95% Confidence Interval of the Difference Lower	Upper			
Pair 1	培训后 - 培训前	8.1111	5.3489	1.7830	3.9996	12.2227	4.549	8	.002

图 14 -31　配对样品 t 检验结果

表 14 -16　　　　　　　　　　　试验方案及结果

处理号	A	B	C	空列	试验结果 y_i
1	1（50）	1（6.5）	1（2.0）	1	6.25
2	1	2（7.0）	2（2.4）	2	4.97
3	1	3（7.5）	3（2.8）	3	4.54
4	2（55）	1	2	3	7.53
5	2	2	3	1	5.54
6	2	3	1	2	5.5
7	3（58）	1	3	2	11.4
8	3	2	1	3	10.9
9	3	3	2	1	8.95

解：定义变量，建立数据文件并输入数据。选择菜单"Analyze→General Linear Model→Univariate"，选择 Dependent 变量和 Fixed Factor（s），然后选择建立多因素方差分析的模型，并设置多因素变量的各组差异比较，设置以图形方式展现多因素之间是否存在交互作用，设置均值多重比较类型，设置输出到结果窗口的选项，即完成了多因素方差分析。结果如图 14 -32 所示。

由分析的结果可知：温度的影响很显著，而加酶量和 pH 的影响不显著。

▶ Univariate Analysis of Variance

Between-Subjects Factors

		N
加酶量	1.00	3
	2.00	3
	3.00	3
pH	1.00	3
	2.00	3
	3.00	3
温度	1.00	3
	2.00	3
	3.00	3

Tests of Between-Subjects Effects

Dependent Variable: 蛋白质量

Source	Type III Sum of Squares	df	Mean Square	F	Sig.
Model	530.061[a]	7	75.723	182.715	.005
加酶量	.312	2	.156	.377	.726
pH	6.487	2	3.244	7.827	.113
温度	45.402	2	22.701	54.776	.018
Error	.829	2	.414		
Total	530.890	9			

a. R Squared = 0.998 (Adjusted R Squared = 0.993)

图 14 –32　正交试验方差分析结果

思考与习题

1. 主成分分析的几何意义是什么？

2. 因子载荷阵的统计意义是什么？

3. 因子旋转的目的是什么？

4. 在某大学一年级 44 名学生的期末考试中，线性代数和概率统计课程采用闭卷考试，法律、思想品德和 C 语言程序设计课程采用开卷考试，考试成绩见下表。

线性代数	概率统计	法律	思想品德	C 语言程序设计	线性代数	概率统计	法律	思想品德	C 语言程序设计
77	82	67	67	81	63	78	80	70	81
75	73	71	66	81	55	72	63	70	68
63	63	65	70	63	53	61	72	64	73

续表

线性代数	概率统计	法律	思想品德	C 语言程序设计	线性代数	概率统计	法律	思想品德	C 语言程序设计
51	67	65	65	68	59	70	68	62	56
62	60	58	62	70	64	72	60	62	45
52	64	60	63	54	55	67	59	62	44
50	50	64	55	63	65	63	58	56	37
31	55	60	57	73	60	64	56	54	40
44	69	53	53	53	42	69	61	55	45
62	46	61	57	45	31	49	62	63	62
44	61	52	62	46	49	41	61	49	64
12	58	61	63	67	49	53	49	62	47
54	49	56	47	53	54	53	46	59	44
44	56	55	61	36	18	44	50	57	81
46	52	65	50	35	32	45	49	57	64
30	69	50	52	45	46	49	53	59	37
40	27	54	61	61	31	42	48	54	68
36	59	51	45	51	56	40	56	54	35
46	56	57	49	32	45	42	55	56	40
42	60	54	49	33	40	63	53	54	25
23	55	59	53	44	48	48	49	51	37
41	63	49	46	34	46	52	53	41	40

采用 SPSS 统计软件中的因子分析功能对这组数据进行因子分析，得到以下输出结果：

表1   Total Variance Explained

Component	Initial Eigenvalues			Extraction Sums of Squared Loadings			Rotation Sums of Squared Loadings		
	Total	% of Variance	Cumulative %	Total	% of Variance	Cumulative %	Total	% of Variance	Cumulative %
1	2.612	52.239	52.239	2.612	52.239	52.239	1.893	37.851	37.851
2	1.072	21.441	73.680	1.072	21.441	73.680	1.791	35.830	73.680
3	0.569	11.389	85.069						
4	0.436	8.719	93.788						
5	0.311	6.212	100.000						

表 2   Rotated Component Matrix（a）

	Component	
	1	2
线性代数	0.055	0.856
概率统计	0.188	0.780
法律	0.634	0.564
思想品德	0.767	0.360
C 语言程序设计	0.929	− 0.063

（1）解释表 1 中各列的含义，并根据表中的数据信息说明最终提取几个主因子，能反映原有信息的百分比是多少？

（2）根据表 2 中的数据信息，对所提取的主因子进行合理的命名，并说明命名的依据。

5. 上机实验题——在某中学随机抽取 30 名某年级学生，测量其四项指标，即身高（cm）、体重（kg）、胸围（cm）和坐高（cm），数据资料见下表。

序号	身高	体重	胸围	坐高	序号	身高	体重	胸围	坐高
1	139	32	68	73	16	148	38	70	78
2	144	36	68	76	17	141	30	67	76
3	157	48	80	88	18	151	36	74	80
4	157	39	68	80	19	147	30	65	75
5	151	42	73	82	20	147	38	73	78
6	160	47	74	87	21	156	44	78	85
7	149	47	82	79	22	145	35	70	77
8	137	31	66	73	23	152	35	73	79
9	158	49	78	83	24	140	33	67	77
10	140	29	64	74	25	161	47	78	84
11	151	42	77	80	26	139	31	68	74
12	153	43	76	83	27	150	43	77	79
13	159	45	80	86	28	142	31	66	76
14	160	49	77	86	29	149	36	67	79
15	148	41	72	78	30	139	34	71	76

（1）试用因子分析方法确定 4 项指标的主因子；

（2）若要求损失信息不超过 15%，应取几个主因子？

（3）对（2）中所提取的主因子进行解释。

6. 上机实验题——采用因子分析方法对我国 31 个省市自治区经济发展基本情况进行综合评估。共选取八项指标，即国内生产总值 X_1（亿元）、居民消费水平 X_2（元）、固定资产投资 X_3（亿元）、货物周转量 X_4（亿 t/km）、居民消费价格指数 X_5（上年 100）、商品零售价格指

数 X_6（上年100）、工业总产值 X_7（亿元）。原始数据资料见下表。

我国31个省市自治区经济发展基本情况

序号	省份	X_1	X_2	X_3	X_4	X_5	X_6	X_7
1	北京	6886.3	14835	2827.2	582.1	101.5	99.7	5974.0
2	天津	3697.6	9484	1495.1	12593.0	101.5	99.9	6119.1
3	河北	10096.1	4311	4139.7	5068.1	101.8	101.1	10194.4
4	山西	4179.5	4172	1826.6	1690.9	102.3	100.3	4173.9
5	内蒙古	3895.6	4620	2643.6	1437.1	102.4	101.5	2327.5
6	辽宁	8009.0	6449	4200.4	3350.5	101.4	100.1	9140.6
7	吉林	3620.3	5135	1741.1	605.9	101.5	101.1	3551.7
8	黑龙江	5511.5	4822	1737.3	1167.4	101.2	100.4	3955.7
9	上海	9154.2	18396	3509.7	12128.1	101.0	99.4	14594.2
10	江苏	18305.7	7163	8165.4	2993.2	102.1	100.3	29476.7
11	浙江	13437.9	9701	6520.1	3417.0	101.3	100.9	21227.2
12	安徽	5375.2	3888	2525.1	1566.1	101.4	100.6	4236.4
13	福建	6568.9	6793	2316.7	1573.1	102.2	100.6	7516.1
14	江西	4056.8	3821	2176.6	885.2	101.7	100.9	2736.7
15	山东	18516.9	5899	9307.3	551.0	101.7	100.6	24678.5
16	河南	10587.4	4092	4311.6	2352.5	102.1	101.7	9236.8
17	湖北	6520.1	4883	2676.6	1415.7	102.9	102.1	5329.2
18	湖南	6511.3	4894	2629.1	1628.6	102.3	102.3	4341.9
19	广东	22366.5	9821	6977.9	3860.3	102.3	101.8	31519.6
20	广西	4075.8	3928	1661.2	1098.3	102.4	101.1	2242.3
21	海南	894.6	4145	367.2	448.8	101.5	100.9	429.4
22	重庆	3070.5	4782	1933.2	625.5	100.8	98.7	2598.8
23	四川	7385.1	4130	3585.2	916.6	101.7	100.6	5303.6
24	贵州	1979.1	3140	998.2	646.5	101.0	101.3	1546.2
25	云南	3472.9	3749	1777.6	680.6	101.4	100.1	244.1
26	西藏	251.2	3019	181.4	40.7	101.5	100.8	24.9
27	陕西	3675.7	3594	1882.2	1028.8	101.2	100.1	3150.8
28	甘肃	1934.0	3453	870.4	983.2	101.7	99.9	1695.8
29	青海	543.3	3888	329.8	147.1	100.8	100.7	388.1
30	宁夏	606.1	4413	443.3	255.2	101.5	100.4	605.2
31	新疆	2604.2	3847	1339.1	806.6	100.7	99.4	1656.0

常用统计工具表

附表 1　t 值表

自由度		概率 P									
	单侧	0.25	0.20	0.10	0.05	0.025	0.01	0.005	0.0025	0.001	0.0005
	双侧	0.50	0.40	0.20	0.10	0.05	0.02	0.01	0.005	0.002	0.001
1		1.000	1.376	3.078	6.314	12.706	31.821	63.657	127.321	318.309	636.619
2		0.861	1.061	1.886	2.920	4.303	6.965	9.925	14.089	22.309	31.599
3		0.765	0.978	1.638	2.353	3.182	4.541	5.841	7.453	10.215	12.924
4		0.741	0.941	1.533	2.132	2.776	3.747	4.504	5.598	7.173	8.610
5		0.727	0.920	1.476	2.015	2.571	3.365	4.032	4.773	5.893	6.869
6		0.718	0.906	1.440	1.943	2.447	3.143	3.707	4.317	5.208	5.959
7		0.711	0.896	1.415	1.895	2.365	2.998	3.499	4.029	4.785	5.408
8		0.706	0.889	1.397	1.860	2.306	2.896	3.355	3.833	4.501	5.041
9		0.703	0.883	1.383	1.833	2.262	2.821	3.250	3.690	4.297	4.781
10		0.700	0.879	1.372	1.812	2.228	2.764	3.169	3.581	4.144	4.587
11		0.697	0.876	1.363	1.796	2.201	2.718	3.106	3.497	4.025	4.437
12		0.695	0.873	1.356	1.782	2.179	2.681	3.056	3.428	3.930	4.318
13		0.694	0.870	1.350	1.771	2.160	2.650	3.012	3.372	3.852	4.221
14		0.692	0.868	1.345	1.761	2.145	2.624	2.977	3.326	3.787	4.140
15		0.691	0.866	1.341	1.753	2.131	2.602	2.947	3.286	3.733	4.073
16		0.690	0.865	1.337	1.746	2.120	2.583	2.921	3.252	3.686	4.015
17		0.689	0.863	1.333	1.740	2.110	2.567	2.898	3.222	3.646	3.965
18		0.688	0.862	1.330	1.734	2.101	2.552	2.878	3.197	3.610	3.922
19		0.688	0.861	1.328	1.729	2.093	2.539	2.861	3.174	3.579	3.883
20		0.687	0.860	1.325	1.725	2.086	2.528	2.845	3.153	3.552	3.850

续表

自由度	概率 P									
	单侧	0.25	0.20	0.10	0.05	0.025	0.01	0.005	0.0025	0.001	0.0005
	双侧	0.50	0.40	0.20	0.10	0.05	0.02	0.01	0.005	0.002	0.001
21		0.686	0.859	1.323	1.721	2.080	2.518	2.831	3.135	3.527	3.819
22		0.686	0.858	1.321	1.717	2.074	2.508	2.819	3.119	3.505	3.792
23		0.685	0.858	1.319	1.714	2.069	2.500	2.807	3.104	3.485	3.768
24		0.685	0.857	1.318	1.711	2.064	2.492	2.797	3.091	3.467	3.745
25		0.684	0.856	1.316	1.708	2.060	2.485	2.787	3.078	3.450	3.725
26		0.684	0.856	1.315	1.706	2.056	2.479	2.779	3.067	3.435	3.707
27		0.684	0.855	1.314	1.703	2.052	2.473	2.771	3.057	3.421	3.690
28		0.683	0.855	1.313	1.701	2.048	2.467	2.763	3.047	3.408	3.674
29		0.683	0.854	1.311	1.699	2.045	2.462	2.756	3.038	3.396	3.659
30		0.683	0.854	1.310	1.697	2.042	2.457	2.750	3.030	3.385	3.646
31		0.682	0.853	1.309	1.696	2.040	2.453	2.744	3.022	3.375	3.633
32		0.682	0.853	1.309	1.694	2.037	2.449	2.738	3.015	3.365	3.622
33		0.682	0.853	1.308	1.692	2.035	2.445	2.733	3.008	3.356	3.611
34		0.682	0.852	1.307	1.691	2.032	2.441	2.728	3.002	3.348	3.601
35		0.682	0.852	1.306	1.690	2.030	2.438	2.724	2.996	3.340	3.591
36		0.681	0.852	1.306	1.688	2.028	2.434	2.719	2.990	3.333	3.582
37		0.681	0.851	1.305	1.687	2.026	2.431	2.715	2.985	3.326	3.574
38		0.681	0.851	1.304	1.686	2.024	2.429	2.712	2.980	3.319	3.566
39		0.681	0.851	1.304	1.685	2.023	2.426	2.708	2.976	3.313	3.558
40		0.681	0.851	1.303	1.684	2.021	2.423	2.704	2.971	3.307	3.551
50		0.679	0.849	1.299	1.676	2.009	2.403	2.678	2.937	3.261	3.496
60		0.679	0.848	1.296	1.671	2.000	2.390	2.660	2.915	3.232	3.460
70		0.678	0.847	1.294	1.667	1.994	2.381	2.648	2.899	3.211	3.435
80		0.678	0.846	1.292	1.664	1.990	2.374	2.639	2.887	3.195	3.416
90		0.677	0.846	1.291	1.662	1.987	2.368	2.632	2.878	3.183	3.402
100		0.677	0.845	1.290	1.660	1.984	2.364	2.626	2.871	3.174	3.390
200		0.676	0.843	1.286	1.653	1.972	2.345	2.601	2.839	3.131	3.340
500		0.675	0.842	1.283	1.648	1.965	2.334	2.586	2.820	3.107	3.310
1000		0.675	0.842	1.282	1.646	1.962	2.330	2.581	2.813	3.098	3.300
∞		0.6745	0.8416	1.2816	1.6449	1.960	2.3263	2.5758	2.807	3.0902	3.2905

附表 2　*F* 分布表

方差分析用（单尾）：上行概率 0.05，下行概率 0.01

分母的自由度 ν_2	分子的自由度 ν_1											
	1	2	3	4	5	6	7	8	9	10	11	12
1	161	200	216	225	230	234	237	239	241	242	243	244
	4025	4999	5403	5625	5764	5859	5928	5981	6022	6056	6082	6106
2	18.51	19.00	19.16	19.25	19.30	19.33	19.36	19.37	19.38	19.39	19.40	19.41
	98.49	99.00	99.17	99.25	99.30	99.33	99.34	99.36	99.38	99.40	99.41	99.42
3	10.13	9.55	9.28	9.12	9.01	8.94	8.88	8.84	8.81	8.78	8.76	8.74
	34.12	30.82	29.46	28.71	28.24	27.91	27.67	27.49	27.34	27.23	27.13	27.05
4	7.71	6.94	6.59	6.39	6.26	6.16	6.09	6.04	6.00	5.96	5.93	5.91
	21.20	18.00	16.69	15.98	15.52	15.21	14.98	14.80	14.66	14.54	14.45	14.37
5	6.61	5.79	5.41	5.19	5.05	4.95	4.88	4.82	4.78	4.74	4.70	4.68
	16.26	13.27	12.06	11.39	10.97	10.67	10.45	10.27	10.15	10.05	9.96	9.89
6	5.99	5.11	4.76	4.53	4.39	4.28	4.21	4.15	4.10	4.06	4.03	4.00
	13.74	10.92	9.78	9.15	8.75	8.47	8.26	8.10	7.98	7.87	7.79	7.72
7	5.59	4.74	4.35	4.12	3.97	3.87	3.79	3.73	3.68	3.63	3.60	3.57
	12.25	9.55	8.45	7.85	7.46	7.19	7.00	6.84	6.71	6.62	6.54	6.47
8	5.32	4.46	4.07	3.84	3.69	3.58	3.50	3.44	3.39	3.34	3.31	3.28
	11.26	8.65	7.59	7.01	6.63	6.37	6.19	6.03	5.91	5.82	5.74	5.67
9	5.12	4.26	3.86	3.63	3.48	3.37	3.29	3.23	3.18	3.13	3.10	3.07
	10.56	8.02	6.99	6.42	6.06	5.80	5.62	5.47	5.35	5.26	5.18	5.11
10	4.96	4.10	3.71	3.48	3.33	3.22	3.14	3.07	3.02	2.97	2.94	2.91
	10.04	7.56	6.55	5.99	5.64	5.39	5.21	5.06	4.95	4.85	4.78	4.71
11	4.84	3.98	3.59	3.36	3.20	3.09	3.01	2.95	2.90	2.86	2.82	2.76
	9.65	7.20	6.22	5.67	5.32	5.07	4.88	4.74	4.63	4.54	4.46	4.40
12	4.75	3.88	3.49	3.26	3.11	3.00	2.92	2.85	2.80	2.76	2.72	2.69
	9.33	6.93	5.95	5.41	5.06	4.82	4.65	4.50	4.39	4.30	4.22	4.16
13	4.67	3.80	3.41	3.18	3.02	2.92	2.84	2.77	2.72	2.67	2.63	2.60
	9.07	6.70	5.74	5.20	4.86	4.62	4.44	4.30	4.19	4.10	4.02	3.96
14	4.60	3.74	3.34	3.11	2.96	2.85	2.77	2.70	2.65	2.60	2.56	2.53
	8.86	6.51	5.56	5.03	4.69	4.46	4.28	4.11	4.03	3.94	3.86	3.80
15	4.54	3.68	3.29	3.06	2.90	2.79	2.70	2.64	2.59	2.55	2.51	2.48
	8.68	6.36	5.42	4.89	4.56	4.32	4.14	4.00	3.89	3.80	3.73	3.67

续表

分母的自由度 ν_2	分子的自由度 ν_1											
	14	16	20	24	30	40	50	75	100	200	500	∞
1	245	246	248	249	250	251	252	253	253	254	254	254
	6142	6169	6208	6234	6258	6286	6302	6323	6334	6352	6361	6366
2	19.2	19.43	19.44	19.45	19.46	19.47	19.47	19.48	19.49	19.49	19.50	19.50
	99.43	99.44	99.45	99.46	99.47	99.48	99.48	99.49	99.49	99.49	99.50	99.50
3	8.71	8.69	8.66	8.64	8.62	8.60	8.58	8.57	8.56	8.54	8.54	8.53
	26.92	26.83	26.69	26.60	26.50	26.41	26.35	26.27	26.23	26.18	26.14	26.12
4	5.87	5.84	5.80	5.77	5.74	5.71	5.70	5.68	5.66	5.65	5.64	5.63
	14.24	14.15	14.02	13.93	13.83	13.74	13.69	13.61	13.57	13.52	13.48	13.46
5	4.64	4.60	4.56	4.53	4.50	4.46	4.44	4.42	4.40	4.38	4.37	4.36
	9.77	9.68	9.55	9.47	9.38	9.29	9.24	9.17	9.13	9.07	9.04	9.02
6	3.96	3.92	3.87	3.84	3.81	3.77	3.75	3.72	3.71	3.69	3.68	3.67
	7.60	7.52	7.39	7.31	7.23	7.14	7.09	7.02	6.99	6.94	6.90	6.88
7	3.52	3.49	3.44	3.41	3.38	3.34	3.32	3.29	3.28	3.25	3.24	3.23
	6.35	6.27	6.15	6.07	5.98	5.90	5.85	5.78	5.75	5.70	5.67	5.65
8	3.23	3.20	3.15	3.12	3.08	3.05	3.03	3.00	2.98	2.96	2.94	2.93
	5.56	5.48	5.36	5.28	5.20	5.11	5.06	5.00	4.96	4.91	4.88	4.86
9	3.02	2.98	2.93	2.90	2.86	2.82	2.80	2.77	2.76	2.73	2.72	2.71
	5.00	4.92	4.80	4.73	4.64	4.56	4.51	4.45	4.41	4.36	4.33	4.31
10	2.86	2.82	2.77	2.74	2.70	2.67	2.64	2.61	2.59	2.56	2.55	2.54
	4.60	4.52	4.41	4.33	4.25	4.17	4.12	4.05	4.01	3.96	3.93	3.91
11	2.74	2.70	2.65	2.61	2.57	2.53	2.50	2.47	2.45	2.42	2.41	2.40
	4.29	4.21	4.10	4.02	3.94	3.86	3.80	3.74	3.70	3.66	3.62	3.60
12	2.64	2.60	2.54	2.50	2.46	2.42	2.40	2.36	2.35	2.32	2.31	2.30
	4.05	3.98	3.86	3.78	3.70	3.61	3.56	3.49	3.46	3.41	3.38	3.36
13	2.55	2.51	2.46	2.42	2.38	2.34	2.32	2.28	2.26	2.24	2.22	2.21
	3.85	3.78	3.67	3.59	3.51	3.42	3.37	3.30	3.27	3.21	3.18	3.16
14	2.48	2.44	2.39	2.35	2.31	2.27	2.24	2.21	2.19	2.16	2.14	2.13
	3.70	3.62	3.51	3.43	3.34	3.26	3.21	3.14	3.11	3.06	3.02	3.00
15	2.43	2.39	2.33	2.29	2.25	2.21	2.18	2.15	2.12	2.10	2.08	2.07
	3.56	3.48	3.36	3.29	3.20	3.12	3.07	3.00	2.97	2.92	2.89	2.87

续表

分母的自由度 ν_2	分子的自由度 ν_1											
	1	2	3	4	5	6	7	8	9	10	11	12
16	4.49	3.63	3.24	3.01	2.85	2.74	2.66	2.59	2.54	2.49	2.45	2.42
	8.53	6.23	5.29	4.77	4.44	4.20	4.03	3.89	3.78	3.69	3.61	3.55
17	4.45	3.59	3.20	2.96	2.81	2.70	2.62	2.55	2.50	2.45	2.41	2.38
	8.40	6.11	5.18	4.67	4.34	4.10	3.93	3.79	3.68	3.59	3.52	3.45
18	4.41	3.55	3.16	2.93	2.77	2.66	2.58	2.51	2.46	2.41	2.37	2.34
	8.28	6.01	5.09	4.58	4.25	4.01	3.85	3.71	3.60	3.51	3.44	3.37
19	4.38	3.52	3.13	2.90	2.74	2.63	2.55	2.48	2.43	2.38	2.34	2.31
	8.18	5.93	5.01	4.50	4.17	3.94	3.77	3.63	3.52	3.43	3.36	3.30
20	4.35	3.49	3.10	2.87	2.71	2.60	2.52	2.45	2.40	2.35	2.31	2.28
	8.10	5.85	4.94	4.43	4.10	3.87	3.71	3.56	3.45	3.37	3.30	3.23
21	4.32	3.47	3.07	2.84	2.68	2.57	2.49	2.42	2.37	2.32	2.28	2.25
	8.02	5.78	4.87	4.37	4.04	3.81	3.65	3.51	3.40	3.31	3.24	3.17
22	4.30	3.44	3.05	2.82	2.66	2.55	2.47	2.40	2.35	2.30	2.26	2.23
	7.94	5.72	4.82	4.31	3.99	3.76	3.59	3.45	3.35	3.28	3.18	3.12
23	4.28	3.42	3.03	2.80	2.64	2.53	2.43	2.38	2.32	2.28	2.24	2.20
	7.88	5.66	4.76	4.26	3.94	3.71	3.54	3.41	3.30	3.21	3.14	3.07
24	4.26	3.40	3.01	2.78	2.62	2.51	2.43	2.36	2.30	2.26	2.22	2.18
	7.82	5.61	4.72	4.22	3.90	3.67	3.50	3.36	3.25	3.17	3.09	3.03
25	4.24	3.38	2.99	2.76	2.60	2.49	2.41	2.34	2.28	2.24	2.20	2.16
	7.77	5.57	4.68	4.18	3.86	3.63	3.46	3.32	3.21	3.13	3.05	2.99
26	4.22	3.37	2.98	2.74	2.59	2.47	2.39	2.32	2.27	2.22	2.18	2.15
	7.72	5.53	4.64	4.14	3.82	3.59	3.42	3.29	3.17	3.09	3.02	2.96
27	4.21	3.35	2.96	2.73	2.57	2.46	2.37	2.30	2.25	2.20	2.16	2.13
	7.68	5.49	4.60	4.11	3.79	3.56	3.39	3.26	3.14	3.06	2.98	2.93
28	4.20	3.34	2.95	2.71	2.56	2.44	2.36	2.29	2.24	2.19	2.15	2.12
	7.64	5.45	4.57	4.07	3.76	3.53	3.36	3.23	3.11	3.03	2.95	2.90
29	4.18	3.33	2.93	2.70	2.54	2.43	2.35	2.28	2.22	2.18	2.14	2.10
	7.60	5.42	4.54	4.04	3.73	3.50	3.33	3.20	3.08	3.00	2.92	2.87
30	4.17	3.32	2.92	2.69	2.53	2.42	2.34	2.27	2.21	2.16	2.12	2.09
	7.56	5.39	4.51	4.02	3.70	3.47	3.30	3.17	3.06	2.98	2.90	2.84

续表

分母的自由度ν₂	分子的自由度ν₁											
	14	16	20	24	30	40	50	75	100	200	500	∞
16	2.37	2.33	2.28	2.24	2.20	2.16	2.13	2.09	2.07	2.04	2.02	2.01
	3.45	3.37	3.25	3.18	3.10	3.01	2.96	2.89	2.86	2.80	2.77	2.75
17	2.33	2.29	2.23	2.19	2.15	2.11	2.08	2.04	2.02	1.99	1.97	1.96
	3.35	3.27	3.16	3.08	3.00	2.92	2.86	2.79	2.76	2.70	2.67	2.65
18	2.29	2.25	2.19	2.15	2.11	2.07	2.04	2.00	1.98	1.95	1.93	1.92
	3.27	3.19	3.07	3.00	2.91	2.83	2.78	2.71	2.68	2.62	2.59	2.57
19	2.26	2.21	2.15	2.11	2.07	2.02	2.00	1.96	1.94	1.91	1.90	1.88
	3.19	3.12	3.00	2.92	2.84	2.76	2.70	2.63	2.60	2.54	2.51	2.49
20	2.23	2.18	2.12	2.08	2.04	1.99	1.96	1.92	1.90	1.87	1.85	1.84
	3.13	3.05	2.94	2.86	2.77	2.69	2.63	2.56	2.53	2.47	2.44	2.42
21	2.20	2.15	2.09	2.05	2.00	1.96	1.93	1.89	1.87	1.84	1.82	1.81
	3.07	2.99	2.88	2.80	2.72	2.63	2.58	2.51	2.47	2.42	2.38	2.36
22	2.18	2.13	2.07	2.03	1.98	1.93	1.91	1.87	1.84	1.81	1.80	1.78
	3.02	2.94	2.83	2.75	2.67	2.58	2.53	2.46	2.42	2.37	2.33	2.31
23	2.14	2.10	2.04	2.00	1.96	1.91	1.88	1.84	1.82	1.79	1.77	1.76
	2.97	2.89	2.78	2.70	2.62	2.53	2.48	2.41	2.37	2.32	2.28	2.26
24	2.13	2.09	2.02	1.98	1.94	1.89	1.86	1.82	1.80	1.76	1.74	1.73
	2.93	2.85	2.74	2.66	2.58	2.49	2.44	2.36	2.33	2.27	2.23	2.21
25	2.11	2.06	2.00	1.96	1.92	1.87	1.84	1.80	1.77	1.74	1.72	1.71
	2.89	2.81	2.70	2.62	2.54	2.45	2.40	2.32	2.29	2.23	2.19	2.17
26	2.10	2.05	1.99	1.95	1.90	1.85	1.82	1.78	1.76	1.72	1.70	1.69
	2.86	2.77	2.66	2.58	2.50	2.41	2.36	2.28	2.25	2.19	2.15	2.13
27	2.08	2.03	1.97	1.93	1.88	1.84	1.80	1.76	1.74	1.71	1.68	1.67
	2.83	2.74	2.63	2.55	2.47	2.38	2.33	2.25	2.21	2.16	2.12	2.10
28	2.06	2.02	1.96	1.91	1.87	1.81	1.78	1.75	1.72	1.69	1.67	1.65
	2.80	2.71	2.60	2.52	2.44	2.35	2.30	2.22	2.18	2.13	2.09	2.06
29	2.05	2.00	1.94	1.90	1.85	1.80	1.77	1.73	1.71	1.68	1.65	1.64
	2.77	2.68	2.57	2.49	2.41	2.32	2.27	2.19	2.15	2.10	2.06	2.03
30	2.04	1.90	1.93	1.89	1.84	1.79	1.76	1.72	1.69	1.66	1.64	1.62
	2.74	2.66	2.55	2.47	2.38	2.29	2.24	2.16	2.13	2.07	2.03	2.01

续表

分母的自由度ν_2	分子的自由度ν_1											
	1	2	3	4	5	6	7	8	9	10	11	12
32	4.15	3.30	2.90	2.67	2.51	2.40	2.32	2.25	2.19	2.14	2.10	2.07
	7.50	5.34	4.46	3.97	3.66	3.42	3.23	3.12	3.01	2.94	2.86	2.80
34	4.13	3.28	2.88	2.65	2.49	2.38	2.30	2.23	2.17	2.12	2.08	2.05
	7.44	5.29	4.12	3.93	3.61	3.38	3.21	3.08	2.97	2.89	2.82	2.76
36	4.11	3.26	2.86	2.63	2.48	2.36	2.28	2.21	2.15	2.10	2.06	2.03
	7.39	5.25	4.38	3.89	3.58	3.35	3.18	3.04	2.94	2.86	2.78	2.72
38	4.10	3.25	2.85	2.62	2.46	2.35	2.26	2.19	2.14	2.09	2.05	2.02
	7.35	5.21	4.34	3.86	3.54	3.32	3.15	3.02	2.91	2.82	2.75	2.69
40	4.08	3.23	2.84	2.61	2.45	2.34	2.25	2.18	2.12	2.07	2.04	2.00
	7.31	5.18	4.31	3.83	3.51	3.29	3.12	2.99	2.88	2.80	2.73	2.66
42	4.07	3.22	2.83	2.59	2.44	2.32	2.24	2.17	2.11	2.06	2.02	1.99
	7.27	5.15	4.29	3.80	3.49	3.26	3.10	2.96	2.86	2.77	2.70	2.64
44	4.06	3.21	2.82	2.58	2.43	2.31	2.23	2.16	2.10	2.05	2.01	1.98
	7.24	5.12	4.26	3.78	3.46	3.24	3.07	2.94	2.84	2.75	2.68	2.62
46	4.05	3.20	2.81	2.57	2.42	2.30	2.22	2.14	2.09	2.04	2.00	1.97
	7.21	5.10	4.24	3.76	3.44	3.22	3.05	2.92	2.82	2.73	2.66	2.60
48	4.04	3.19	2.80	2.56	2.41	2.30	2.21	2.14	2.08	2.03	1.99	1.96
	7.19	5.08	4.22	3.74	3.42	3.20	3.04	2.90	2.80	2.71	2.64	2.58
50	4.03	3.18	2.79	2.56	2.40	2.29	2.20	2.13	2.07	2.02	1.98	1.95
	7.17	5.06	4.20	3.72	3.41	3.20	3.02	2.88	2.78	2.70	2.62	2.56
60	4.00	3.15	2.76	2.52	2.37	2.25	2.17	2.10	2.04	1.99	1.95	1.92
	7.08	4.98	4.13	3.65	3.34	3.12	2.93	2.82	2.72	2.63	2.56	2.50
70	3.98	3.13	2.74	2.50	2.35	2.23	2.14	2.07	2.01	1.97	1.93	1.89
	7.01	4.92	4.08	3.60	3.29	3.07	2.91	2.77	2.67	2.59	2.51	2.45
80	3.96	3.11	2.72	2.48	2.33	2.21	2.12	2.05	1.99	1.95	1.91	1.88
	6.96	4.88	4.04	3.56	3.25	3.04	2.87	2.74	2.64	2.55	2.48	2.41
100	3.94	3.09	2.70	2.46	2.30	2.19	2.10	2.03	1.97	1.92	1.88	1.85
	6.90	4.82	3.98	3.51	3.20	2.99	2.82	2.69	2.59	2.51	2.43	2.36
125	3.92	3.07	2.68	2.44	2.29	2.17	2.08	2.01	1.95	1.90	1.86	1.83
	6.84	4.78	3.94	3.47	3.17	2.95	2.79	2.65	2.56	2.47	2.40	2.33

续表

分母的自由度 ν_2	分子的自由度 ν_1											
	14	16	20	24	30	40	50	75	100	200	500	∞
32	2.02	1.97	1.91	1.86	1.82	1.76	1.74	1.69	1.67	1.64	1.61	1.59
	2.70	2.62	2.51	2.42	2.34	2.25	2.20	2.12	2.08	2.02	1.98	1.96
34	2.00	1.95	1.89	1.84	1.80	1.74	1.71	1.67	1.64	1.61	1.59	1.57
	2.66	2.58	2.47	2.38	2.30	2.21	2.15	2.08	2.04	1.98	1.94	1.91
36	1.98	1.93	1.87	1.82	1.78	1.72	1.69	1.65	1.62	1.59	1.56	1.55
	2.62	2.54	2.13	2.35	2.26	2.17	2.12	2.04	2.00	1.94	1.90	1.87
38	1.96	1.92	1.85	1.80	1.76	1.71	1.67	1.63	1.60	1.57	1.54	1.53
	2.59	2.51	2.40	2.32	2.22	2.14	2.08	2.00	1.97	1.90	1.86	1.84
40	1.95	1.90	1.84	1.79	1.74	1.69	1.66	1.61	1.59	1.55	1.53	1.51
	2.56	2.49	2.37	2.29	2.20	2.11	2.05	1.97	1.94	1.88	1.84	1.81
42	1.94	1.89	1.82	1.78	1.73	1.68	1.64	1.60	1.57	1.54	1.51	1.49
	2.54	2.46	2.35	2.26	2.17	2.08	2.02	1.94	1.91	1.85	1.80	1.78
44	1.92	1.88	1.81	1.76	1.72	1.66	1.63	1.58	1.56	1.52	1.50	1.48
	2.52	2.44	2.32	2.24	2.15	2.06	2.00	1.92	1.88	1.82	1.78	1.75
46	1.91	1.87	1.80	1.75	1.71	1.65	1.62	1.57	1.54	1.51	1.48	1.46
	2.50	2.42	2.30	2.22	2.12	2.04	1.98	1.90	1.86	1.80	1.76	1.72
48	1.90	1.86	1.79	1.74	1.70	1.64	1.61	1.56	1.53	1.50	1.47	1.45
	2.48	2.40	2.28	2.20	2.11	2.02	1.96	1.88	1.84	1.78	1.73	1.70
50	1.90	1.85	1.78	1.74	1.69	1.63	1.60	1.55	1.52	1.48	1.46	1.44
	2.46	2.39	2.26	2.18	2.10	2.00	1.94	1.86	1.82	1.76	1.71	1.68
60	1.86	1.81	1.75	1.70	1.65	1.59	1.56	1.50	1.48	1.44	1.41	1.39
	2.40	2.32	2.20	2.12	2.03	1.93	1.87	1.79	1.74	1.68	1.63	1.60
70	1.84	1.79	1.72	1.67	1.62	1.56	1.53	1.47	1.45	1.40	1.37	1.35
	2.35	2.28	2.15	2.07	1.98	1.88	1.82	1.74	1.69	1.62	1.56	1.53
80	1.82	1.77	1.70	1.65	1.60	1.54	1.51	1.45	1.42	1.38	1.35	1.32
	2.32	2.24	2.11	2.03	1.94	1.84	1.78	1.70	1.65	1.57	1.52	1.49
100	1.79	1.75	1.68	1.63	1.57	1.51	1.48	1.42	1.39	1.34	1.30	1.28
	2.26	2.19	2.06	1.98	1.89	1.79	1.73	1.64	1.59	1.51	1.46	1.43
125	1.77	1.72	1.65	1.60	1.55	1.49	1.45	1.39	1.36	1.31	1.27	1.25
	2.23	2.15	2.03	1.94	1.85	1.75	1.68	1.59	1.54	1.46	1.40	1.37

附表3 Duncan's 新复极差测验5%和1%SSR 值表

自由度 ν	显著水平 α	测验极差的平均数的个数 p													
		2	3	4	5	6	7	8	9	10	12	14	16	18	20
1	0.05	18.0	18.0	18.0	18.0	18.0	18.0	18.0	18.0	18.0	18.0	18.0	18.0	18.0	18.0
	0.01	90.0	90.0	90.0	90.0	90.0	90.0	90.0	90.0	90.0	90.0	90.0	90.0	90.0	90.0
2	0.05	6.09	6.09	6.09	6.09	6.09	6.09	6.09	6.09	6.09	6.09	6.09	6.09	6.09	6.09
	0.01	14.0	14.0	14.0	14.0	14.0	14.0	14.0	14.0	14.0	14.0	14.0	14.0	14.0	14.0
3	0.05	4.50	4.50	4.50	4.50	4.50	4.50	4.50	4.50	4.50	4.50	4.50	4.50	4.50	4.50
	0.01	8.26	8.5	8.6	8.7	8.8	8.9	8.9	9.0	9.0	9.0	9.1	9.2	9.3	9.3
4	0.05	3.93	4.01	4.02	4.02	4.02	4.02	4.02	4.02	4.02	4.02	4.02	4.02	4.02	4.02
	0.01	6.51	6.8	6.9	7.0	7.1	7.1	7.2	7.2	7.3	7.3	7.4	7.4	7.5	7.5
5	0.05	3.64	3.74	3.79	3.83	3.83	3.83	3.83	3.83	3.83	3.83	3.83	3.83	3.83	3.83
	0.01	5.70	5.96	6.11	6.18	6.26	6.33	6.40	6.44	6.5	6.6	6.6	6.7	6.7	6.8
6	0.05	3.46	3.58	3.64	3.68	3.68	3.68	3.68	3.68	3.68	3.68	3.68	3.68	3.68	3.68
	0.01	5.24	5.51	5.65	5.73	5.81	5.88	5.95	6.0	6.0	6.1	6.2	6.2	6.3	6.3
7	0.05	3.35	3.47	3.54	3.58	3.60	3.61	3.61	3.61	3.61	3.61	3.61	3.61	3.61	3.61
	0.01	4.95	5.22	5.37	5.45	5.53	5.61	5.69	5.73	5.8	5.8	5.9	5.9	6.0	6.0
8	0.05	3.26	3.39	3.47	3.52	3.55	3.56	3.56	3.56	3.56	3.56	3.56	3.56	3.56	3.56
	0.01	4.74	5.00	5.14	5.23	5.32	5.40	5.47	5.51	5.5	5.6	5.7	5.7	5.8	5.8
9	0.05	3.20	3.34	3.41	3.47	3.50	3.52	3.52	3.52	3.52	3.52	3.52	3.52	3.52	3.52
	0.01	4.60	4.86	4.99	5.08	5.17	5.25	5.32	5.36	5.4	5.5	5.5	5.6	5.7	5.7
10	0.05	3.15	3.30	3.37	3.43	3.46	3.47	3.47	3.47	3.47	3.47	3.47	3.47	3.47	3.48
	0.01	4.48	4.73	4.88	4.96	5.06	5.13	5.20	5.24	5.28	5.36	5.42	5.48	5.54	5.55
11	0.05	3.11	3.27	3.35	3.39	3.43	3.44	3.45	3.46	3.46	3.46	3.46	3.46	3.47	3.48
	0.01	4.39	4.63	4.77	4.86	4.94	5.01	5.06	5.12	5.15	5.24	5.28	5.34	5.38	5.39
12	0.05	3.08	3.23	3.33	3.36	3.40	3.42	3.44	3.44	3.46	3.46	3.46	3.46	3.47	3.48
	0.01	4.32	4.55	4.68	4.76	4.84	4.92	4.96	5.02	5.07	5.14	5.17	5.22	5.24	5.26
13	0.05	3.06	3.21	3.30	3.35	3.38	3.41	3.42	3.44	3.45	3.45	3.46	3.46	3.47	3.47
	0.01	4.26	4.48	4.62	4.69	4.74	4.84	4.88	4.94	4.98	5.04	5.08	5.13	5.14	5.15
14	0.05	3.03	3.18	3.27	3.33	3.37	3.39	3.41	3.42	3.44	3.45	3.46	3.46	3.47	3.47
	0.01	4.21	4.42	4.55	4.63	4.70	4.78	4.83	4.87	4.91	4.96	5.00	5.04	5.06	5.07

续表

自由度 ν	显著水平 α	测验极差的平均数的个数 p													
		2	3	4	5	6	7	8	9	10	12	14	16	18	20
15	0.05	3.01	3.16	3.25	3.31	3.36	3.38	3.40	3.42	3.43	3.44	3.45	3.46	3.47	3.47
	0.01	4.17	4.37	4.50	4.58	4.64	4.72	4.77	4.81	4.84	4.90	4.94	4.97	4.99	5.00
16	0.05	3.00	3.15	3.23	3.30	3.34	3.37	3.39	3.41	3.43	3.44	3.45	3.46	3.47	3.47
	0.01	4.13	4.34	4.45	4.54	4.60	4.67	4.72	4.76	4.79	4.84	4.88	4.91	4.93	4.94
17	0.05	2.98	3.13	3.22	3.28	3.33	3.36	3.38	3.40	3.42	3.44	3.45	3.46	3.47	3.47
	0.01	4.10	4.30	4.41	4.50	4.56	4.63	4.68	4.72	4.75	4.80	4.83	4.86	4.88	4.89
18	0.05	2.97	3.12	3.21	3.27	3.32	3.35	3.37	3.39	3.41	3.43	3.45	3.46	3.47	3.47
	0.01	4.07	4.27	4.38	4.46	4.53	4.59	4.64	4.68	4.71	4.76	4.79	4.82	4.84	4.85
19	0.05	2.96	3.11	3.19	3.26	3.31	3.33	3.37	3.39	3.41	3.43	3.44	3.46	3.47	3.47
	0.01	4.05	4.24	4.35	4.43	4.50	4.56	4.61	4.64	4.67	4.72	4.76	4.79	4.81	4.82
20	0.05	2.95	3.10	3.18	3.25	3.30	3.34	3.36	3.38	3.40	3.43	3.44	3.46	3.46	3.47
	0.01	4.02	4.22	4.33	4.40	4.47	4.53	4.58	4.61	4.65	4.69	4.73	4.76	4.78	4.79
22	0.05	2.93	3.08	3.17	3.24	3.29	3.32	3.35	3.37	3.39	3.42	3.44	3.45	3.46	3.47
	0.01	3.99	4.17	4.28	4.36	4.42	4.48	4.53	4.57	4.60	4.65	4.68	4.71	4.74	4.75
24	0.05	2.92	3.07	3.15	3.22	3.28	3.31	3.34	3.37	3.38	3.41	3.44	3.45	3.46	3.47
	0.01	3.96	4.14	4.24	4.33	4.39	4.44	4.49	4.53	4.57	4.62	4.64	4.67	4.70	4.72
26	0.05	2.91	3.06	3.14	3.21	3.27	3.30	3.34	3.36	3.38	3.41	3.43	3.45	3.46	3.47
	0.01	3.93	4.11	4.21	4.30	4.36	4.41	4.46	4.50	4.53	4.58	4.62	4.65	4.67	4.69
28	0.05	2.90	3.04	3.13	3.20	3.26	3.30	3.33	3.35	3.37	3.40	3.43	3.45	3.46	3.47
	0.01	3.91	4.08	4.18	4.28	4.34	4.39	4.43	4.47	4.51	4.56	4.60	4.62	4.65	4.67
30	0.05	2.89	3.04	3.12	3.20	3.25	3.29	3.32	3.35	3.37	3.40	3.43	3.44	3.46	3.47
	0.01	3.89	4.06	4.16	4.22	4.32	4.36	4.41	4.45	4.48	4.54	4.58	4.61	4.63	4.65
40	0.05	2.86	3.01	3.10	3.17	3.22	3.27	3.30	3.33	3.35	3.39	3.42	3.44	3.46	3.47
	0.01	3.82	3.99	4.10	4.17	4.24	4.30	4.34	4.37	4.41	4.46	4.51	4.54	4.57	4.59
60	0.05	2.83	2.89	3.08	3.14	3.20	3.24	3.28	3.31	3.33	3.37	3.40	3.43	3.45	3.47
	0.01	3.76	3.92	4.03	4.12	4.17	4.23	4.27	4.31	4.34	4.39	4.44	4.47	4.50	4.53
100	0.05	2.80	2.95	3.05	3.12	3.18	3.22	3.26	3.29	3.32	3.36	3.40	3.42	3.45	3.47
	0.01	3.71	3.86	3.98	4.06	4.11	4.17	4.21	4.25	4.29	4.35	4.38	4.42	4.45	4.48
∞	0.05	2.77	2.92	3.02	3.09	3.15	3.19	3.23	3.26	3.29	3.34	3.38	3.41	3.44	3.47
	0.01	3.64	3.80	3.90	3.98	4.04	4.09	4.14	4.17	4.20	4.26	4.31	4.34	4.38	4.41

附表 4　常用正交表

（1）$L_4(2^3)$

列号 试验号	1	2	3
1	1	1	1
2	1	2	2
3	2	1	2
4	2	2	1
组	1	2	

注：任意两列间的交互作用出现于另一列。

（2）$L_8(2^7)$

列号 试验号	1	2	3	4	5	6	7
1	1	1	1	1	1	1	1
2	1	1	1	2	2	2	2
3	1	2	2	1	1	2	2
4	1	2	2	2	2	1	1
5	2	1	2	1	2	1	2
6	2	1	2	2	1	2	1
7	2	2	1	1	2	2	1
8	2	2	1	2	1	1	2
组	1	2		3			

$L_8(2^7)$ 两列间的交互作用表

列号 试验号	1	2	3	4	5	6	7
	(1)	3	2	5	4	7	6
		(2)	1	6	7	4	5
			(3)	7	6	5	4
				(4)	1	2	3
					(5)	3	2
						(6)	1

（3） $L_{16}(2^{15})$

列号 试验号	1	2	3	4	5	6	7	8	9	10	11	12	13	14	15
1	1	1	1	1	1	1	1	1	1	1	1	1	1	1	1
2	1	1	1	1	1	1	1	2	2	2	2	2	2	2	2
3	1	1	1	2	2	2	2	1	1	1	1	2	2	2	2
4	1	1	1	2	2	2	2	2	2	2	2	1	1	1	1
5	1	2	2	1	1	2	2	1	1	2	2	1	1	2	2
6	1	2	2	1	1	2	2	2	2	1	1	2	2	1	1
7	1	2	2	2	2	1	1	1	1	2	2	2	2	1	1
8	1	2	2	2	2	1	1	2	2	1	1	1	1	2	2
9	2	1	2	1	2	1	2	1	2	1	2	1	2	1	2
10	2	1	2	1	2	1	2	2	1	2	1	2	1	2	1
11	2	1	2	2	1	2	1	1	2	1	2	2	1	2	1
12	2	1	2	2	1	2	1	2	1	2	1	1	2	1	2
13	2	2	1	1	2	2	1	1	2	2	1	1	2	2	1
14	2	2	1	1	2	2	1	2	1	1	2	2	1	1	2
15	2	2	1	2	1	1	2	1	2	2	1	2	1	1	2
16	2	2	1	2	1	1	2	2	1	1	2	1	2	2	1
组	1	2		3				4							

$L_{16}(2^{15})$ 两列间的交互作用表

列号 试验号	1	2	3	4	5	6	7	8	9	10	11	12	13	14	15
	(1)	3	2	5	4	7	6	9	8	11	10	13	12	15	14
		(2)	1	6	7	4	5	10	11	8	9	14	15	12	13
			(3)	7	6	5	4	11	10	9	8	15	14	13	12
				(4)	1	2	3	12	13	14	15	8	9	10	11
					(5)	3	2	13	12	15	14	9	8	11	10
						(6)	1	14	15	12	13	10	11	8	9
							(7)	15	14	13	12	11	10	9	8
								(8)	1	2	3	4	5	6	7
									(9)	3	2	5	4	7	6
										(10)	1	6	7	4	5
											(11)	7	6	5	4
												(12)	1	2	3
													(13)	3	2
														(14)	1

（4）$L_9(3^4)$

列号 试验号	1	2	3	4
1	1	1	1	1
2	1	2	2	2
3	1	3	3	3
4	2	1	2	3
5	2	2	3	1
6	2	3	1	2
7	3	1	3	2
8	3	2	1	3
9	3	3	2	1
组	1	2		

注：任意两列间的交互作用出现于另外二列。

（5）$L_{27}(3^{13})$

列号 试验号	1	2	3	4	5	6	7	8	9	10	11	12	13
1	1	1	1	1	1	1	1	1	1	1	1	1	1
2	1	1	1	1	2	2	2	2	2	2	2	2	2
3	1	1	1	1	3	3	3	3	3	3	3	3	3
4	1	2	2	2	1	1	1	2	2	2	3	3	3
5	1	2	2	2	2	2	2	3	3	3	1	1	1
6	1	2	2	2	3	3	3	1	1	1	2	2	2
7	1	3	3	3	1	1	1	3	3	3	2	2	2
8	1	3	3	3	2	2	2	1	1	1	3	3	3
9	1	3	3	3	3	3	3	2	2	2	1	1	1
10	2	1	2	3	1	2	3	1	2	3	1	2	3
11	2	1	2	3	2	3	1	2	3	1	2	3	1
12	2	1	2	3	3	1	2	3	1	2	3	1	2
13	2	2	3	1	1	2	3	2	3	1	3	1	2
14	2	2	3	1	2	3	1	3	1	2	1	2	3
15	2	2	3	1	3	1	2	1	2	3	2	3	1
16	2	3	1	2	1	2	3	3	1	2	2	3	1
17	2	3	1	2	2	3	1	1	2	3	3	1	2
18	2	3	1	2	3	1	2	2	3	1	1	2	3
19	3	1	3	2	1	3	2	1	3	2	1	3	2
20	3	1	3	2	2	1	3	2	1	3	2	1	3
21	3	1	3	2	3	2	1	3	2	1	3	2	1

续表

试验号 \ 列号	1	2	3	4	5	6	7	8	9	10	11	12	13
22	3	2	1	3	1	3	2	2	1	3	3	2	1
23	3	2	1	3	2	1	3	3	2	1	1	3	2
24	3	2	1	3	3	2	1	1	3	2	2	1	3
25	3	3	2	1	1	3	2	3	2	1	2	1	3
26	3	3	2	1	2	1	3	1	3	2	3	2	1
27	3	3	2	1	3	2	1	2	1	3	1	3	2
组	1	2			3								

$L_{27}(3^{13})$　两列间的交互作用表

试验号 \ 列号	1	2	3	4	5	6	7	8	9	10	11	12	13
		(1) 3 4	2 4	2 3	6 7	5 7	5 6	9 10	8 10	8 9	12 13	11 12	11 12
			(2) 1 4	1 3	8 11	9 12	10 13	5 11	6 12	7 13	5 8	6 9	7 10
				(3) 1 2	9 13	10 11	8 12	7 12	5 13	6 11	6 10	7 8	5 9
					(4) 10 12	8 13	9 11	6 13	7 11	5 12	7 9	5 10	6 8
						(5) 1 7	1 6	2 11	3 13	4 12	2 8	4 10	3 9
							(6) 1 5	4 13	2 12	3 11	3 10	2 9	4 8
								(7) 3 12	4 11	2 13	4 9	3 8	2 10
									(8) 1 10	1 9	2 5	3 7	4 6
										(9) 1 8	4 7	2 6	3 5
											(10) 3 6	4 5	2 7
												(11) 1 13	1 12
													(12) 1 11

（6） $L_{16}(4^5)$

列号 试验号	1	2	3	4	5
1	1	1	1	1	1
2	1	2	2	2	2
3	1	3	3	3	3
4	1	4	4	4	4
5	2	1	2	3	4
6	2	2	1	4	3
7	2	3	4	1	2
8	2	4	3	2	1
9	3	1	3	4	2
10	3	2	4	3	1
11	3	3	1	2	4
12	3	4	2	1	3
13	4	1	4	2	3
14	4	2	3	1	4
15	4	3	2	4	1
16	4	4	1	3	2
组	1	2			

注：任意两列间的交互作用出现于其他三列。

（7） $L_{25}(5^6)$

列号 试验号	1	2	3	4	5	6
1	1	1	1	1	1	1
2	1	2	2	2	2	2
3	1	3	3	3	3	3
4	1	4	4	4	4	4
5	1	5	5	5	5	5
6	2	1	2	3	4	5
7	2	2	3	4	5	1
8	2	3	4	5	1	2
9	2	4	5	1	2	3
10	2	5	1	2	3	4
11	3	1	3	5	2	4
12	3	2	4	1	3	5
13	3	3	5	2	4	1
14	3	4	1	3	5	2
15	3	5	2	4	1	3
16	4	1	4	2	5	3

续表

列号 试验号	1	2	3	4	5	6
17	4	2	5	3	1	4
18	4	3	1	4	2	5
19	4	4	2	5	3	1
20	4	5	3	1	4	2
21	5	1	5	4	3	2
22	5	2	1	5	4	3
23	5	3	2	1	5	4
24	5	4	3	2	1	5
25	5	5	4	3	2	1
组	1	2				

注：任意两列间的交互作用出现于其他四列。

（8） $L_8(4 \times 2^4)$

列号 试验号	1	2	3	4	5
1	1	1	1	1	1
2	1	2	2	2	2
3	2	1	1	2	2
4	2	2	2	1	1
5	3	1	2	1	2
6	3	2	1	2	1
7	4	1	2	2	1
8	4	2	1	1	2

（9） $L_{12}(3 \times 2^4)$

列号 试验号	1	2	3	4	5
1	1	1	1	1	1
2	1	1	1	2	2
3	1	2	2	1	2
4	1	2	2	2	1
5	2	1	2	1	1
6	2	1	2	2	2
7	2	2	1	1	1
8	2	2	1	2	2
9	3	1	2	1	2
10	3	1	1	2	1
11	3	2	1	1	2
12	3	2	2	2	1

（10） $L_{12}(6 \times 2^2)$

列号 试验号	1	2	3
1	2	1	1
2	5	1	2
3	5	2	1
4	2	2	2
5	4	1	1
6	1	1	2
7	1	2	1
8	4	2	2
9	3	1	1
10	6	1	2
11	6	2	1
12	3	2	2

（11） $L_{16}(4 \times 2^{12})$

列号 试验号	1	2	3	4	5	6	7	8	9	10	11	12	13
1	1	1	1	1	1	1	1	1	1	1	1	1	1
2	1	1	1	1	1	2	2	2	2	2	2	2	2
3	1	2	2	2	2	1	1	1	1	2	2	2	2
4	1	2	2	2	2	2	2	2	1	1	1	1	1
5	2	1	1	2	2	1	1	2	2	1	1	2	2
6	2	1	1	2	2	2	1	1	2	2	1	1
7	2	2	2	1	1	1	1	2	2	2	2	1	1
8	2	2	2	1	1	2	2	1	1	1	1	2	2
9	3	1	2	1	2	1	2	1	2	1	2	1	2
10	3	1	2	1	2	2	1	2	1	2	1	2	1
11	3	2	1	2	1	1	2	1	2	2	1	2	1
12	3	2	1	2	1	2	1	2	1	1	2	1	2
13	4	1	2	2	1	1	2	2	1	1	2	2	1
14	4	1	2	2	1	2	1	1	2	2	1	1	2
15	4	2	1	1	2	1	2	2	1	2	1	1	2
16	4	2	1	1	2	2	1	1	2	1	2	2	1

附表5 均匀试验设计表

A. 等水平均匀设计表

A 1.1 $U_5(5^3)$

	1	2	3
1	1	2	4
2	2	4	3
3	3	1	2
4	4	3	1
5	5	5	5

$U_5(5^3)$ 的使用表

因素数	列号	D
2	1 2	0.3100
3	1 2 3	0.4570

A 1.2 $U_6^*(6^4)$

	1	2	3	4
1	1	2	3	6
2	2	4	6	5
3	3	6	2	4
4	4	1	5	3
5	5	3	1	2
6	6	5	4	1

$U_6^*(6^4)$ 的使用表

因素数	列号	D
2	1 3	0.1875
3	1 2 3	0.2656
4	1 2 3 4	0.2990

A 1.3 $U_7(7^4)$

	1	2	3	4
1	1	2	3	6
2	2	4	6	5
3	3	6	2	4
4	4	1	5	3
5	5	3	1	2
6	6	5	4	1
7	7	7	7	7

$U_7(7^4)$ 的使用表

因素数	列号	D
2	1 3	0.2398
3	1 2 3	0.3721
4	1 2 3 4	0.4760

A 1.4 $U_7^*(7^4)$

	1	2	3	4
1	1	3	5	7
2	2	6	2	6
3	3	1	7	5
4	4	4	4	4
5	5	7	1	3
6	6	2	6	2
7	7	5	3	1

$U_7^*(7^4)$ 的使用表

因素数	列号	D
2	1 3	0.1582
3	2 3 4	0.2132

A 1.5 $U_8^*(8^5)$

	1	2	3	4	5
1	1	2	4	7	8
2	2	4	8	5	7
3	3	6	3	3	6
4	4	8	7	1	5
5	5	1	2	8	4
6	6	3	6	6	3
7	7	5	1	4	2
8	8	7	5	2	1

$U_8^*(8^5)$ 的使用表

因素数	列号	D
2	1　3	0.1445
3	1　3　4	0.2000
4	1　2　3　5	0.2709

A 1.6 $U_9(9^5)$

	1	2	3	4	5
1	1	2	4	7	8
2	2	4	8	5	7
3	3	6	3	3	6
4	4	8	7	1	5
5	5	1	2	8	4
6	6	3	6	6	3
7	7	5	1	4	2
8	8	7	5	2	1
9	9	9	9	9	9

$U_9(9^5)$ 的使用表

因素数	列号	D
2	1　3	0.1944
3	1　3　4	0.3102
4	1　2　3　5	0.4066

A 1.7 $U_9^*(9^4)$

	1	2	3	4
1	1	3	7	9
2	2	6	4	8
3	3	9	1	7
4	4	2	8	6
5	5	5	5	5
6	6	8	2	4
7	7	1	9	3
8	8	4	6	2
9	9	7	3	1

$U_9^*(9^4)$ 的使用表

因素数	列号	D
2	1　2	0.1574
3	2　3　4	0.1980

A 1.8　$U_{10}^{*}(10^8)$

	1	2	3	4	5	6	7	8
1	1	2	3	4	5	7	9	10
2	2	4	6	8	10	3	7	9
3	3	6	9	1	4	10	5	8
4	4	8	1	5	9	6	3	7
5	5	10	4	9	3	2	1	6
6	6	1	7	2	8	9	10	5
7	7	3	10	6	2	5	8	4
8	8	5	2	10	7	1	6	3
9	9	7	5	3	1	8	4	2
10	10	9	8	7	6	4	2	1

$U_{10}^{*}(10^8)$ 的使用表

因素数	列号	D
2	1　6	0. 1125
3	1　5　6	0. 1681
4	1　3　4　5	0. 2236
5	1　3　4　5　7	0. 2414
6	1　2　3　5　6　8	0. 2994

A 1.9　$U_{11}(11^6)$

	1	2	3	4	5	6
1	1	2	3	5	7	10
2	2	4	6	10	3	9
3	3	6	9	4	10	8
4	4	8	1	9	6	7
5	5	10	4	3	2	6
6	6	1	7	8	9	5
7	7	3	10	2	5	4
8	8	5	2	7	1	3
9	9	7	5	1	8	2
10	10	9	8	6	4	1
11	11	11	11	11	11	11

$U_{11}(11^6)$ 使用表

s	列号	D
2	1 5	0.1632
3	1 4 5	0.2649
4	1 3 4 5	0.3528
5	1 2 3 4 5	0.4286
6	1 2 3 4 5 6	0.4942

A 1.10 $U_{11}^*(11^4)$

	1	2	3	4
1	1	5	7	11
2	2	10	2	10
3	3	3	9	9
4	4	8	4	8
5	5	1	11	7
6	6	6	6	6
7	7	11	1	5
8	8	4	8	4
9	9	9	3	3
10	10	2	10	2
11	11	7	5	1

$U_{11}^*(11^4)$ 使用表

因素数	列号	D
2	1 2	0.1136
3	2 3 4	0.2307

A 1.11 $U_{12}^*(12^{10})$

	1	2	3	4	5	6	7	8	9	10
1	1	2	3	4	5	6	8	9	10	12
2	2	4	6	8	10	12	3	5	7	11
3	3	6	9	12	2	5	11	1	4	10
4	4	8	12	3	7	11	6	10	1	9
5	5	10	2	7	12	4	1	6	11	8
6	6	12	5	11	4	10	9	2	8	7
7	7	1	8	2	9	3	4	11	5	6
8	8	3	11	6	1	9	12	7	2	5
9	9	5	1	10	6	2	7	3	12	4
10	10	7	4	1	11	8	2	12	9	3
11	11	9	7	5	3	1	10	8	6	2
12	12	11	10	9	8	7	5	4	3	1

$U_{12}^*(12^{10})$　使用表

因素数	列号	D
2	1　5	0.1163
3	1　6　9	0.1838
4	1　6　7　9	0.2233
5	1　3　4　8　10	0.2272
6	1　2　6　7　8　9	0.2670
7	1　2　6　7　8　9　10	0.2768

A 1.12　$U_{13}(13^8)$

	1	2	3	4	5	6	9	10
1	1	2	5	6	8	9	10	12
2	2	4	10	12	3	5	7	11
3	3	6	2	5	11	1	4	10
4	4	8	7	11	6	10	1	9
5	5	10	12	4	1	6	11	8
6	6	12	4	10	9	2	8	7
7	7	1	9	3	4	11	5	6
8	8	3	1	9	12	7	2	5
9	9	5	6	2	7	3	12	4
10	10	7	11	8	2	12	9	3
11	11	9	3	1	10	8	6	2
12	12	11	8	7	5	4	3	1
13	13	13	13	13	13	13	13	13

$U_{13}(13^8)$　使用表

因素数	列号	D
2	1　3	0.1405
3	1　4　7	0.2308
4	1　4　5　7	0.3107
5	1　4　5　6　7	0.3814
6	1　2　4　5　6　7	0.4439
7	1　2　4　5　6　7　8	0.4992

A 1. 13 $U_{13}^*(13^4)$

	1	2	3	4
1	1	5	9	11
2	2	10	4	8
3	3	1	13	5
4	4	6	8	2
5	5	11	3	13
6	6	2	12	10
7	7	7	7	7
8	8	12	2	4
9	9	3	11	1
10	10	8	6	12
11	11	13	1	9
12	12	4	10	6
13	13	9	5	3

$U_{13}^*(13^4)$ 使用表

因素数	列号	D
2	1 3	0. 0962
3	1 3 4	0. 1442
4	1 2 3 4	0. 2076

A 1. 14 $U_{14}^*(14^5)$

	1	2	3	4	5
1	1	4	7	11	13
2	2	8	14	7	11
3	3	12	6	3	9
4	4	1	13	14	7
5	5	5	5	10	5
6	6	9	12	6	3
7	7	13	4	2	1
8	8	2	11	13	14
9	9	6	3	9	12
10	10	10	10	5	10
11	11	14	2	1	8
12	12	3	9	12	6
13	13	7	1	8	4
14	14	11	8	4	2

$U_{14}^*(14^5)$ 使用表

因素数	列号	D
2	1 4	0. 0957
3	1 2 3	0. 1455
4	1 2 3 5	0. 2091

A 1. 15　$U_{15}(15^5)$

	1	2	3	4	5
1	1	4	7	11	13
2	2	8	14	7	11
3	3	12	6	3	9
4	4	1	13	14	7
5	5	5	5	10	5
6	6	9	12	6	3
7	7	13	4	2	1
8	8	2	11	13	14
9	9	6	3	9	12
10	10	10	10	5	10
11	11	14	2	1	8
12	12	3	9	12	6
13	13	7	1	8	4
14	14	11	8	4	2
15	15	15	15	15	15

$U_{15}(15^5)$ 使用表

因素数	列号	D
2	1 4	0.1233
3	1 2 3	0.2043
4	1 2 3 5	0.2772

A 1. 16　$U_{15}^*(15^7)$

	1	2	3	4	5	6	7
1	1	5	7	9	11	13	15
2	2	10	14	2	6	10	14
3	3	15	5	11	1	7	13
4	4	4	12	4	12	4	12
5	5	9	3	13	7	1	11
6	6	14	10	6	2	14	10
7	7	3	1	15	13	11	9
8	8	8	8	8	8	8	8
9	9	13	15	1	3	5	7
10	10	2	6	10	14	2	6
11	11	7	13	3	9	15	5
12	12	12	4	12	4	12	4
13	13	1	11	5	15	9	3
14	14	6	2	14	10	6	2
15	15	11	9	7	5	3	1

$U_{15}^*(15^7)$ 使用表

因素数	列号	D
2	1 3	0.0833
3	1 2 6	0.1361
4	1 2 4 6	0.1551
5	2 3 4 5 7	0.2272

B. 混合均匀设计表

B 1.1 由 $U_6(6^6)$ 构造

混合水平表（三列）	应选列号	混合水平表（四列）	应选列号
U_6 (6×3^2)	1 2 3	U_6 $(6\times3^2\times2)$	1 2 3 6
U_6 $(6\times3\times2)$	1 2 3	U_6 $(6^2\times3\times2)$	1 2 3 5
U_6 $(6^2\times3)$	2 3 5	U_6 $(6^2\times3^2)$	1 2 3 5
U_6 $(6^2\times2)$	1 2 3	U_6 $(6^3\times3)$	1 2 3 4
U_6 $(3^2\times2)$	1 2 3	U_6 $(6^3\times2)$	1 2 3 4

B 1.2 由 $U_8(8^6)$ 构造

混合水平表（三列）	应选列号	混合水平表（四列）	应选列号
U_8 (8×4^2)	1 4 5	U_8 (8×4^3)	1 2 3 6
U_8 $(8\times3\times2)$	1 2 6	U_8 $(8^2\times4\times2)$	1 2 3 5
U_8 $(8^2\times4)$	1 3 5	U_8 $(8^2\times4^2)$	1 2 4 5
U_8 $(8^2\times2)$	1 2 4	U_8 $(8^3\times4)$	1 2 3 4
		U_8 $(8^3\times2)$	1 2 3 4

B 1.3 由 $U_{10}(10^{10})$ 构造

混合水平表（三列）	应选列号	混合水平表（四列）	应选列号
U_{10} $(5^2\times2)$	1 2 5	U_{10} (10×5^3)	1 2 4 10
U_{10} (10×5^2)	3 5 9	U_{10} $(10\times5^2\times2)$	1 2 4 10
U_{10} $(10\times5\times2)$	1 2 5	U_{10} $(10^2\times5^2)$	1 3 4 5
U_{10} $(10^2\times5)$	2 3 10	U_{10} $(10^2\times5\times2)$	1 2 3 4
U_{10} $(10^2\times2)$	1 2 3	U_{10} $(10^3\times5)$	1 3 8 10
		U_{10} $(10^3\times2)$	1 2 3 5

B 1.4　由 $U_{12}(12^{10})$ 构造

混合水平表（三列）	应选列号	混合水平表（四列）	应选列号
$U_{12}(6 \times 4 \times 3)$	1　3　4	$U_{12}(12 \times 6 \times 4^2)$	1　3　4　12
$U_{12}(6 \times 4^2)$	1　3　4	$U_{12}(12 \times 6 \times 4 \times 3)$	1　2　3　12
$U_{12}(6^2 \times 4)$	8　10　12	$U_{12}(12 \times 6^2 \times 2)$	1　2　5　12
$U_{12}(4^2 \times 3)$	1　2　3	$U_{12}(12 \times 6^2 \times 3)$	1　3　5　12
$U_{12}(12 \times 4^2)$	1　4　6	$U_{12}(12 \times 6^2 \times 4)$	1　3　3　12
$U_{12}(12 \times 4 \times 2)$	1　2　3	$U_{12}(12 \times 6^3)$	1　3　4　11
$U_{12}(12 \times 4 \times 3)$	1　2　3	$U_{12}(12 \times 4^3)$	1　2　5　6
$U_{12}(12 \times 6 \times 4)$	4　10　11	$U_{12}(12 \times 4^2 \times 3)$	1　2　5　6
$U_{12}(12 \times 6 \times 3)$	7　9　10	$U_{12}(12^2 \times 6 \times 2)$	1　2　3　5
$U_{12}(12 \times 6^2)$	1　6　9	$U_{12}(12^2 \times 6 \times 3)$	1　2　5　7
$U_{12}(12^2 \times 2)$	1　3　4	$U_{12}(12^2 \times 6 \times 4)$	1　3　4　7
$U_{12}(12^2 \times 3)$	1　3　5	$U_{12}(12^2 \times 6^2)$	1　8　10　11
$U_{12}(12^2 \times 4)$	1　4　5	$U_{12}(12^2 \times 4 \times 3)$	1　2　3　9
$U_{12}(12^2 \times 6)$	1　6　8	$U_{12}(12^2 \times 4^2)$	1　3　4　6
		$U_{12}(12^3 \times 2)$	1　2　3　5
		$U_{12}(12^3 \times 3)$	1　3　5　7
		$U_{12}(12^3 \times 4)$	1　4　5　6
		$U_{12}(12^3 \times 6)$	2　8　9　10

附表6　二次回归正交设计表（$m_0 = 3$）

附表6-1　　　　　　　　　二因子二次回归正交设计表

试验号	Z_0	Z_1	Z_2	$Z_1 Z_2$	Z_1'	Z_2'
1	1	−1	−1	1	0.397	0.397
2	1	−1	1	−1	0.397	0.397
3	1	1	−1	−1	0.397	0.397
4	1	1	1	1	0.397	0.397
5	1	−1.148	0	0	0.714	−0.603
6	1	1.148	0	0	0.714	−0.603
7	1	0	−1.148	0	−0.603	0.714
8	1	0	1.148	0	−0.603	0.714
9	1	0	0	0	−0.603	−0.603
10	1	0	0	0	−0.603	−0.603
11	1	0	0	0	−0.603	−0.603

附表 6 – 2　　　　　　　　三因子二次回归正交设计表

试验号	Z_0	Z_1	Z_2	Z_3	Z_1Z_2	Z_1Z_3	Z_2Z_3	Z_1'	Z_2'	Z_3'
1	1	– 1	– 1	– 1	1	1	1	0.314	0.314	0.314
2	1	– 1	– 1	1	1	– 1	– 1	0.314	0.314	0.314
3	1	– 1	1	– 1	– 1	1	– 1	0.314	0.314	0.314
4	1	– 1	1	1	– 1	– 1	1	0.314	0.314	0.314
5	1	1	– 1	– 1	– 1	– 1	1	0.314	0.314	0.314
6	1	1	– 1	1	– 1	1	– 1	0.314	0.314	0.314
7	1	1	1	– 1	1	– 1	– 1	0.314	0.314	0.314
8	1	1	1	1	1	1	1	0.314	0.314	0.314
9	1	– 1.353	0	0	0	0	0	1.145	– 0.686	– 0.686
10	1	1.353	0	0	0	0	0	1.145	– 0.686	– 0.686
11	1	0	– 1.353	0	0	0	0	– 0.686	1.145	– 0.686
12	1	0	1.353	0	0	0	0	– 0.686	1.145	– 0.686
13	1	0	0	– 1.353	0	0	0	– 0.686	– 0.686	1.145
14	1	0	0	1.353	0	0	0	– 0.686	– 0.686	1.145
15	1	0	0	0	0	0	0	– 0.686	– 0.686	– 0.686
16	1	0	0	0	0	0	0	– 0.686	– 0.686	– 0.686
17	1	0	0	0	0	0	0	– 0.686	– 0.686	– 0.686

附表 6 – 3　　　　　　　　四因子二次回归正交设计表

试验号	Z_0	Z_1	Z_2	Z_3	Z_4	Z_1Z_2	Z_1Z_3	Z_1Z_4	Z_2Z_3	Z_2Z_4	Z_3Z_4	Z_1'	Z_2'	Z_3'	Z_4'
1	1	– 1	– 1	– 1	– 1	1	1	1	1	1	1	0.23	0.23	0.23	0.23
2	1	– 1	– 1	– 1	1	1	1	– 1	1	– 1	– 1	0.23	0.23	0.23	0.23
3	1	– 1	– 1	1	– 1	1	– 1	1	– 1	1	– 1	0.23	0.23	0.23	0.23
4	1	– 1	– 1	1	1	1	– 1	– 1	– 1	– 1	1	0.23	0.23	0.23	0.23
5	1	– 1	1	– 1	– 1	– 1	1	1	– 1	– 1	1	0.23	0.23	0.23	0.23
6	1	– 1	1	– 1	1	– 1	1	– 1	– 1	1	– 1	0.23	0.23	0.23	0.23
7	1	– 1	1	1	– 1	– 1	– 1	1	1	– 1	– 1	0.23	0.23	0.23	0.23
8	1	– 1	1	1	1	– 1	– 1	– 1	1	1	1	0.23	0.23	0.23	0.23
9	1	1	– 1	– 1	– 1	– 1	– 1	– 1	1	1	1	0.23	0.23	0.23	0.23
10	1	1	– 1	– 1	1	– 1	– 1	1	1	– 1	– 1	0.23	0.23	0.23	0.23
11	1	1	– 1	1	– 1	– 1	1	– 1	– 1	1	– 1	0.23	0.23	0.23	0.23
12	1	1	– 1	1	1	– 1	1	1	– 1	– 1	1	0.23	0.23	0.23	0.23
13	1	1	1	– 1	– 1	1	– 1	– 1	– 1	– 1	1	0.23	0.23	0.23	0.23
14	1	1	1	– 1	1	1	– 1	1	– 1	1	– 1	0.23	0.23	0.23	0.23
15	1	1	1	1	– 1	1	1	– 1	1	– 1	– 1	0.23	0.23	0.23	0.23

续表

试验号	Z_0	Z_1	Z_2	Z_3	Z_4	Z_1Z_2	Z_1Z_3	Z_1Z_4	Z_2Z_3	Z_2Z_4	Z_3Z_4	Z_1'	Z_2'	Z_3'	Z_4'
16	1	1	1	1	1	1	1	1	1	1	1	0.23	0.23	0.23	0.23
17	1	−1.546	0	0	0	0	0	0	0	0	0	1.62	−0.77	−0.77	−0.77
18	1	1.546	0	0	0	0	0	0	0	0	0	1.62	−0.77	−0.77	−0.77
19	1	0	−1.546	0	0	0	0	0	0	0	0	−0.77	1.62	−0.77	−0.77
20	1	0	1.546	0	0	0	0	0	0	0	0	−0.77	1.62	−0.77	−0.77
21	1	0	0	−1.546	0	0	0	0	0	0	0	−0.77	−0.77	1.62	−0.77
22	1	0	0	1.546	0	0	0	0	0	0	0	−0.77	−0.77	1.62	−0.77
23	1	0	0	0	−1.546	0	0	0	0	0	0	−0.77	−0.77	−0.77	1.62
24	1	0	0	0	1.546	0	0	0	0	0	0	−0.77	−0.77	−0.77	1.62
25	1	0	0	0	0	0	0	0	0	0	0	−0.77	−0.77	−0.77	−0.77
26	1	0	0	0	0	0	0	0	0	0	0	−0.77	−0.77	−0.77	−0.77
27	1	0	0	0	0	0	0	0	0	0	0	−0.77	−0.77	−0.77	−0.77

附表 6−4　　　　　四因子(1/2 实施)二次回归正交设计表

试验号	Z_0	Z_1	Z_2	Z_3	Z_4	Z_1Z_2	Z_1Z_3	Z_1Z_4	Z_2Z_3	Z_2Z_4	Z_3Z_4	Z_1'	Z_2'	Z_3'	Z_4'
1	1	−1	−1	−1	−1	1	1	1	1	1	1	0.351	0.351	0.351	0.351
2	1	−1	−1	1	1	1	−1	−1	−1	−1	1	0.351	0.351	0.351	0.351
3	1	−1	1	−1	1	−1	1	−1	−1	1	−1	0.351	0.351	0.351	0.351
4	1	−1	1	1	−1	−1	−1	1	1	−1	−1	0.351	0.351	0.351	0.351
5	1	1	−1	−1	1	−1	−1	1	1	−1	−1	0.351	0.351	0.351	0.351
6	1	1	−1	1	−1	−1	1	−1	−1	1	−1	0.351	0.351	0.351	0.351
7	1	1	1	−1	−1	1	−1	−1	−1	−1	1	0.351	0.351	0.351	0.351
8	1	1	1	1	1	1	1	1	1	1	1	0.351	0.351	0.351	0.351
9	1	−1.471	0	0	0	0	0	0	0	0	0	1.515	−0.649	−0.649	−0.649
10	1	1.471	0	0	0	0	0	0	0	0	0	1.515	−0.649	−0.649	−0.649
11	1	0	−1.471	0	0	0	0	0	0	0	0	−0.649	1.515	−0.649	−0.649
12	1	0	1.471	0	0	0	0	0	0	0	0	−0.649	1.515	−0.649	−0.649
13	1	0	0	−1.471	0	0	0	0	0	0	0	−0.649	−0.649	1.515	−0.649
14	1	0	0	1.471	0	0	0	0	0	0	0	−0.649	−0.649	1.515	−0.649
15	1	0	0	0	−1.471	0	0	0	0	0	0	−0.649	−0.649	−0.649	1.515
16	1	0	0	0	1.471	0	0	0	0	0	0	−0.649	−0.649	−0.649	1.515
17	1	0	0	0	0	0	0	0	0	0	0	−0.649	−0.649	−0.649	−0.649
18	1	0	0	0	0	0	0	0	0	0	0	−0.649	−0.649	−0.649	−0.649
19	1	0	0	0	0	0	0	0	0	0	0	−0.649	−0.649	−0.649	−0.649

附表 7　二次回归正交旋转组合设计表

附表 7 – 1　　　　　　　　　　二因子二次回归正交旋转组合设计

试验号	Z_0	Z_1	Z_2	Z_1Z_2	Z_1'	Z_2'
1	1	–1	–1	1	0.5	0.5
2	1	–1	1	–1	0.5	0.5
3	1	1	–1	–1	0.5	0.5
4	1	1	1	1	0.5	0.5
5	1	–1.414	0	0	1.5	–0.5
6	1	1.414	0	0	1.5	–0.5
7	1	0	–1.414	0	–0.5	1.5
8	1	0	1.414	0	–0.5	1.5
9	1	0	0	0	–0.5	–0.5
10	1	0	0	0	–0.5	–0.5
11	1	0	0	0	–0.5	–0.5
12	1	0	0	0	–0.5	–0.5
13	1	0	0	0	–0.5	–0.5
14	1	0	0	0	–0.5	–0.5
15	1	0	0	0	–0.5	–0.5
16	1	0	0	0	–0.5	–0.5

附表 7 – 2　　　　　　　　　　三因子二次回归正交旋转组合设计

试验号	Z_0	Z_1	Z_2	Z_3	Z_1Z_2	Z_1Z_3	Z_2Z_3	Z_1'	Z_2'	Z_3'
1	1	–1	–1	–1	1	1	1	0.406	0.406	0.406
2	1	–1	–1	1	1	–1	–1	0.406	0.406	0.406
3	1	–1	1	–1	–1	1	–1	0.406	0.406	0.406
4	1	–1	1	1	–1	–1	1	0.406	0.406	0.406
5	1	1	–1	–1	–1	–1	1	0.406	0.406	0.406
6	1	1	–1	1	–1	1	–1	0.406	0.406	0.406
7	1	1	1	–1	1	–1	–1	0.406	0.406	0.406
8	1	1	1	1	1	1	1	0.406	0.406	0.406
9	1	–1.682	0	0	0	0	0	2.234	–0.594	–0.594
10	1	1.682	0	0	0	0	0	2.234	–0.594	–0.594
11	1	0	–1.682	0	0	0	0	–0.594	2.234	–0.594
12	1	0	1.682	0	0	0	0	–0.594	2.234	–0.594
13	1	0	0	–1.682	0	0	0	–0.594	–0.594	2.234
14	1	0	0	1.682	0	0	0	–0.594	–0.594	2.234

续表

试验号	Z_0	Z_1	Z_2	Z_3	Z_1Z_2	Z_1Z_3	Z_2Z_3	Z'_1	Z'_2	Z'_3
15	1	0	0	0	0	0	0	-0.594	-0.594	-0.594
16	1	0	0	0	0	0	0	-0.594	-0.594	-0.594
17	1	0	0	0	0	0	0	-0.594	-0.594	-0.594
18	1	0	0	0	0	0	0	-0.594	-0.594	-0.594
19	1	0	0	0	0	0	0	-0.594	-0.594	-0.594
20	1	0	0	0	0	0	0	-0.594	-0.594	-0.594
21	1	0	0	0	0	0	0	-0.594	-0.594	-0.594
22	1	0	0	0	0	0	0	-0.594	-0.594	-0.594
23	1	0	0	0	0	0	0	-0.594	-0.594	-0.594

附表 7-3　　　　四因子（1/2 实施）二次回归正交旋转组合设计

试验号	Z_0	Z_1	Z_2	Z_3	Z_4	Z_1Z_2	Z_1Z_3	Z_1Z_4	Z_2Z_3	Z_2Z_4	Z_3Z_4	Z'_1	Z'_2	Z'_3	Z'_4
1	1	-1	-1	-1	-1	1	1	1	1	1	1	0.406	0.406	0.406	0.406
2	1	-1	-1	1	1	1	-1	-1	-1	-1	1	0.406	0.406	0.406	0.406
3	1	-1	1	-1	1	-1	1	-1	-1	1	-1	0.406	0.406	0.406	0.406
4	1	-1	1	1	-1	-1	-1	1	1	-1	-1	0.406	0.406	0.406	0.406
5	1	1	-1	-1	1	-1	-1	1	1	-1	-1	0.406	0.406	0.406	0.406
6	1	1	-1	1	-1	-1	1	-1	-1	1	-1	0.406	0.406	0.406	0.406
7	1	1	1	-1	-1	1	-1	-1	-1	-1	1	0.406	0.406	0.406	0.406
8	1	1	1	1	1	1	1	1	1	1	1	0.406	0.406	0.406	0.406
9	1	-1.682	0	0	0	0	0	0	0	0	0	2.234	-0.594	-0.594	-0.594
10	1	1.682	0	0	0	0	0	0	0	0	0	2.234	-0.594	-0.594	-0.594
11	1	0	-1.682	0	0	0	0	0	0	0	0	-0.594	2.234	-0.594	-0.594
12	1	0	1.682	0	0	0	0	0	0	0	0	-0.594	2.234	-0.594	-0.594
13	1	0	0	-1.682	0	0	0	0	0	0	0	-0.594	-0.594	2.234	-0.594
14	1	0	0	1.682	0	0	0	0	0	0	0	-0.594	-0.594	2.234	-0.594
15	1	0	0	0	-1.682	0	0	0	0	0	0	-0.594	-0.594	-0.594	2.234
16	1	0	0	0	1.682	0	0	0	0	0	0	-0.594	-0.594	-0.594	2.234
17	1	0	0	0	0	0	0	0	0	0	0	-0.594	-0.594	-0.594	-0.594
18	1	0	0	0	0	0	0	0	0	0	0	-0.594	-0.594	-0.594	-0.594
19	1	0	0	0	0	0	0	0	0	0	0	-0.594	-0.594	-0.594	-0.594
20	1	0	0	0	0	0	0	0	0	0	0	-0.594	-0.594	-0.594	-0.594
21	1	0	0	0	0	0	0	0	0	0	0	-0.594	-0.594	-0.594	-0.594
22	1	0	0	0	0	0	0	0	0	0	0	-0.594	-0.594	-0.594	-0.594
23	1	0	0	0	0	0	0	0	0	0	0	-0.594	-0.594	-0.594	-0.594

附表 7 - 4 四因子二次回归正交旋转组合设计

试验号	Z_0	Z_1	Z_2	Z_3	Z_4	Z_1Z_2	Z_1Z_3	Z_1Z_4	Z_2Z_3	Z_2Z_4	Z_3Z_4	Z_1'	Z_2'	Z_3'	Z_4'
1	1	-1	-1	-1	-1	1	1	1	1	1	1	0.333	0.333	0.333	0.333
2	1	-1	-1	-1	1	1	1	-1	1	-1	-1	0.333	0.333	0.333	0.333
3	1	-1	-1	1	-1	1	-1	1	-1	1	-1	0.333	0.333	0.333	0.333
4	1	-1	-1	1	1	1	-1	-1	-1	-1	1	0.333	0.333	0.333	0.333
5	1	-1	1	-1	-1	-1	1	1	-1	-1	1	0.333	0.333	0.333	0.333
6	1	-1	1	-1	1	-1	1	-1	-1	1	-1	0.333	0.333	0.333	0.333
7	1	-1	1	1	-1	-1	-1	1	1	-1	-1	0.333	0.333	0.333	0.333
8	1	-1	1	1	1	-1	-1	-1	1	1	1	0.333	0.333	0.333	0.333
9	1	1	-1	-1	-1	-1	-1	-1	1	1	1	0.333	0.333	0.333	0.333
10	1	1	-1	-1	1	-1	-1	1	1	-1	-1	0.333	0.333	0.333	0.333
11	1	1	-1	1	-1	-1	1	-1	-1	1	-1	0.333	0.333	0.333	0.333
12	1	1	-1	1	1	-1	1	1	-1	-1	1	0.333	0.333	0.333	0.333
13	1	1	1	-1	-1	1	-1	-1	-1	-1	1	0.333	0.333	0.333	0.333
14	1	1	1	-1	1	1	-1	1	-1	1	-1	0.333	0.333	0.333	0.333
15	1	1	1	1	-1	1	1	-1	1	-1	-1	0.333	0.333	0.333	0.333
16	1	1	1	1	1	1	1	1	1	1	1	0.333	0.333	0.333	0.333
17	1	-2	0	0	0	0	0	0	0	0	0	3.333	-0.667	-0.667	-0.667
18	1	2	0	0	0	0	0	0	0	0	0	3.333	-0.667	-0.667	-0.667
19	1	0	-2	0	0	0	0	0	0	0	0	-0.667	3.333	-0.667	-0.667
20	1	0	2	0	0	0	0	0	0	0	0	-0.667	3.333	-0.667	-0.667
21	1	0	0	-2	0	0	0	0	0	0	0	-0.667	-0.667	3.333	-0.667
22	1	0	0	2	0	0	0	0	0	0	0	-0.667	-0.667	3.333	-0.667
23	1	0	0	0	-2	0	0	0	0	0	0	-0.667	-0.667	-0.667	3.333
24	1	0	0	0	2	0	0	0	0	0	0	-0.667	-0.667	-0.667	3.333
25	1	0	0	0	0	0	0	0	0	0	0	-0.667	-0.667	-0.667	-0.667
26	1	0	0	0	0	0	0	0	0	0	0	-0.667	-0.667	-0.667	-0.667
27	1	0	0	0	0	0	0	0	0	0	0	-0.667	-0.667	-0.667	-0.667
28	1	0	0	0	0	0	0	0	0	0	0	-0.667	-0.667	-0.667	-0.667
29	1	0	0	0	0	0	0	0	0	0	0	-0.667	-0.667	-0.667	-0.667
30	1	0	0	0	0	0	0	0	0	0	0	-0.667	-0.667	-0.667	-0.667
31	1	0	0	0	0	0	0	0	0	0	0	-0.667	-0.667	-0.667	-0.667
32	1	0	0	0	0	0	0	0	0	0	0	-0.667	-0.667	-0.667	-0.667
33	1	0	0	0	0	0	0	0	0	0	0	-0.667	-0.667	-0.667	-0.667
34	1	0	0	0	0	0	0	0	0	0	0	-0.667	-0.667	-0.667	-0.667
35	1	0	0	0	0	0	0	0	0	0	0	-0.667	-0.667	-0.667	-0.667
36	1	0	0	0	0	0	0	0	0	0	0	-0.667	-0.667	-0.667	-0.667

附表 8　二次回归通用旋转组合设计表

附表 8-1　　　　　　　　　　　　二因子二次回归通用旋转组合设计

试验号	Z_0	Z_1	Z_2	Z_1Z_2	Z_1^2	Z_2^2
1	1	-1	-1	1	1	1
2	1	-1	1	-1	1	1
3	1	1	-1	-1	1	1
4	1	1	1	1	1	1
5	1	-1.414	0	0	2	0
6	1	1.414	0	0	2	0
7	1	0	-1.414	0	0	2
8	1	0	1.414	0	0	2
9	1	0	0	0	0	0
10	1	0	0	0	0	0
11	1	0	0	0	0	0
12	1	0	0	0	0	0
13	1	0	0	0	0	0

附表 8-2　　　　　　　　　　　　三因子二次回归通用旋转组合设计

试验号	Z_0	Z_1	Z_2	Z_3	Z_1Z_2	Z_1Z_3	Z_2Z_3	Z_1^2	Z_2^2	Z_3^2
1	1	-1	-1	-1	1	1	1	1	1	1
2	1	-1	-1	1	1	-1	-1	1	1	1
3	1	-1	1	-1	-1	1	-1	1	1	1
4	1	-1	1	1	-1	-1	1	1	1	1
5	1	1	-1	-1	-1	-1	1	1	1	1
6	1	1	-1	1	-1	1	-1	1	1	1
7	1	1	1	-1	1	-1	-1	1	1	1
8	1	1	1	1	1	1	1	1	1	1
9	1	-1.682	0	0	0	0	0	2.828	0	0
10	1	1.682	0	0	0	0	0	2.828	0	0
11	1	0	-1.682	0	0	0	0	0	2.828	0
12	1	0	1.682	0	0	0	0	0	2.828	0
13	1	0	0	-1.682	0	0	0	0	0	2.828
14	1	0	0	1.682	0	0	0	0	0	2.828
15	1	0	0	0	0	0	0	0	0	0
16	1	0	0	0	0	0	0	0	0	0
17	1	0	0	0	0	0	0	0	0	0
18	1	0	0	0	0	0	0	0	0	0
19	1	0	0	0	0	0	0	0	0	0
20	1	0	0	0	0	0	0	0	0	0

附表 8 – 3　　　　　　四因子 （1/2 实施） 二次回归通用旋转组合设计

试验号	Z_0	Z_1	Z_2	Z_3	Z_4	Z_1Z_2	Z_1Z_3	Z_1Z_4	Z_2Z_3	Z_2Z_4	Z_3Z_4	Z_1^2	Z_2^2	Z_3^2	Z_4^2
1	1	−1	−1	−1	−1	1	1	1	1	1	1	1	1	1	1
2	1	−1	−1	−1	1	1	−1	−1	−1	−1	1	1	1	1	1
3	1	−1	1	−1	1	−1	1	−1	−1	1	−1	1	1	1	1
4	1	−1	1	1	−1	−1	−1	1	−1	−1	1	1	1	1	1
5	1	1	−1	−1	1	−1	−1	1	1	−1	−1	1	1	1	1
6	1	1	−1	1	−1	−1	1	−1	−1	1	−1	1	1	1	1
7	1	1	1	−1	−1	1	−1	−1	−1	−1	1	1	1	1	1
8	1	1	1	1	1	1	1	1	1	1	1	1	1	1	1
9	1	−1.682	0	0	0	0	0	0	0	0	0	2.828	0	0	0
10	1	1.682	0	0	0	0	0	0	0	0	0	2.828	0	0	0
11	1	0	−1.682	0	0	0	0	0	0	0	0	0	2.828	0	0
12	1	0	1.682	0	0	0	0	0	0	0	0	0	2.828	0	0
13	1	0	0	−1.682	0	0	0	0	0	0	0	0	0	2.828	0
14	1	0	0	1.682	0	0	0	0	0	0	0	0	0	2.828	0
15	1	0	0	0	−1.682	0	0	0	0	0	0	0	0	0	2.828
16	1	0	0	0	1.682	0	0	0	0	0	0	0	0	0	2.828
17	1	0	0	0	0	0	0	0	0	0	0	0	0	0	0
18	1	0	0	0	0	0	0	0	0	0	0	0	0	0	0
19	1	0	0	0	0	0	0	0	0	0	0	0	0	0	0
20	1	0	0	0	0	0	0	0	0	0	0	0	0	0	0

附表 8 – 4　　　　　　　　四因子二次回归通用旋转组合设计

试验号	Z_0	Z_1	Z_2	Z_3	Z_4	Z_1Z_2	Z_1Z_3	Z_1Z_4	Z_2Z_3	Z_2Z_4	Z_3Z_4	Z_1^2	Z_2^2	Z_3^2	Z_4^2
1	1	−1	−1	−1	−1	1	1	1	1	1	1	1	1	1	1
2	1	−1	−1	−1	1	1	1	−1	1	−1	−1	1	1	1	1
3	1	−1	−1	1	−1	1	−1	1	−1	1	−1	1	1	1	1
4	1	−1	−1	1	1	1	−1	−1	−1	−1	1	1	1	1	1
5	1	−1	1	−1	−1	−1	1	1	−1	−1	1	1	1	1	1
6	1	−1	1	−1	1	−1	1	−1	−1	1	−1	1	1	1	1
7	1	−1	1	1	−1	−1	−1	1	1	−1	−1	1	1	1	1
8	1	−1	1	1	1	−1	−1	−1	1	1	1	1	1	1	1
9	1	1	−1	−1	−1	−1	−1	−1	1	1	1	1	1	1	1
10	1	1	−1	−1	1	−1	−1	1	1	−1	−1	1	1	1	1

续表

试验号	Z_0	Z_1	Z_2	Z_3	Z_4	Z_1Z_2	Z_1Z_3	Z_1Z_4	Z_2Z_3	Z_2Z_4	Z_3Z_4	Z_1^2	Z_2^2	Z_3^2	Z_4^2
11	1	1	-1	1	-1	-1	1	-1	-1	1	-1	1	1	1	1
12	1	1	-1	1	1	-1	1	1	-1	-1	1	1	1	1	1
13	1	1	1	-1	-1	1	-1	-1	-1	-1	1	1	1	1	1
14	1	1	1	-1	1	1	-1	1	-1	1	-1	1	1	1	1
15	1	1	1	1	-1	1	1	-1	1	-1	-1	1	1	1	1
16	1	1	1	1	1	1	1	1	1	1	1	1	1	1	1
17	1	-2	0	0	0	0	0	0	0	0	0	4	0	0	0
18	1	2	0	0	0	0	0	0	0	0	0	4	0	0	0
19	1	0	-2	0	0	0	0	0	0	0	0	0	4	0	0
20	1	0	2	0	0	0	0	0	0	0	0	0	4	0	0
21	1	0	0	-2	0	0	0	0	0	0	0	0	0	4	0
22	1	0	0	2	0	0	0	0	0	0	0	0	0	4	0
23	1	0	0	0	-2	0	0	0	0	0	0	0	0	0	4
24	1	0	0	0	2	0	0	0	0	0	0	0	0	0	4
25	1	0	0	0	0	0	0	0	0	0	0	0	0	0	0
26	1	0	0	0	0	0	0	0	0	0	0	0	0	0	0
27	1	0	0	0	0	0	0	0	0	0	0	0	0	0	0
28	1	0	0	0	0	0	0	0	0	0	0	0	0	0	0
29	1	0	0	0	0	0	0	0	0	0	0	0	0	0	0
30	1	0	0	0	0	0	0	0	0	0	0	0	0	0	0
31	1	0	0	0	0	0	0	0	0	0	0	0	0	0	0

参 考 文 献

［1］电子科技大学应用数学系．实用数值计算方法［M］．北京：高等教育出版社，2001．

［2］方开泰，马长兴．正交与均匀试验设计［M］．北京：科学出版社，2001．

［3］袁志发，周静芋．试验设计与分析［M］．北京：高等教育出版社，2002．

［4］洪伟，吴承帧．试验设计与分析—原理·操作·案例［M］．北京：中国林业出版社，2004．

［5］梅长林，周家良．实用统计方法［M］．北京：科学出版社，2002．

［6］王钦德，杨坚．食品试验设计与统计分析［M］．北京：中国农业大学出版社，2003．

［7］林维宣．试验设计方法［M］．大连：大连海事大学出版社，1995．

［8］潘丽军．试验设计与数据处理［M］．南京：东南大学出版社，2008．

［9］李运雁，胡传荣．试验设计与数据处理［M］．北京：化学工业出版社，2005．

［10］吴有炜．试验设计与数据处理［M］．苏州：苏州大学出版社，2002．

［11］唐启义，唐洁．偏最小二乘回归分析在均匀设计试验建模分析中的应用［M］．数理统计与管理，2005，25（5）：45～50．

［12］李夏兰，魏国栋，王昭晶，等．均匀设计法优化芥菜多糖提取工艺的研究［J］．食品与发酵工业，2006，31（8）：104～106．

［13］崔蓉，苏利，王洪玮，等．均匀试验设计优化试验条件的研究－应用于分光光度法测定抗坏血酸［J］．中国卫生检验杂志，2003，13（6）：689～691．

［14］章银良，刘庭淼，张鑫，等．微波破碎酵母细胞提取海藻糖的研究［J］．郑州轻工业学院学报（自然科学版），2001，4：51～53．

［15］魏春，宋文军，陈宁，等．利用均匀设计和 MATLAB 软件优化 L－异亮氨酸发酵条件［J］．天津轻工业学院学报，2003，18（1）：17～20．

［16］王振忠，武文洁．野菊花总黄酮提取工艺的响应面设计优化［J］．时珍国医国药，2007，18（3）：648～650．

［17］刘桂梅，林伟然．多元统计概论与实验［M］．杭州：浙江大学出版社，2013．

［18］管宇．实用多元统计分析［M］．杭州：浙江大学出版社，2011．

［19］符想花，靳刘蕊，王兢．多元统计分析［M］．郑州：郑州大学出版社，2009．

［20］汪冬华．多元统计分析与 SPSS 应用［M］．上海：华东理工大学出版社，2010．